深部加锚含软弱夹层巷道围岩承载力学特性及工程应用研究

丁书学　南　华　乔　静　郭佳奇　任辰锋　著

中国矿业大学出版社

· 徐州 ·

内容提要

本书综合运用锚固立方体试验、地质力学模型试验、数值计算和理论分析相结合的方法系统地探讨了加锚含软弱夹层岩体承载特性与变形破坏规律;采用均质化理论方法建立了含软弱夹层岩体的等效均质体力学模型,揭示了软弱夹层对等效均质体黏聚力和内摩擦角的影响规律;发现了含软弱夹层矩形巷道顶板承载结构梁-拱转换特性,提出了围岩成拱判据;建立了顶板含软弱夹层组合梁与压力拱力学模型,提出了两者失稳判据,阐明了软弱夹层对组合梁、压力拱不同失稳模式下极限承载能力的影响规律;采用工业性试验验证了本书研究成果的实用性。

图书在版编目(CIP)数据

深部加锚含软弱夹层巷道围岩承载力学特性及工程应用研究 / 丁书学等著. — 徐州 : 中国矿业大学出版社,2023.12

ISBN 978-7-5646-6093-2

Ⅰ. ①深… Ⅱ. ①丁… Ⅲ. ①巷道围岩—承载力 Ⅳ. ①TD263

中国国家版本馆 CIP 数据核字(2023)第 248974 号

书　　名	深部加锚含软弱夹层巷道围岩承载力学特性及工程应用研究
著　　者	丁书学　南　华　乔　静　郭佳奇　任辰锋
责任编辑	吴学兵
出版发行	中国矿业大学出版社有限责任公司 (江苏省徐州市解放南路　邮编 221008)
营销热线	(0516)83885370　83884103
出版服务	(0516)83995789　83884920
网　　址	http://www.cumtp.com　**E-mail**:cumtpvip@cumtp.com
印　　刷	江苏凤凰数码印务有限公司
开　　本	787 mm×1092 mm　1/16　**印张** 12.25　**字数** 240 千字
版次印次	2023 年 12 月第 1 版　2023 年 12 月第 1 次印刷
定　　价	56.00 元

(图书出现印装质量问题,本社负责调换)

前　言

软弱夹层在煤矿沉积地层中广泛存在，使工程岩体具有显著的结构效应，增加了围岩力学性质评估和稳定控制的难度，成为深部巷道围岩失稳致灾的重要影响因素之一。目前，深部巷道围岩稳定控制问题依然突出，且缺乏成熟有效的解决方法。深部含软弱夹层围岩失稳同时涉及强度破坏和结构失稳问题，因此从这两方面研究含软弱夹层巷道围岩承载特性和稳定控制问题意义重大。

本书以平煤四矿千米深井顶板含软弱夹层巷道为工程背景，采用加锚岩体试验、地质力学模型试验、数值计算、理论分析和现场工业性试验验证相结合的研究方法，对深部含软弱夹层巷道围岩承载力学特性进行了系统研究，取得了以下主要成果：

(1) 采用人工相似材料制备了120块200 mm×200 mm×200 mm的含软弱夹层锚固立方体试样并对其开展了单自由面压缩试验，系统地探讨了软弱夹层厚度、强度、倾角、锚杆密度及预紧力5个主要因素对锚固体承载特性的影响规律，建立了上述5个因素与锚固体峰值强度、弹性模量之间的关系式。探讨了软弱夹层及锚固参数对锚固体破坏模式的影响机制，揭示了含软弱夹层锚固体的结构效应，峰后锚固体裂隙开裂、滑移引起的结构变形约占自由面总法向位移的70%～80%。

(2) 在含软弱夹层锚固体承载特性试验基础上，采用地质力学模型试验对含软弱夹层围岩的承载特性进行了研究，发现软弱夹层是巷道围岩切向应力卸压区和承载的薄弱区；随着巷道围岩变形破坏，含软弱夹层矩形巷道顶板承载结构由组合梁逐渐变为压力拱，且组合梁稳定是巷道稳定的前提和保证。基于试验结果提出了围岩成拱判据$\sigma_\theta/|\sigma_{\theta 0}|=1.1$，并将该判据嵌入FLAC^{3D}中，研究了软弱夹层、支护参数对围岩压力拱的影响，发现软弱夹层距顶板表面的距离≥3 m后影响趋于稳定。

(3) 采用均质化理论方法建立了含软弱夹层岩体的等效均质体力学模型，揭示了软弱夹层对等效均质体黏聚力和内摩擦角的影响规律；建立了顶板含软弱夹层组合梁力学模型，阐明了软弱夹层对组合梁剪切失稳和拉破坏极限承载能力的影响机理，获得了其影响规律并建立了相应破坏模式下的失稳判据；提出了含软弱夹层顶板压力拱力学模型，探讨了软弱夹层对压力拱拱顶压破坏和拱脚剪切破坏极限承载能力的影响。

(4) 基于深部含软弱夹层锚固体及围岩承载特性，提出了含软弱夹层巷道“协同耦合”支护的围岩稳定性控制理念，构建以“高强恒阻让压锚杆(索)与复合注浆”相结合的控制技术，形成了深部含软弱夹层巷道围岩协同耦合稳定控制关键技术体系。

(5) 基于上述研究成果，针对平煤集团四矿顶板含软弱夹层千米深巷围岩稳定控制难题，进行了支护技术研究和现场工业性试验，成功解决了巷道难支护问题，验证了研究结论的合理性和实用性。

本书第1章、第2章、第3章3.1和3.2节由乔静负责编写，第3章3.3～3.6节、第4章、第5章由丁书学负责编写，第6章、第7章由南华、郭佳奇和任辰锋负责编写，其它内容由丁书学、乔静负责编写。

本书是著者博士期间从事加锚含软弱夹层围岩承载力学特性及其应用方面研究工作的总结。由于著者水平有限，书中难免存在不足之处，恳请读者给予批评指正。

本书的出版得到了国家自然科学基金项目(51474188、51708317)、国家留学基金委项目[2023]-21、中原科技创新领军人才计划项目(244200510005)、河南省自然科学基金重点项目(232300421134)、河南理工大学国家级重大科研成果培育项目(NSFRF200202)、河南省科技厅双一流学科创建工程项目(AQ20230103)、河南省科技攻关项目(242102321165)、河南理工大学博士基金项目(B2019-35)、河南理工大学基本科研业务费(NSFRF230410)和焦作市科技攻关项目(2023210039)的资助；同时得到了河南省地下空间开发及诱发灾变防治国际联合实验室、河南省地下工程及灾变防控重点实验室和河南省采空区场地生态修复与建设技术工程研究中心的支持，在此表示感谢。

著者

2023年10月

目　录

1 引 言

1.1 研究背景及意义

随着深部资源开发和地下空间利用的迅速发展，高应力引起的深部地下工程围岩破坏及其工程稳定问题越来越严重。我国煤矿采深超过千米的矿井已有50处，山东能源集团孙村煤矿开采深度达 1 501 m；金属矿山也已进入 1 000～2 000 m 的深度开采，灵宝崟鑫金矿开采深度达 1 500 m。我国西部山岭隧道及水工隧洞工程深度已有若干超过 1 000～2 000 m 的记录，如锦屏引水隧洞埋深 2 525 m，西康线秦岭铁路隧道埋深 1 600 m，在建的成兰铁路隧道占线路总长度的 67%、最大埋深达 1 900 m。这些深部巷道、隧道围岩稳定问题已成为当前深部岩石力学研究的一个热点方向[1-4]。

事实上，深部工程岩体破坏失稳不仅仅是围岩强度破坏问题，也是围岩承载结构失稳问题。而在工程地质范畴，较早就有岩石结构的说法，如俄罗斯著名学者 M. M. Протодьяконов 提出的冒落拱[5]、组合梁[6]、钱鸣高院士提出的采场“砌体梁”[7]和宋振骐院士提出的“传递岩梁”[8]都可以认为是一种广义的围岩结构。

对于深部岩体，特别是位于煤矿沉积地层中的深部巷道围岩，由于受到围岩中广泛存在的软弱夹层（图 1-1）、节理等不连续面或结构面的切割，结构效应更加显著[9]。软弱夹层强度低、易变形、遇水易泥化，不仅使含软弱夹层围岩整体强度降低，而且使其承载结构与完整岩体呈现出显著的差异性。这导致含软弱夹层岩体力学特性评估和稳定控制难度明显增加。而岩体稳定问题关系到所有岩石工程施工、运行的安全和效益，包括矿山资源、交通运输、水利水电和国防工程等重要基础工业。大量工程实践表明，巷道等地下工程失稳破坏大多数是沿着软弱结构面发生的，它直接制约着岩体的变形及巷道围岩的稳定[10-16]。

迄今为止，深部岩石工程稳定的维护问题尚无可靠方法和成熟理论，由稳定问题引发的工程事故和安全事故层出不穷，特别是深部含软弱夹层巷道围岩，由于具有软弱夹层、节理等明显的失稳诱因，稳定性控制问题更加突出，而软弱夹层是巷道围岩稳定的重要甚至控制性因素之一[17-18]，深部巷道围岩稳定不仅与其强度有关，更与其承载结构有关。因此，从强度和结构两方面入手研究深部顶板含软弱夹层巷道围岩承载特性和稳定控制机理具有重要的理论意义和工程应用价值。

图 1-1　含软弱夹层岩体

1.2　国内外研究现状

1.2.1　软弱夹层物理力学性质研究现状

1.2.1.1　软弱夹层的概念

《水利水电工程地质勘察规范》(GB 50487—2008)[19]将软弱夹层定义为：岩层中厚度相对较薄、力学强度较低的软弱层或带。其基本特征是，厚度一般很薄，比相邻岩层小，力学强度和变形模量较低、压缩性高[20]，非均质，有些遇水崩解、软化或泥化，变形特性和强度特性的时间效应较明显[21]。按成因，软弱夹层可分为原生型和次生型两类。前者如以石英砂岩为主的岩层夹有黏土质岩层或泥岩薄层，亲水性强；后者为风化、溶滤作用或层间剪切及断层错动而形成的软弱夹层，结构面上的物质软弱而松散，力学强度特别是抗剪强度很低，塑性变形强，渗透稳定性较差，通常是重点的工程研究对象[9,11]。

按照国际岩石力学学会关于结构面的定义，软弱夹层是结构面的一种；但文献[22]认为，软弱夹层是一种特殊的力学模型，其破坏方式不仅仅是岩块发生滑动，而且可以以充填物挤出和塑性流动方式变形，导致岩体大规模破坏。

孙广忠教授等认为结构面是由一定的地质体抽象出来的概念，它在横向延展上具有面的几何特征，而在垂向上则常充填有一定的物质，具有一定的厚度[9,23-24]，根据结构面的规模及其在分析中所处的地位，可将其分为 3 级，如

表 1-1 所示。

表 1-1 岩体结构面等级分类[25]

类型		结构面特征	工程地质意义	代表性结构面
确定性结构面	Ⅰ级结构面（断层型或充填型结构面）	连续或近似连续，有确定的延伸方向，延伸长度一般大于 100 m，有一定厚度的影响带	破坏了岩体的连续性，构成岩体力学作用边界，控制岩体变形破坏的演化方向、稳定计算的边界条件	断层面或断层破碎带、软弱夹层、某些贯通性结构面
	Ⅱ级结构面（裂隙型或非充填型结构面）	近似连续，有确定的延伸方向，延伸长度为数十米，可有一定的厚度或影响带	破坏了岩体的连续性，构成岩体力学作用边界，可能对块体的剪切边界形成起一定的控制作用	长大缓倾裂隙、长大裂隙密集带、层面、某些贯通性结构面
随机结构面	Ⅲ级结构面（非贯通性岩体结构面）	硬性结构面，随机断续分布，延伸长度为几米级至十余米，且有统计优势方向	破坏了岩体的完整性，使岩体力学性质具有各向异性特征，影响岩体变形破坏的方式，控制岩体的渗流等特性	各类原生和构造裂隙

根据软弱夹层的物质组成和结构的不同，将其分为 4 类：① 夹层纯为黏土质物质；② 以泥为主，夹有粒度不等的粗碎屑；③ 夹层为糜棱岩粉；④ 夹层为薄层泥质页岩[25]。

1.2.1.2 *软弱夹层物理力学性质*

关于软弱夹层物理力学性质的研究，主要集中在抗剪强度和蠕变特性两方面。

(1) 软弱夹层抗剪强度。该方面的研究主要包括试验方法改进及原位试验、室内试验和理论分析。孙广忠等[24]对软弱夹层现场原位剪切试验中最大法向应力的确定方法进行了改进，认为最大法向应力不应大于软弱夹层的抗压强度，并建议通过极限分析法和试验探索法确定。许宝田等[26]开展了软弱夹层的现场原位抗剪强度试验研究，并根据研究结果建立了不同法向应力下的软弱夹层剪切变形的幂函数模型[式(1-1)]和法向应力-位移关系的近似双曲线模型，分别用于描述软弱夹层的剪切应力、法向应力与位移的关系。研究发现，软弱夹层的变形存在阶段性，分别为剪应力达到其比例极限之前的弹性阶段、剪应力达到比例极限后的塑性变形和屈服阶段、剪应力达到峰值时的滑移阶段。唐良琴等[27]对软弱夹层抗剪强度进行了室内试验研究，分析了其成因性质、颗粒组成及物质组成相同条件下，软弱夹层抗剪强度与含水量、性状指标(w/w_p)和干密度的关系，并讨论了相关规范[19]中根据粒度成分定量指标选取软弱结构的抗剪强度参数的不合理性。Xu 等[28-29]通过将软弱夹层等效为充填节理，对其抗剪强度进行了理论探讨，并建立了可综合考虑软弱夹层带几何因素和应力状态的抗剪强度模型[式(1-2)]，研究表明软弱夹层抗剪强度受厚度影响显著。

$$\tau = \tau_{\mathrm{m}} \left\{ 1 - \left[1 + \frac{(n-1)K_{\mathrm{si}}}{\tau_{\mathrm{m}}} u \right]^{\frac{1}{1-n}} \right\} \tag{1-1}$$

式中，τ 为抗剪强度；τ_{m} 为极限剪切强度；u 为剪切变形；K_{si} 为初始剪切刚度；n 为切向刚度系数。

$$\frac{\tau_{\mathrm{zone}} - c_{\mathrm{zone}}}{\sigma_{\mathrm{n}}} = \tan \varphi_{\mathrm{zone}} \tag{1-2}$$

式中，c_{zone}、φ_{zone} 分别为层间软弱剪切带的黏聚力和内摩擦角；τ_{zone} 为层间剪切带抗剪强度；σ_{n} 为层间剪切带正应力。

(2) 软弱夹层蠕变特性。程强等[30]采用室内物理试验方法，考察了典型红层软岩软弱夹层剪切蠕变特性，发现该软弱夹层蠕变特性明显，长期剪切强度约为短期剪切强度的 75%。王祥秋等[31]开展了软弱夹层的单剪蠕变试验，发现其具有明显的非线性流变特性，蠕变过程出现应变软化-硬化的互换性和剪胀现象，硬化转软化时所对应的剪应力水平为其长期强度。丁多文等[32]探讨了碳质页岩软弱夹层的蠕变力学特性，发现其强度特性存在由剪切面上粗糙度的各向异性引起的强度各向异性，并基于莫尔-库仑准则建立了软弱夹层的应力-应变关系方程[式(1-3)]，求出了其长期强度。王志俭等[33]采用排水蠕变试验，发现万州区红层软弱夹层蠕变特性不明显，并认为这可能与作者采用基于线性假定的玻尔兹曼(Boltzmann)叠加原理处理非线性蠕变数据有一定的关系。

$$\tau_{\mathrm{w}} = c_{\mathrm{w}} + \sigma \tan[\varphi_{\mathrm{w}} + \arctan(\sin \delta \tan i)] \tag{1-3}$$

式中，τ_{w}、c_{w} 分别为软弱夹层抗剪强度和黏聚力；φ_{w} 为软弱夹层平滑的摩擦角；i 为粗糙度；δ 为方位角。

丁秀丽等[34]探讨了软硬互层边坡岩体的蠕变特性，发现其蠕变特性显著，影响边坡的位移形态和位移量值，岩体蠕变引起的应力场变化使得坡体内塑性区分布由坡面向坡内延伸。朱珍德等[35]通过含软弱夹层岩石剪切流变试验，发现软弱夹层的剪切流变特性与正应力及剪应力水平相关且存在剪应力临界值，快剪强度高于长期抗剪强度，黏聚力对流变特性的影响程度强于内摩擦因数的影响；并通过反演分析得到了岩石夹层标准线性体黏弹-塑性剪切流变模型[西原模型，如式(1-4)所示]及模型参数。孙金山等[36]采用物理试验方法研究了动态剪切力间歇性循环作用下泥质软弱夹层的扰动流变特性，发现当初始剪应力水平和动态循环剪应力峰值较低时，动力扰动对试样流变过程的影响不明显；而当初始剪应力水平较接近其剪切强度时，微弱且长期作用的动力扰动加速了其流变变形过程。

$$u(t)=\left\{\frac{1}{G_1}+\frac{1}{G_2}\left[1-\exp\left(-\frac{G_2}{\eta_1}t\right)\right]\right\}\tau+\frac{\tau-\tau_s}{\eta_2}t,\quad \tau>\tau_s \tag{1-4}$$

式中，t 为时间；τ_s 为长期剪切强度；τ 为剪应力；G_1、G_2 为剪切模量；η_1、η_2 为黏滞系数。

综合上述分析不难发现，软弱夹层由于强度低、对工程岩体稳定性影响显著，成为众多学者研究的对象。而软弱夹层在煤矿沉积地层中广泛存在，特别是在深部矿井，因此有必要研究软弱夹层对深部巷道围岩稳定性的影响。

1.2.2 软弱夹层对岩体强度影响研究现状

关于软弱夹层对岩体强度及破坏模式的影响，部分学者采用室内物理试验、数值计算等方法进行了相关研究，发现软弱夹层对岩体强度及破坏模式均具有显著影响。

Li 等[37]、姜德义等[38]、徐素国等[39]通过室内试验对含软弱夹层盐岩力学特性进行了试验研究，发现软弱夹层对层状岩盐体的强度起决定性作用，该类盐岩的单轴抗压强度和弹性模量均随着夹层厚度比和夹层间距的增加而减小；强度低的夹层部分径向应变大于强度高的纯盐层，但破坏面总是始于强度高的纯盐层。夹层附近岩体拉压应力的相互转换决定了层状盐岩的破坏模式，即岩盐部分的柱状劈裂破坏和夹层部分的锥形剪裂破坏。

Zuo 等[10]基于室内试验对含煤软弱夹层岩体的破坏模式进行了试验研究，研究发现，单轴压缩条件下软弱煤体内混合裂隙发育，成为试样失稳、崩裂的主要诱因；三轴压缩条件下，软弱煤体破坏模式逐渐由低围压下的混合裂隙损伤发展到中等围压时的平行裂隙损伤和高围压下的单一剪切裂隙损伤。软弱夹层煤体影响煤岩混合体破坏模式和稳定性。郭富利等[40]采用室内三轴试验方法，研究了软弱夹层厚度对围岩系统强度的影响，认为软弱夹层对围岩力学性质具有较强的弱化作用，是围岩系统稳定的控制性因素，围岩系统强度与软弱夹层厚度近似为指数函数关系。

张晓平等[41]采用 PFC^{2D} 数值模拟研究了软弱夹层厚度、倾角对试样破坏形态和峰值强度的影响，发现含软弱夹层岩样呈现出渐进破坏特征，裂隙首先产生于软弱夹层处，并随着荷载的增加逐渐扩展；厚而陡的软弱夹层是试样破坏的控制性因素，随着夹层厚度、倾角增大，试样呈现出沿软弱夹层较强的滑动特征，且峰值强度降低；薄而缓的软弱夹层是试样破坏的非控制性因素。

由上述分析知，软弱夹层对岩体强度和破坏模式影响显著，是岩体稳定的重要影响因素之一。

1.2.3 软弱夹层对巷道围岩稳定性影响研究现状

关于软弱夹层对巷（隧）道围岩稳定性的影响，部分学者通过室内试验、数值计算和理论分析等方法进行了研究，取得了一系列有益的研究成果。

李桂臣[13]、张农等[42]研究了软弱夹层的泥化特性及其位置对巷道围岩稳定性的影响，认为泥化作用对软弱夹层的残余强度影响最大，塑性和弹性阶段次之，应变软化阶段最弱；软弱夹层的影响与其分布部位有关，且其下位岩体在高水平应力作用下发生剪切破坏进而导致离层出现垮落、冒落，是巷道整体失稳垮冒的原因。张绪涛等[43]试验研究了软弱夹层对深部岩体分区破裂的影响，发现软弱夹层是影响层状节理岩体分区破裂现象的重要因素，但硐周破裂区的形状与是否存在软弱夹层及软弱夹层间距均无关；相同的应力条件下，软弱夹层使得巷道围岩的径向位移和应变明显增加。

Huang 等[12]、黄锋等[44]采用试验与数值计算相结合的方法，研究了软弱夹层位置、倾角和厚度等对巷道围岩失稳模式的影响，认为软弱夹层引起的围岩破坏区增大和不对称应力是巷道失稳的主要原因。李强强[45]也采用试验与数值计算相结合的方法，研究了底板软弱夹层厚度、数量和距底板表面的距离对底鼓的影响，研究表明巷道底鼓量随软弱夹层厚度增加先增加再减小。黄庆享等[46]采用物理模拟试验与数值计算相结合的方法，对含软弱夹层厚煤层巷帮外错滑移机制进行了研究。

王益壮等[47]在地质条件分析基础上，采用 FLAC^{3D} 数值模拟研究了厚层软弱夹层对硬质围岩变形破坏特征的影响，研究表明，厚层软弱夹层对硬质围岩的变形破坏作用显著。而崔旭芳[48]采用 FLAC^{3D} 数值模拟研究了不同支护参数对大断面顶板软弱夹层巷道的控制效果，并进行了现场工程应用。石少帅等[49]采用参数弱化法通过 FLAC^{3D} 考察了软弱夹层倾角、位置对隧道围岩稳定性的影响，发现软弱夹层对围岩位移的影响与其位置、倾角有关；软弱夹层使隧道拱顶、拱底围岩塑性区深度和宽度均有不同程度的增加，且使应力集中区远离软岩侧；软弱夹层倾角增大使高应力区分布范围减小；但软弱夹层及其附近区域内同一深度处围岩应力值减小。杨海锋[50]通过 FLAC^{3D} 数值模拟探讨了软弱夹层倾角、厚度及其与开挖轮廓线的相对位置对隧道围岩稳定性的影响，发现软弱夹层厚度大于 0.05 m 时对围岩塑性区、位移场及应力场的影响开始明显；软弱夹层与开挖轮廓线的距离大于 1 倍硐径时，软弱夹层对硐室基本没有影响。丰正伟等[51]采用 FLAC 5.0 中的 Interface 单元数值模拟研究了倾角 45°的结构面穿过隧道开挖轮廓线时对其两侧不同强度围岩稳定性的影响，发现软弱夹层对围岩位移、塑性区和剪应力的影响程度与围岩强度有关。

李长权等[52]采用 RFPA^{2D} 研究了巷道顶板软弱夹层厚度、软弱岩层中包含的坚硬岩层的厚度对层状巷道顶板破坏的影响，发现软弱夹层及其包含的坚硬岩层的厚度影响巷道顶板破坏模式。李连崇等[53]采用 RFPA^{2D} 分析了倾角 45°软弱夹层的位置对硐室围岩损伤模式的影响，认为夹层阻碍二次应力的传递，增强了硐室与软弱夹层范围内的围岩应力集中程度，致使损伤区深度、张开度和面积明显增大；且软弱夹层的走向与最大主应力方向垂直时其影响最显著，平行时影响最弱。李常文[54]采用该软件数值模拟探讨了含软弱夹层的近水平层状顶板冒落过程，研究发现，当层状顶板软弱岩层中含有 0.5 m 和 1 m 厚硬岩层时，硬岩层下部软弱夹层首先发生拉破坏，并最终导致其下部薄岩层发生剪切破坏而冒落；而当软弱夹层中硬岩厚度大于 2 m 时，可有效控制坚硬岩层上部的软弱岩层变形破坏。

王勇[11]采用有限元等方法研究了含软弱夹层隧道围岩的稳定性及其支护结构的受力特征，发现软弱夹层使围岩应力和稳定时间、初期支护的轴力和弯矩均增大，且围岩应力表现出由压应力向拉应力转换的趋势。雷平[20]在理论分析的基础上，采用有限元方法分析了贯通式、交互式、半贯通式软弱夹层的层厚和倾角等对隧道围岩稳定性的影响，研究发现，软弱夹层的几何特征决定了围岩破坏的规模、形状、具体位置和破坏方式，而其抗剪强度决定了破坏的可能性。徐彬等[55]采用 FNAL 数值模拟探讨了软弱夹层对交叉隧道围岩稳定性的影响，经过与无软弱夹层时对比，发现软弱夹层使隧道拱顶洞壁变形增加 60%以上，使拱顶围岩拉应力区、拉应力值和支护内力增加 30%以上。

李新旺等[56]分别采用伯格斯模型和弹性体表示软弱夹层与硬岩层，建立了含软弱夹层底板力学模型(图 1-2)，并在此基础上采用数值模拟方法研究了巷道底板软弱夹层埋深、层数、厚度和侧压力系数等对底鼓的影响，发现随着软弱夹层数量的增加，对底鼓的影响增强；软弱夹层数量相同时，浅部和深部夹层对底鼓影响较大，中深部的影响次之，且中等埋深条件下较厚软弱夹层及深埋条件下软弱夹层在巷道底鼓中起到吸能和阻隔应力释放的作用。聂卫平等[57]采用黏弹塑性流变本构模型数值分析了含软弱夹层围岩的稳定性，发现软弱夹层对围岩变形和稳定性的影响明显，软弱夹层处流变速率和变形量均较大，支护结构抗滑能力差。

张志强等[58]以变形和强度等效为出发点，基于接触面单元和软弱夹层影响带的概念，提出了一种在同一有限元网格中模拟不同尺度软弱夹层的方法，据此研究了软弱夹层厚度对巷道围岩稳定性和支护结构安全性的影响；发现夹层厚

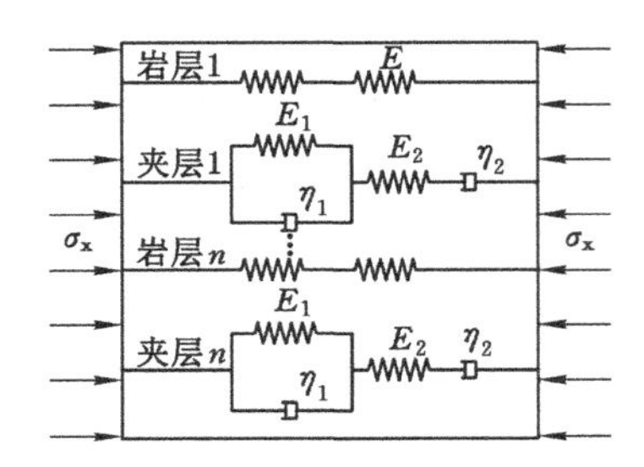

图 1-2 含软弱夹层底板力学模型[56]

度对围岩关键部位位移的影响具有显著的非线性和区域性特点，对喷层轴力分布规律影响不明显而对其量值影响明显。而伍国军等[59]针对含软弱夹层巷道进行有限元稳定性计算时难以收敛的问题，提出了一种指数形式的损伤演化模型，并应用 ABAQUS 中的 cohesive 单元进行了模拟，发现软弱夹层分布状况及物理力学特性影响甚至决定着巷道围岩的稳定性，导致巷道出现片帮、支护开裂等现象。

郭富利等[60]通过将软弱夹层简化为受轴力和横力作用的梁，分析了软弱夹层对围岩变形破坏的影响，研究表明，软弱夹层厚度越大，围岩变形破坏越严重。刘安秀等[61]通过将软弱夹层假设为黏性体，建立了巷道顶板组合梁模型，研究发现，锚杆锚固区内的软弱夹层可在锚杆预紧力作用下与其上下岩层形成共同承载的整体；锚固区边缘的软弱夹层容易与下层岩石脱离而导致冒顶事故；锚固区外部的软弱夹层处出现明显的离层，但一般不会导致垮冒。

刘少伟等[62]采用理论与数值分析相结合的方法，研究了软弱夹层厚度、距顶板表面的距离对层状顶板煤巷失稳机理的影响，发现顶板最大拉力与软弱夹层位置之间符合双曲线关系，且随着软弱夹层厚度的增加而减小，但围岩变形量和塑性区面积随着软弱夹层厚度的增加而增加。

综合上述研究不难发现，软弱夹层厚度、强度和倾角是影响围岩稳定的主要因素，为本书选择软弱夹层影响因素提供了参考。

1.2.4 锚固体力学特性与锚固机理研究现状

1.2.4.1 锚固体力学特性

锚杆支护能够改善围岩的应力状态和力学特性[63]，掌握锚杆对围岩峰值强度、弹性模量及残余强度的强化程度是揭示其支护作用机理的重要前提条件之一[64]。为掌握锚杆支护效果并揭示其支护作用机理，部分学者对完整岩体、节理岩体和破裂岩体等的锚固力学特性进行了研究。

侯朝炯等[64]认为，锚杆支护可提高岩体的弹性模量、黏聚力和内摩擦角，从而提高岩体峰值强度和残余强度，提高程度与锚杆支护密度、预紧力正相关，且峰前对内摩擦角影响较大而峰后对黏聚力影响较大，锚固体破坏是拉剪共同作用的结果。而麦倜曾等[65]发现，锚固岩体的峰值强度、黏聚力和内摩擦角是锚杆密度、长度的函数，但仅在一定范围内为正相关关系。付宏渊等[66]研究认为，锚固体具有明显的各向异性特性，锚固岩体能承受的垂直于锚杆方向的作用力明显小于平行于锚杆布置方向的作用力；曾国正等[67]也研究了锚杆轴向布置和横向布置对类岩石材料试样的单轴抗压强度的影响。王洋[68]采用理论和数值计算相结合的方法对锚固体力学特性进行了探讨，认为锚杆预紧力产生的横向挤压效应是巷道围岩锚固结构形成的重要组成部分，锚杆预紧力影响预应力场数值，但对其分布形态影响不大。胡跃敏等[69]研究发现，煤体强度特征是形成锚固体的首要条件，可控条件为松软煤体强度与锚杆（适宜）预紧力匹配、增加锚杆长度与支护密度，多根预紧力锚杆支护产生的附加应力场相互叠加可形成锚固体。

Jing 等[70]、张茂林[71]研究发现，含断续节理锚固体的强度主要由岩体的强度、锚杆预紧力引起的初始等效约束应力以及锚杆变形过程中产生的等效约束应力所贡献的强度组成，并建立了锚固体峰值强度、残余强度与裂隙倾角、锚杆密度之间的函数关系式。刘泉声等[72]开展了加锚节理岩体室内剪切试验研究，发现锚杆锚固能够有效地增加节理面的黏聚力和内摩擦角，提高节理岩体的抗剪强度，并提出了加锚节理面抗剪强度计算模型。Su 等[73]研究发现，锚杆预紧力越高，对节理岩体的加固效果越明显。Mirzaghorbanali 等[74]通过双剪试验分析了锚杆对节理面间无摩擦力的节理岩体的加固作用，发现极限剪切荷载及其对应的剪应变随着锚杆（索）预紧力增大而减小；Chong 等[75]、Li 等[76]研究了含单一微裂隙岩体的锚固力学特性，发现锚固体峰值强度受锚杆锚固角度及裂隙倾角影响显著。而 Wang 等[77]从宏观和细观两方面研究了加锚节理岩体的力学特性。

秦昊[78]以裂纹尖端应力强度因子的减少程度作为评价锚固效应的依据，采用损伤理论和数值分析方法对断续节理岩体锚固效应进行了研究，认为锚杆加固具有非局部效应。陈卫忠等[79]采用弹簧块体理论模拟节理岩体中大型地下洞室开挖与锚杆支护的变形特征，并基于此开展了开挖条件下节理围岩锚固效应的模型试验研究。此外，Grasselli 等[80]、Spang 等[81]、Hoimberg 等[82]、Bahrani 等[83]也对加锚节理岩体的锚固特性进行了研究。

李术才等[84]对单轴拉伸条件下断续节理岩体锚固力学特性进行了试验探讨，经与不加锚试件对比，发现锚杆提高了节理岩体的变形模量和单轴抗拉强度，并使试件均表现出塑性破坏特征。李育宗等[85]建立了拉剪作用下加锚节理岩体的静定梁模型，发现锚固角越大，锚杆销钉效应越显著。康天合等[86]研究了循环荷载作用下层状节理岩体锚固力学特性，发现锚固可有效控制岩体的层裂破坏，且加锚模型破裂后仍具有良好的整体承载性能。而腾俊洋等[87]对单轴压缩作用下含层理锚固体力学特性进行了分析，发现锚杆可提高岩石的强度，但受层理方向和锚固方式的影响。

孟波等[88]研究了破裂岩体锚杆锚固效应，认为锚固体变形模量与锚杆预紧力正相关，全应力-应变曲线呈双峰型，锚杆在破裂面附近处于压、张、剪复杂应力状态。徐金海等[89]研究认为，锚固力的作用在于提高巷道周边破裂围岩的残余强度，并使锚固体形成组合拱。杨阳[90]研究了破裂岩体注浆加固效果，认为注浆对松散破碎围岩锚固体的黏聚力影响显著，而对内摩擦角影响不明显，锚固体峰前主要形成内部微裂隙，峰后处于应变软化阶段，体积膨胀。

上述研究侧重于锚固体强度的特性，而还有部分学者对锚固体的蠕变特性进行了研究。赵同彬[91]研究认为，加锚可提高岩石的蠕变应力阈值和长期强度，并可明显控制蠕变变形。韦四江等[92]得到了软岩锚固体在不同应力水平下的蠕变规律及其经验公式，并采用伯格斯(Burgers)模型进行了描述。

此外，还有部分学者将加锚岩体视为复合材料进行了研究。李新平等[93]利用复合材料力学的方法和观点建立了锚杆加固岩体的细观力学等效模型并进行了数值模拟研究，发现锚杆支护作用下，锚固体等效黏聚力增加最明显，等效内摩擦角次之，等效弹性模量增加最小；群锚可提高锚固岩体的整体加固效果，锚杆对软弱岩体的加固效果较硬岩更明显。吴文平等[63]研究了锚杆-围岩复合结构的力学参数的确定方法，提出了一种模拟隧洞开挖支护过程中系统普通砂浆锚杆加固效果的数值方法，研究了锚杆支护时机对围岩稳定性的影响。

综上可知，目前关于锚固体的研究主要是从强度的视角，研究被锚固岩体强度等特性及锚杆密度、预紧力等对锚固体力学性质的强化作用，且主要集中于对加锚节理岩体力学特性的研究；但是，关于含软弱夹层锚固体力学特性的研究还比较缺乏，且从强度和结构两个视角对锚固体承载能力等进行的研究也鲜见报道。

1.2.4.2 锚固理论及机理

在围岩支护理论方面，国际公认的有悬吊理论、组合梁理论和组合拱理论；而我国学者经过不懈努力，在深部矿井开采及支护理论方面取得了较大进展。侯朝炯等[64]在模型试验和数值计算的基础上提出了围岩强度强化理论。方祖烈[94]提出的主次承载区支护理论认为，巷道开挖后在围岩中形成拉压区域。何满潮等[95]根据煤矿软岩的变形力学机制提出了耦合支护理论，认为煤矿软岩巷道支护存在的主要问题是支护体与围岩之间的强度或刚度的不耦合问题。柏建彪等[96]通过理论分析和现场试验，提出了转移高应力与锚固区围岩强度强化等相结合的深部围岩稳定控制原理；康红普[2]基于锚杆支护作用本质，提出了预应力锚杆支护原理；张农等[97]针对深井三软巷道围岩的特点，提出了高阻让压支护原理、刚性梁和刚性墙理论；董方庭等[98]提出了围岩松动圈理论并对松动圈尺寸效应进行了分析。

在围岩锚固机理方面，根据锚固岩体均质程度的不同，对岩体锚固机理的研究一般可以分为 3 个尺度[99]。第一个尺度[100-101]是研究锚杆在轴向和横向荷载下的工作模式，其中比较注重对组成锚固体的每一部分(如锚杆、岩石、砂浆)力学行为的精确描述，同时考虑接触面(锚杆-砂浆、砂浆-岩石)力学行为的本构关系，单根锚杆的力学作用机制是这一方向的研究重点。第二个尺度[102-103]是在单个节理的尺度上研究锚杆的力学行为，重点考虑了节理面的力学特性，主要是通过现场或实验室完成的剪切试验研究节理面在锚杆加固作用下的剪切行为。第三个尺度[64-93]是描述锚固体的整体力学行为。加锚后的岩体被等效为一种“加筋体”材料，在宏观尺度上认为其是均匀和连续的，进而研究这种等效材料的力学属性。目前，锚固理论研究主要集中在锚固荷载传递机理和加固效应两个方面[104-105]。葛修润等[106]研究了加锚节理岩体的抗剪性能，分析了锚杆受力对加锚节理岩体抗剪能力的影响。陈文强等[107]进行了类似的研究，提出了加锚节理面抗剪强度计算公式，如式(1-5)所示。

$$\tau=\tau_{\mathrm{ba}}+\tau_{\mathrm{bt}}+\tau_{\mathrm{j}} \tag{1-5}$$

其中，

$$\left.\begin{aligned}
\tau_{\mathrm{ba}}&=\frac{N_{0\mathrm{e}}}{A}[\sin\alpha\tan(\varphi_{\mathrm{b}}+\psi)+\cos\alpha]\\
\tau_{\mathrm{bt}}&=\frac{Q_{0\mathrm{e}}}{A}[\sin\alpha-\cos\alpha\tan(\varphi_{\mathrm{b}}+\psi)]\\
\tau_{\mathrm{j}}&=\sigma_{\mathrm{j}}\tan(\varphi_{\mathrm{b}}+\psi)+c_{\mathrm{j}}
\end{aligned}\right\} \tag{1-6}$$

式中，τ_{ba} 为剪切过程中锚杆轴力换算的抗剪强度；τ_{bt} 为剪切过程中锚杆横向剪切力换算的抗剪强度；τ_{j} 为结构面本身抗剪强度；σ_{j} 为结构面法向应力；c_{j} 为结构面黏聚力；φ_{b} 为结构面基本摩擦角；$N_{0\mathrm{e}}$ 为锚杆屈服时轴向力；$Q_{0\mathrm{e}}$ 为锚杆屈服时横向剪切力；ψ 为结构面剪胀角。

但是，该公式仅考虑节理面附近锚杆的加固作用，而没有考虑锚杆全长范围内的锚固作用。

Jing 等[70]、张茂林[71]基于物理模拟试验，结合莫尔-库仑准则，提出了加锚断续节理岩体峰值强度计算公式，如式(1-7)所示。

$$\sigma_s = \frac{2c\cos\varphi}{1-\sin\varphi} + \sigma_{3i}\frac{1+\sin\varphi}{1-\sin\varphi} + \sigma_{3b}\frac{1+\sin\varphi}{1-\sin\varphi} \tag{1-7}$$

式中，σ_s 为锚固体峰值强度；σ_{3i} 为锚杆预紧力引起的初始等效约束力；σ_{3b} 为锚杆变形过程中产生的等效约束应力；c、φ 分别为锚固体的黏聚力和内摩擦角。

结合式(1-7)分析知，该研究仅考虑了锚杆轴力对锚固体峰值强度的影响，而没有考虑锚杆横向作用。事实上，锚杆不仅有轴力作用，而且有因弯曲而产生的横向作用。

此外，王卫军等[108]结合深井煤层巷道围岩变形特征和支护失效的原因，提出了“内、外承载结构”的概念。“外结构”是指锚固体、注浆体及支架等巷道支护结构；而“内结构”是指巷道围岩应力峰值点附近以部分塑性硬化区和软化区煤岩体为主体组成的承载结构，外结构通过围岩应力场影响内结构的形成过程。张强勇等[109]根据裂隙岩体的弹塑性损伤变形机制，建立了断续多裂隙岩体在初始损伤、损伤演化和塑性损伤变形状态下的三维弹塑性损伤本构关系；在此基础上，建立了空间损伤岩锚柱单元模型，分析了锚杆对断续裂隙岩体的支护效果。

上述研究为本书的研究提供了重要思路和启发；但是，由于深部矿井工程地质条件的复杂性，关于深部巷道围岩稳定性控制问题仍然有许多问题亟待解决，如深部含软弱夹层巷道围岩的承载结构和稳定控制问题。

1.3 主要研究内容与技术路线

1.3.1 主要研究内容

针对上述问题，以深部顶板含软弱夹层巷道为工程背景，在前人研究基础上，本书拟研究以下几个方面的内容：

(1) 含软弱夹层锚固体承载特性与变形破坏模式

采用从含软弱夹层围岩中分离出锚固单元体的方法，试验研究软弱夹层厚度、强度、倾角及锚杆密度、预紧力对锚固体承载能力、弹性模量等的影响规律，建立上述5个影响因素与锚固体承载能力、弹性模量之间的数量关系；研究软弱夹层及支护对锚固体破坏模式的影响，探讨含软弱夹层锚固体的结构效应。

(2) 含软弱夹层围岩变形破坏特征及承载结构

在含软弱夹层锚固体承载特性试验研究基础上，采用地质力学模型试验研究含软弱夹层围岩变形破坏特征和承载结构演化规律，分析含软弱夹层巷道围岩应力演化与分布规律，探讨含软弱夹层围岩成拱特性，重点揭示软弱夹层对巷道围岩变形破坏特征和承载结构的影响。在此基础上，数值模拟研究软弱夹层对围岩压力拱的影响，并揭示其影响规律。

(3) 软弱夹层对组合梁、压力拱承载能力的影响规律与机理

建立矩形巷道顶板含软弱夹层组合梁、压力拱力学模型，给出组合梁、承载拱不同失稳模式下的极限承载能力与稳定性判据，分析软弱夹层及锚杆索梁支护对组合梁、承载拱极限承载能力的影响，探讨支护-软弱夹层-硬岩层之间的协同耦合承载问题。在物理模拟试验研究基础上，采用均质化理论方法揭示软弱夹层对含软弱夹层等效均质体力学特性的影响规律。

1.3.2 技术路线

以平煤集团四矿己 15-23130 顶板含软弱夹层千米深巷为工程背景，结合上述研究内容，按如图 1-3 所示的技术路线进行研究。

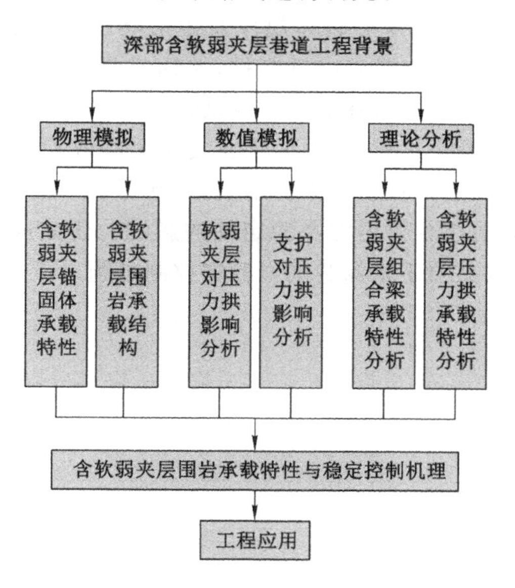

图 1-3 技术路线

首先，采用物理模拟试验研究含软弱夹层锚固立方体承载特性及含软弱夹层巷道围岩承载结构。

其次，在物理模拟试验研究基础上，提出围岩成拱判据并将其嵌入数值计算软件中，研究软弱夹层及支护结构与形式等对围岩压力拱的影响。

再次，结合物理模拟试验，理论分析软弱夹层及支护对作为围岩承载结构的

组合梁、压力拱承载特性的影响，获得含软弱夹层围岩承载特性与稳定控制机理。

最后，将上述研究成果应用于平煤集团四矿己 15-23130 顶板含软弱夹层千米深巷围岩稳定性控制中，检验研究成果的合理性和实用性。

1.4 主要创新点

本书创新点主要体现在以下几个方面：

(1) 基于锚固立方体承载特性试验，获得了含软弱夹层锚固体全应力-应变曲线，从围岩强度与结构的观点出发，首次系统研究揭示了含软弱夹层锚固体承载能力、弹性模量与软弱夹层厚度、强度、倾角及锚杆密度、预紧力之间的定量关系。

(2) 基于试验数据揭示了含软弱夹层锚固体及围岩的结构效应和成拱特性，获得了含软弱夹层围岩变形破坏规律及矩形巷道顶板初次、二次承载结构梁-拱转化规律，提出了巷道围岩成拱判据，并通过将其嵌入 $FLAC^{3D}$ 中数值模拟研究了软弱夹层及支护等对巷道围岩成拱特性的影响。

(3) 采用均质化理论方法，揭示了软弱夹层对等效均质体力学特性的影响机制，建立了含软弱夹层顶板组合梁力学模型，阐明了其破坏模式并给出了稳定性判据，分析了支护对组合梁内力及稳定性的影响。研究成果成功解决了平煤集团四矿顶板含软弱夹层千米深巷围岩稳定控制难题。

2　含软弱夹层锚固立方体承载特性试验研究

2.1　引言

随着浅部煤炭资源的枯竭，我国煤矿已逐渐步入深部开采时代[1]。深部巷道围岩稳定性控制特别是顶板稳定性控制遇到的关键问题之一就是软弱夹层的影响[15]。软弱夹层在煤矿沉积地层中广泛存在[12,16]，是深部巷道围岩失稳致灾的重要诱因之一，甚至成为巷道顶板失稳的控制性因素之一，引发众多煤矿顶板灾害事故[15]。分析表明，软弱夹层诱发巷道失稳灾害事故不仅与其强度有关，也与其引起的包括硬岩层、支护在内的整个围岩系统强度弱化和承载结构改变有关。因此，在考察软弱夹层对巷道围岩稳定性影响时，应将软弱夹层对围岩系统强度的影响纳入考虑范围，并同时从强度和结构两方面进行分析。

目前，关于软弱夹层厚度、强度等对围岩系统强度的影响规律和含软弱夹层锚固体的结构效应尚不清楚，且该方面的研究也不充分。为此，借鉴已有研究成果[64]，采用从围岩中分离出代表性锚固立方体(如图 2-1 黑色虚线框内部分所示，为方便分析，称从围岩中分离出的锚固立方体为锚固体)的方法进行研究。采用该方法不仅能够获得软弱夹层对围岩系统强度等的影响规律，而且能够获得支护对围岩系统的支护效果，并揭示锚杆的支护作用机理[64]。

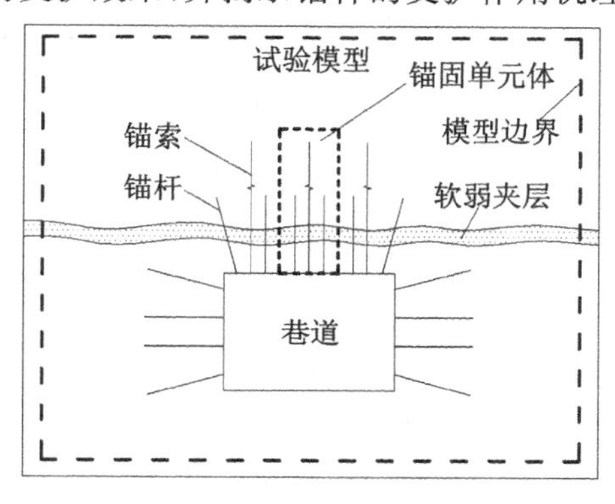

图 2-1　锚固单元体示意图

本章采用该方法系统研究软弱夹层厚度、强度、倾角、锚杆密度及预紧力5个主要影响因素对锚固体承载特性的影响规律和机理，并分析含软弱夹层锚固体的结构效应，为该类巷道围岩稳定性控制提供参考。

2.2 试验设计

2.2.1 试验原型及力学模型

锚固体试验以平煤集团四矿己15-23130千米深巷为工程背景。该巷道为矩形断面，掘进断面宽×高＝4 800 mm×3 600 mm，埋深860～1 050 m，属于深部巷道。己15煤层顶板为细砂岩、灰岩等，强度较高(表2-1)，但在顶板以上1.0～1.6 m之间有厚0.1～0.6 m的泥岩软弱夹层，其抗拉强度和抗压强度均较低(表2-1)，增加了巷道围岩稳定控制难度，并成为巷道围岩失稳的重要影响因素之一。为突出研究软弱夹层对巷道围岩稳定性的影响，借鉴文献[13]的方法，将巷道围岩简化为硬岩层(取细砂岩)和软弱夹层，其物理力学参数见表2-1。简化后，从围岩中分离出锚固单元体，如图2-1所示。地应力实测[110]表明，垂直巷道轴向的水平应力为最大主应力，平行巷道轴向的为第二主应力，据此可简化得到如图2-2所示的锚固体力学模型。

表2-1 原型材料物理力学参数

岩 性	弹性模量 E/GPa	抗压强度 σ_c/MPa	抗拉强度 σ_t/MPa	黏聚力 c/MPa	内摩擦角 φ/(°)	容重 γ/(kN/m^3)
砂岩	20.26～32.85	53.85～79.53	3.50～5.35	5.35～8.83	38.4～45.0	25
泥岩	4.04～10.25	9.78～12.80	1.20～2.00	1.25～2.34	19.8～22.5	25

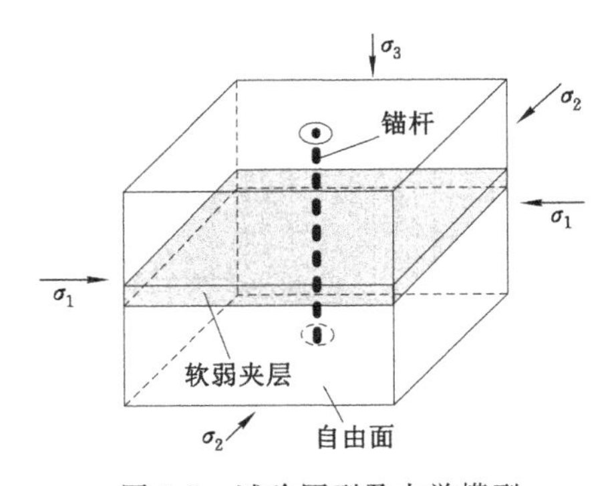

图2-2 试验原型及力学模型

由表 2-1 知，砂岩单轴抗压强度超过 25 MPa，属于硬岩。泥岩单轴抗压强度低于 13 MPa，强度较低，同时由于其厚度相对较薄，属于软弱夹层。

根据图 2-2 所示力学模型，试验时试样上下面(试验机压头方向)作用 σ_1，两侧面作用 σ_2，后侧面约束法向位移，前面为自由面，以施加锚杆。为此，需要研制能够满足试验模型要求的试验系统。

2.2.2　试验系统

根据试验原型及其力学模型设计的试验系统如图 2-3 所示，主要包括加载装置、约束装置和测试装置。

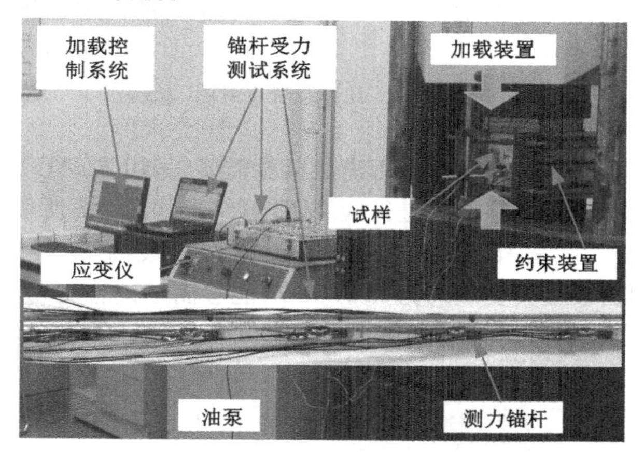

图 2-3　试验系统

(1) 加载装置

加载装置为 YNS-2000 型电液伺服试验机。该试验机压头尺寸长×宽＝210 mm×210 mm，最大压力为 2 000 kN，且自带试样轴力、位移测试传感器，加载过程中能够对试样轴力和位移进行实时监测。锚固体压缩试验采用位移控制方式，加载速率为 0.5 mm/min，加载方向平行于软弱夹层。

(2) 约束装置

根据试验需要，自行研制的试验约束装置子系统如图 2-4 所示。两侧约束装置为长×厚×高＝360 mm×210 mm×30 mm 的高强钢板，每个钢板上焊接 3 个宽×高＝360 mm×210 mm 的加筋肋，以增加抗弯刚度和防止其在试验过程中侧向鼓出。后侧挡板长×厚×高＝210 mm×210 mm×10 mm。拉杆为 ϕ16 mm 的高强钢筋，弹性模量为 200 GPa。

(a) 正面

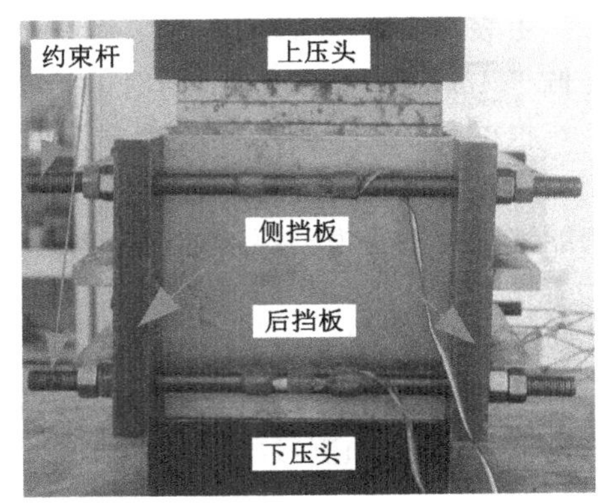

(b) 背面

图 2-4　约束装置示意图

为检验约束装置强度、刚度是否满足试验需要，采用 FLAC^{3D} 对试样加载过程中约束装置、拉杆等位移情况进行验算，计算结果如图 2-5 所示。

由图 2-5 可知，试样压缩过程中，侧向约束装置最大侧向变形约为 0.12 mm，后侧挡板最大变形约为 0.27 mm，能够满足试验要求。

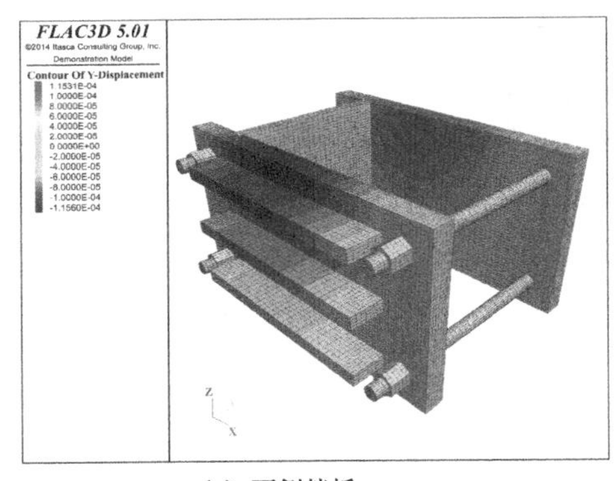

(a) 两侧挡板

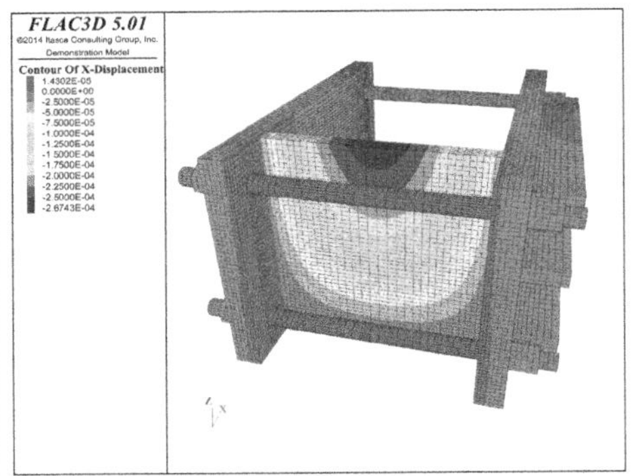

(b) 后侧挡板

图 2-5　约束装置有限元计算结果

(3) 测试装置

试验测试内容主要包括试样应力、应变、自由面法向位移及锚杆受力。其中，试样的应力、应变由试验机自带的力和位移传感器监测，自由面位移通过外接的位移计监测，位移计及其标定曲线如图 2-6 所示。锚杆受力采用测力锚杆监测。

由图 2-6 可知，应变仪检测到的应变与位移计测试的位移之间具有良好的

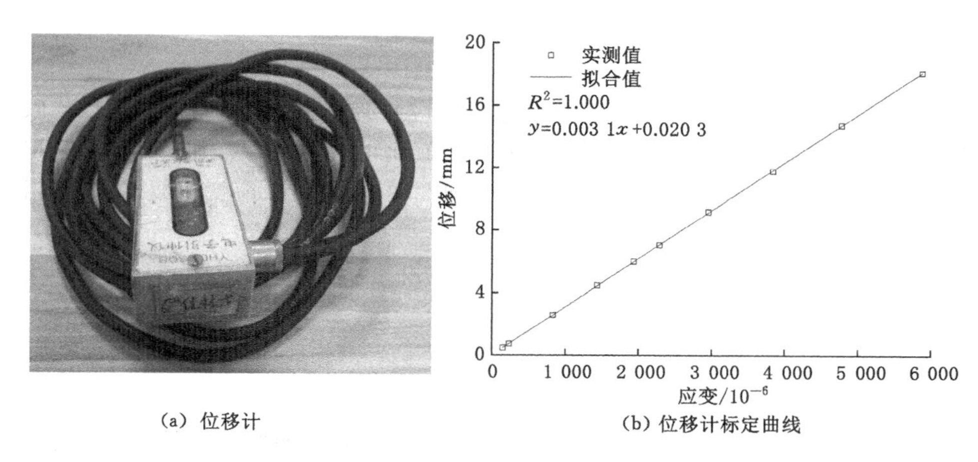

(a) 位移计　　(b) 位移计标定曲线

图 2-6　位移计及其标定曲线

线性关系，可以用如式(2-1)所示的一次线性函数表示。

$$y = 0.0031x + 0.0203 \tag{2-1}$$

位移计应变及后文 2.2.4 节测力锚杆数据均采用江苏泰斯特电子设备制造有限公司的 TST3826F-L 动静态应变测试分析仪(图 2-7)采集。该应变仪采用德国进口的 WAGO 压线端子，接线更加方便，程控切换桥路，以太网接口，数据传输更加稳定可靠，且分辨率高。高速 ARM 处理器配合可靠软硬件信号处理技术，提高了系统的稳定性，大大增强了现场抗干扰能力。内置 Q-FAN 温度控制系统，进一步减少温度对测量结果的影响，适用于测量精度要求较高和现场复杂以及测点相对集中的场合。

图 2-7　应变仪

2.2.3 试验相似比

相似比是指相似系统中原型与模型各对应物理量之比，即相似比(C)=原型物理量(P)/模型物理量(M)[111]。试验相似比可根据相似准则确定，根据相似准则可以得到几何相似比、应力相似比、弹性模量相似比、应变相似比、位移相似比等之间的关系，如式(2-2)所示。

$$\left.\begin{aligned} C_\sigma &= C_L C_\gamma \\ C_\sigma &= C_E C_\varepsilon \\ C_\delta &= C_\varepsilon C_L \\ C_F &= C_L^2 C_\sigma \end{aligned}\right\} \tag{2-2}$$

式中，C_L 为几何相似比；C_γ 为容重相似比；C_σ 为应力相似比；C_E 为弹性模量相似比；C_ε 为应变相似比；C_δ 为位移相似比。

此外，模型试验要求所有无量纲物理量(应变、内摩擦角、泊松比)相似比为1，相同量纲物理量相似比相同。据此，得：

$$C_\varepsilon = C_\varphi = C_\mu = 1 \tag{2-3}$$

$$C_{\sigma_t} = C_{\sigma_c} = C_E = C_c = C_\sigma \tag{2-4}$$

相似模拟试验中，通常情况下首先需要根据模型尺寸和原型尺寸确定几何相似比，其次根据压力机量程确定相似材料的单轴抗压强度并进而确定应力相似比，最后根据相似比之间的关系确定其他相似比。

考虑到试验机压头尺寸，确定的锚固体立方体模型尺寸为长×宽×高=200 mm×200 mm×200 mm。此外，由于国内煤矿巷道常用锚杆间距、排距为600～1 100 mm，为此确定几何相似比 $C_L=6$，则可模拟的原型尺寸为长×宽×高=1 200 mm×1 200 mm×1 200 mm，并忽略锚杆轴向对相似比的要求[88]。

2.2.4 试验材料

合适的相似材料是室内模型试验成功的基础和关键。通常情况下，相似材料由胶结料和填料组成。随着胶结料、填料种类的增多，新的岩体相似材料不断涌现，如以洗衣液、石膏、细砂等为原材料研制的软弱围岩相似材料[112]和以石膏、河砂等为材料研制的硬岩相似材料[113]。但是，无论采用何种原材料，相似材料应具有力学性能稳定、取材方便、易制备、无毒无害和能够良好地模拟原型的力学特性等特点[114]。本书基于此并借鉴已有研究成果[13,88]，采用河砂、水泥、石膏为原材料配制硬岩层和软弱夹层相似材料。该类材料不仅来源广泛、价格便宜、制备方便、力学性能稳定，且通过调整各类材料之间的质量比，可以得到不同强度的相似材料。

根据研究需要，本章相似材料主要包括岩体相似材料和支护相似材料。

（1）岩体相似材料

岩体相似材料配制过程主要包括材料称重→搅拌→振捣→脱模→泡水养护→风干，如图 2-8 所示。试样泡水养护时间为 7 d，然后取出在自然条件下风干，满 28 d 后进行物理力学参数测试。

(a) 材料称重　(b) 搅拌　(c) 振捣

(d) 脱模　(e) 泡水养护　(f) 风干

图 2-8　相似材料配制流程

试样力学参数测试均在中国矿业大学 DNS-100 电液伺服试验机上进行，主要包括单轴抗压强度、巴西劈裂抗拉强度和抗剪强度。试样力学参数测试试验过程均采用位移控制方式，加载速率为 0.5 mm/min。

试样单轴抗压强度测试过程如图 2-9 所示。单轴抗压强度试验获得的不同配比时硬岩相似材料、软弱夹层相似材料单轴抗压强度等物理力学参数分别如表 2-2 和表 2-3 所示。其中，硬岩相似材料由水泥（胶结料）、河砂（骨料）配制，其中水占胶结料和骨料总质量的 20%。软弱夹层相似材料以水泥和石膏为胶结料、河砂为骨料，水占胶结料和骨料总质量的 24%。

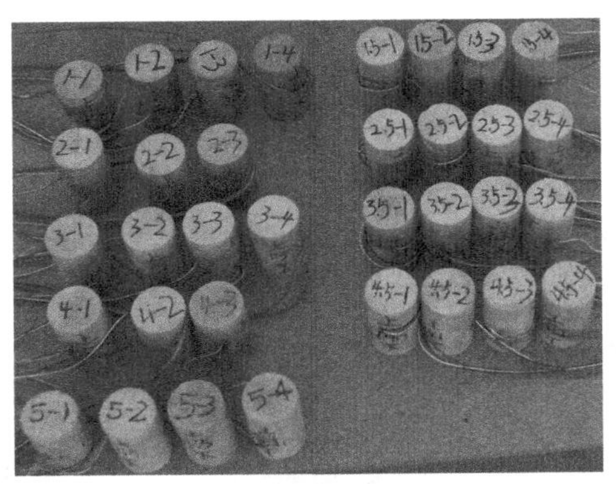

(a) 试验前试样

(b) 试验过程

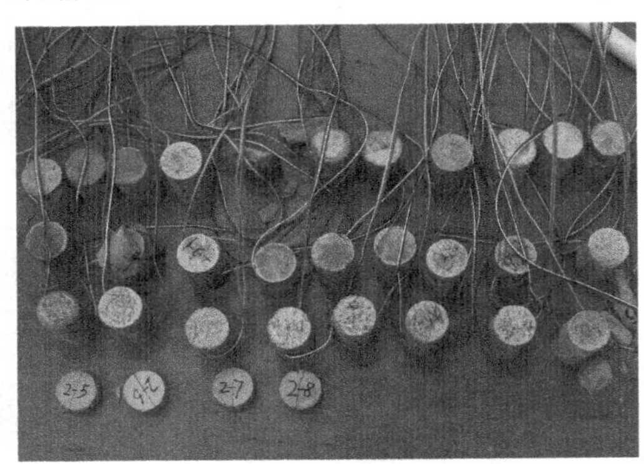

(c) 试验后试样

图 2-9 单轴抗压强度试验

表 2-2 硬岩相似材料弹性模量与单轴抗压强度

砂灰比	编号	容重/(kN/m³)	弹性模量/GPa	抗压强度/MPa	砂灰比	编号	容重/(kN/m³)	弹性模量/GPa	抗压强度/MPa
1∶1	1-1	20.37	5.29	47.60	3.5∶1	3.5-1	19.56	2.32	12.09
	1-2	20.43	5.30	48.98		3.5-2	19.73	2.17	11.96
	均值	20.40	5.29	48.29		3.5-4	19.71	2.18	11.92
1.5∶1	1.5-1	20.25	4.66	33.60		均值	19.67	2.22	11.99
	1.5-2	19.87	4.33	32.48	4∶1	4-1	19.93	2.04	9.67
	1.5-4	20.04	4.71	35.10		4-2	19.92	1.82	9.08
	均值	19.96	4.52	33.79		均值	19.93	1.93	9.37

表 2-2(续)

砂灰比	编号	容重/(kN/m^3)	弹性模量/GPa	抗压强度/MPa	砂灰比	编号	容重/(kN/m^3)	弹性模量/GPa	抗压强度/MPa
2：1	2-1	19.75	3.86	24.54	4.5：1	4.5-1	19.36	1.04	6.84
	2-3	19.73	3.58	23.43		4.5-3	19.32	0.95	7.26
	均值	19.74	3.72	23.99		4.5-4	19.55	0.84	7.54
2.5：1	2.5-1	19.88	3.76	19.22		均值	19.41	0.94	7.21
	2.5-3	19.98	3.77	19.33	5：1	5-2	19.53	0.74	5.06
	2.54	19.89	3.47	19.37		5-4	19.28	0.81	5.48
	均值	19.92	3.67	19.30		均值	19.41	0.77	5.27
3：1	3-1	19.63	2.88	14.69					
	3-3	19.53	2.78	15.57					
	3-4	19.89	2.95	15.59					
	均值	19.68	2.87	15.28					

注:表中砂灰比为质量比。

表 2-3 软弱夹层材料弹性模量与单轴抗压强度

m(砂)：*m*(灰)：*m*(膏)(质量比)	编号	弹性模量/GPa	抗压强度/MPa	*m*(砂)：*m*(灰)：*m*(膏)(质量比)	编号	弹性模量/GPa	抗压强度/MPa
3：0.6：0.4	1	0.39	2.71	4：0.4：0.6	2	0.10	0.72
	3	0.37	2.67		3	0.12	0.84
	4	0.38	2.64		4	0.10	0.86
	均值	0.38	2.67		均值	0.11	0.80
3：0.5：0.5	1	0.36	2.09	5：0.6：0.4	1	0.24	1.23
	2	0.36	2.02		2	0.21	1.25
	3	0.37	1.95		4	0.23	1.24
	均值	0.36	2.02		均值	0.22	1.24
3：0.4：0.6	1	0.28	1.40	5：0.5：0.5	1	0.08	0.63
	2	0.20	1.37		2	0.10	0.75
	4	0.28	1.38		3	0.08	0.78
	均值	0.25	1.38		均值	0.09	0.72

表 2-3(续)

m(砂)∶m(灰)∶m(膏)(质量比)	编号	弹性模量/GPa	抗压强度/MPa	m(砂)∶m(灰)∶m(膏)(质量比)	编号	弹性模量/GPa	抗压强度/MPa
4∶0.6∶0.4	1	0.32	1.72	5∶0.4∶0.6	1	0.06	0.32
	3	0.29	1.75		3	0.05	0.37
	4	0.32	1.76		4	0.07	0.31
	均值	0.31	1.74		均值	0.06	0.33
4∶0.5∶0.5	1	0.22	1.29	6∶0.5∶0.5	1	0.06	0.37
	3	0.19	1.26		3	0.06	0.50
	4	0.18	1.27		4	0.07	0.51
	均值	0.19	1.27		均值	0.07	0.46
4∶0.45∶0.55	1	0.10	0.96	6∶0.4∶0.6	1	0.02	0.23
	2	0.07	0.87		2	0.02	0.22
	3	0.08	0.96		4	0.02	0.21
	均值	0.08	0.93		均值	0.02	0.22

硬岩相似材料、软弱夹层相似材料(部分)单轴压缩应力-应变曲线如图 2-10 所示。

因为配制出各项参数均满足相似比的材料难度较大，所以以单轴抗压强度作为选择相似材料的主要依据。硬岩相似材料砂灰比为 4.5∶1 时，可得单轴抗压强度相似比和应力相似比 $C_{\sigma}=C_{\sigma_c}=7.47$(原岩单轴抗压强度取低值)。考虑

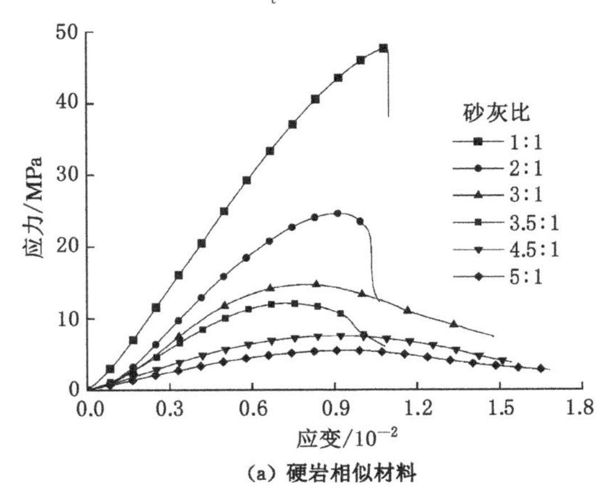

(a) 硬岩相似材料

图 2-10 相似材料应力-应变曲线

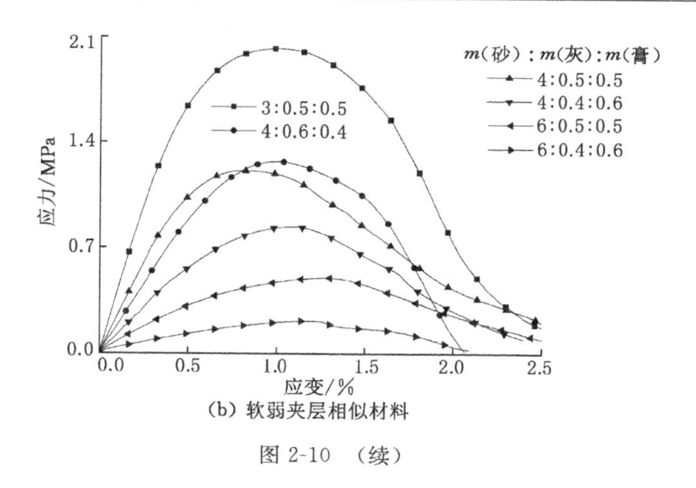

(b) 软弱夹层相似材料

图 2-10 （续）

到模拟不同强度软弱夹层的需要，选择 m（砂）：m（灰）：m（膏）分别为 3：0.5：0.5、4：0.6：0.4、4：0.5：0.5、4：0.4：0.6、6：0.5：0.5 和 6：0.4：0.6 时作为软弱夹层相似材料。

巴西劈裂抗拉强度试验过程如图 2-11 所示，通过该方法获得的硬岩相似材料、软弱夹层相似材料抗拉强度分别如表 2-4、表 2-5 所示。

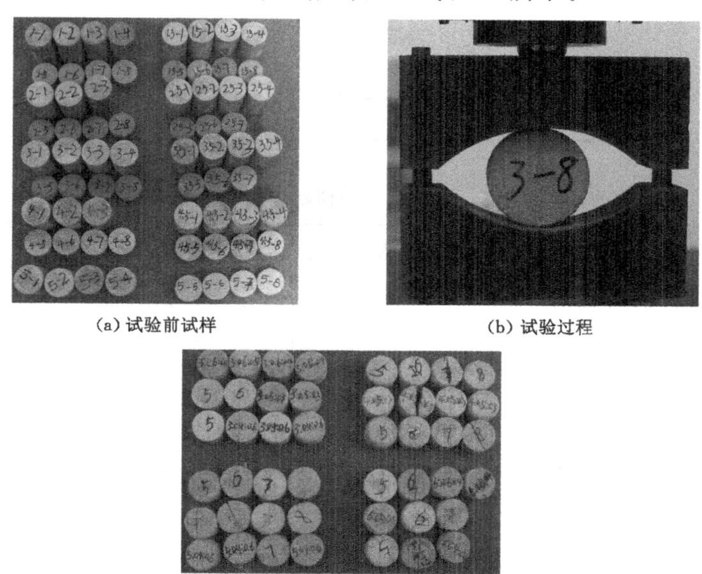

(a) 试验前试样　(b) 试验过程

(c) 试验后试样

图 2-11　巴西劈裂抗拉强度试验

表 2-4　硬岩相似材料抗拉强度

砂灰比	编号	抗拉强度/MPa	砂灰比	编号	抗拉强度/MPa
1∶1	1-6	4.28	3.5∶1	3.5-6	1.42
	1-7	3.84		3.5-7	1.34
	1-8	4.05		3.5-8	1.34
	均值	4.06		均值	1.38
1.5∶1	1.5-6	3.65	4∶1	4-6	1.34
	1.5-7	3.59		4-7	1.40
	1.5-8	3.50		4-8	1.13
	均值	3.54		均值	1.37
2∶1	2-5	2.94	4.5∶1	4.5-5	0.99
	2-7	2.82		4.5-6	0.92
	2-8	2.79		4.5-8	0.99
	均值	2.88		均值	0.97
2.5∶1	2.5-5	2.33	5∶1	5-5	0.82
	2.5-6	2.26		5-7	0.97
	均值	2.29		5-8	0.88
3∶1	3-5	1.83		均值	0.89
	3-6	1.85			
	均值	1.84			

表 2-5　软弱夹层相似材料抗拉强度

m(砂)∶m(灰)∶m(膏)	编号	抗拉强度/MPa	m(砂)∶m(灰)∶m(膏)	编号	抗拉强度/MPa	m(砂)∶m(灰)∶m(膏)	编号	抗拉强度/MPa
3∶0.6∶0.4	5	0.34	4∶0.5∶0.5	5	0.15	5∶0.5∶0.5	5	0.10
	6	0.34		7	0.19		6	0.13
	7	0.29		8	0.16		7	0.09
	均值	0.32		均值	0.17		均值	0.10
3∶0.5∶0.5	5	0.22	4∶0.45∶0.55	5	0.15	5∶0.4∶0.6	5	0.08
	6	0.26		6	0.15		6	0.08
	8	0.27		8	0.15		7	0.09
	均值	0.25		均值	0.15		均值	0.08

表 2-5(续)

m(砂)∶m(灰)∶m(膏)	编号	抗拉强度/MPa	m(砂)∶m(灰)∶m(膏)	编号	抗拉强度/MPa	m(砂)∶m(灰)∶m(膏)	编号	抗拉强度/MPa
3∶0.4∶0.6	5	0.17	4∶0.4∶0.6	5	0.11	6∶0.5∶0.5	5	0.07
	7	0.16		6	0.11		6	0.06
	8	0.19		7	0.13		7	0.06
	均值	0.17		均值	0.12		均值	0.06
4∶0.6∶0.4	5	0.24	5∶0.6∶0.4	5	0.15	6∶0.4∶0.6	5	0.03
	6	0.21		6	0.12		6	0.02
	8	0.23		8	0.14		8	0.04
	均值	0.22		均值	0.14		均值	0.03

试样抗剪强度测试通过变角剪切试验进行,如图 2-12 所示,试验获得的硬岩相似材料、软弱夹层相似材料抗剪强度如表 2-6 所示。

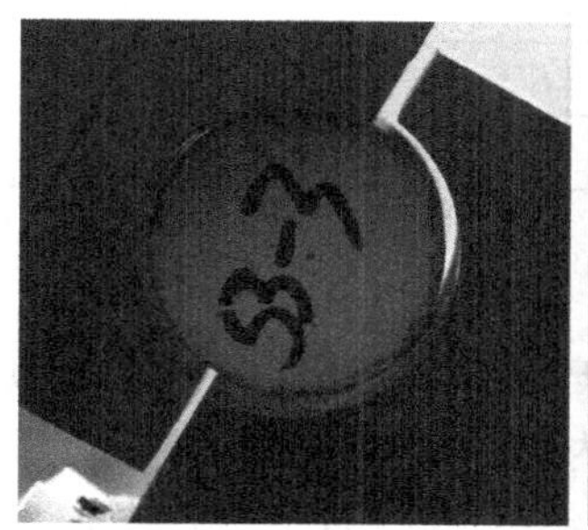

(a) 试验过程

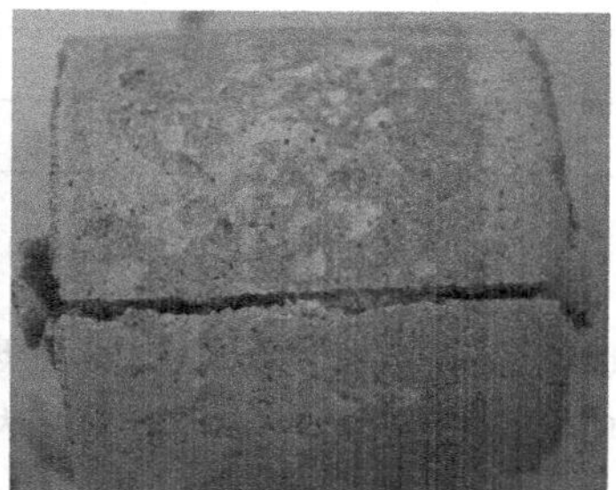

(b) 试验后试样

图 2-12 剪切试验

表 2-6 相似材料抗剪强度

编号	m(砂)∶m(灰)∶m(膏)	黏聚力/MPa	内摩擦角/(°)
S0	4.5∶1∶0	2.64	27.77
S1	6∶0.4∶0.6	0.10	26.06
S2	6∶0.5∶0.5	0.12	28.61
S3	4∶0.4∶0.6	0.16	31.10
S4	4∶0.5∶0.5	0.36	24.56
S5	4∶0.6∶0.4	0.45	18.19
S6	3∶0.5∶0.5	0.49	16.88

综合上述试验结果，得到本章试验用硬岩层及软弱夹层相似材料物理力学参数，分别如表 2-7、表 2-8 所示。

表 2-7 硬岩相似材料物理力学参数

砂灰比	弹性模量/GPa	抗压强度/MPa	抗拉强度/MPa	黏聚力/MPa	内摩擦角/(°)	容重/(kN/m³)
4.5∶1	0.94	7.21	0.99	2.64	27.77	19.41

表 2-8 软弱夹层相似材料物理力学参数

m(砂)∶m(灰)∶m(膏)	弹性模量/GPa	抗压强度/MPa	抗拉强度/MPa	黏聚力/MPa	内摩擦角/(°)
3∶0.5∶0.5	0.36	2.02	0.25	0.49	16.88
4∶0.6∶0.4	0.31	1.74	0.22	0.45	18.19
4∶0.5∶0.5	0.19	1.27	0.17	0.36	24.56
4∶0.4∶0.6	0.11	0.80	0.12	0.16	31.10
6∶0.5∶0.5	0.07	0.46	0.06	0.12	28.61
6∶0.4∶0.6	0.02	0.22	0.03	0.08	26.06

(2) 支护相似材料

支护相似材料选择也是物理模拟试验中的关键环节，选择合理的支护相似材料是物理模拟试验成功的重要保障之一。结合国内煤矿常用锚杆规格及力学参数(表 2-9)[115]，同时考虑锚杆受力监测需要，最终选用牌号为 6061、直径 6 mm 的铝棒作为试验用锚杆，如图 2-13 所示。

表 2-9 国内常用螺纹钢锚杆规格参数[115]

牌号	公称直径/mm	弹性模量/GPa	屈服强度/MPa	抗拉强度/MPa	延伸率/%	破断力/kN
			不小于			
Q235	14～22	200	235	380		59.5～144.4
BHRB335	16～22	200	335	490	18	98.5～186.2
BHRB400	16～22	200	400	570	18	114.5～216.6
BHRB500	16～25	200	500	670	18	134.6～328.7
BHRB600	16～25	200	600	800	18	160.8～392.5

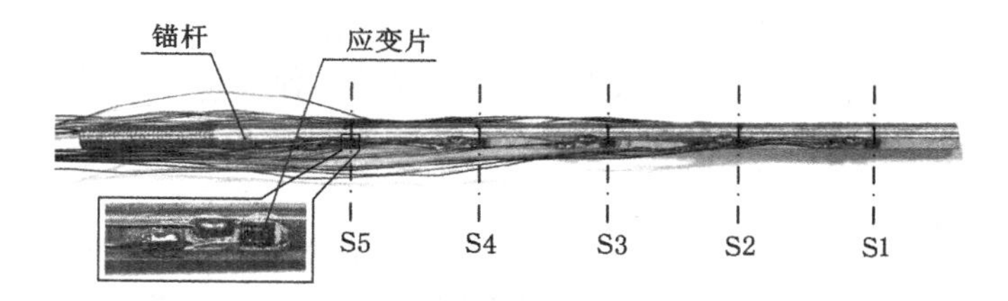

图 2-13 试验用锚杆

为监测锚固体变形过程中锚杆受力特性，在每根锚杆上设置 5 个测试断面，每个断面对称布置一对应变片，从锚杆头部到尾部依次为监测断面 S1、S2、S3、S4 和 S5。其中，监测断面 S3 位于软弱夹层中。

本书通过拉拔试验获得的锚杆应力-应变曲线及经过回归分析得出的锚杆弹性、塑性强化段应力-应变关系，如图 2-14 所示。

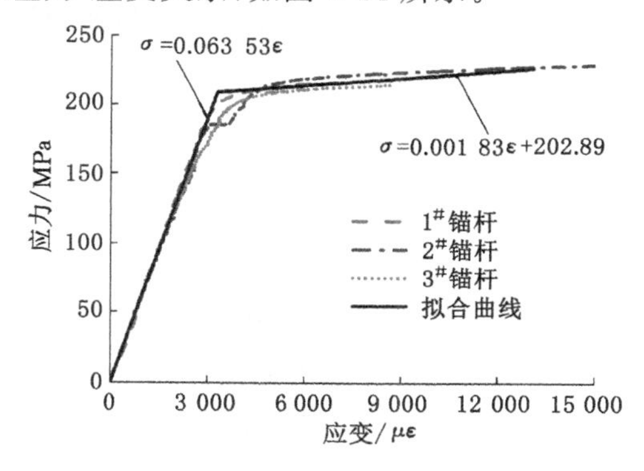

图 2-14 锚杆应力-应变曲线

根据图 2-14 可以获得锚杆应力-应变本构关系，如式(2-5)所示。其中，锚杆应变为 0～3 288 $\mu\varepsilon$ 时处于弹性阶段，应力-应变本构关系可以用式(2-5)第一式表示；应变为 3 288～12 000 $\mu\varepsilon$ 时锚杆处于塑性阶段，应力-应变本构关系可以用式(2-5)第二式表示。试验过程中，结合静态应变仪采集的锚杆应变数据及式(2-5)即可获得其应力数据。

$$\begin{cases}\sigma = 0.063\ 53\varepsilon & 0 \leqslant \varepsilon \leqslant 3.288 \times 10^3\ \mu\varepsilon \\ \sigma = 0.001\ 83\varepsilon + 202.89 & 3.288 \times 10^3\ \mu\varepsilon \leqslant \varepsilon \leqslant 1.2 \times 10^4\ \mu\varepsilon\end{cases} \tag{2-5}$$

锚杆孔在试验前通过车床钻打，确保锚杆孔垂直于试样自由面。锚杆锚固步骤为：① 打锚杆孔，将植筋胶（试验用锚固剂）压注进锚杆孔并充分搅拌；② 放入锚杆，再次进行搅拌并上下抽动锚杆，以确保锚固剂均匀和没有孔洞；③ 缓慢旋转锚杆使其上、下侧面垂直于试样加载方向，通过定位装置使锚杆与其孔同心。锚杆孔直径约 8 mm,锚固剂环向厚度约 1 mm。锚杆锚固完成后,将试样在室温条件下静置 48 h,使植筋胶充分凝固,保证锚固质量。

2.2.5 试验方案

锚固体试样为 200 mm×200 mm×200 mm 的立方体,软弱夹层位于试样中部,其两侧为硬岩层,锚杆横穿软弱夹层和硬岩层。加载方向平行于软弱夹层。

研究内容主要为软弱夹层厚度、强度、倾角和锚杆密度、预紧力 5 个主要影响因素对锚固体承载能力、弹性模量和变形破坏模式的影响。因此,试验方案设计时保持硬岩层物理力学参数不变(硬岩物理力学参数详见表 2-7),改变软弱夹层及支护参数。试验方案如下:

(1) 软弱夹层厚度:分别取为试样总厚度的 0%(无软弱夹层)、2.5%、5.0%、7.5%、10.0%、12.5%和 15.0%,即软弱夹层厚度分别为 0 mm、5 mm、10 mm、15 mm、20 mm、25 mm 和 30 mm。

(2) 软弱夹层强度:取软弱夹层单轴抗压强度分别为 0.22 MPa、0.46 MPa、0.80 MPa、1.27 MPa、1.74 MPa 和 2.02 MPa,分别约为硬岩单轴抗压强度的 3.05%、6.38%、11.10%、17.61%、24.13%和 28.02%。

(3) 软弱夹层倾角:与锚固体自由面的夹角分别为 0°、15°、30°、45°和 90°。

(4) 锚杆密度:由于锚杆材质、横截面面积及各锚固体横截面面积均相同,因此用单个锚固体中锚杆数量表示,分别为无锚杆和 1、2、3、4 根锚杆。

(5) 锚杆预紧力:参照文献[115],分别取预紧力为 110 N、240 N、510 N、770 N、1 050 N 和 1 270 N。

根据上述设计,将试验方案列于表 2-10 中。

表 2-10 试验方案

影响因素	水平						
软弱夹层厚度 t_w/mm	0	5	10	15	20	25	30
软弱夹层强度 σ_w/MPa	0.22	0.46	0.80	1.27	1.74	2.02	
软弱夹层倾角 α_w/(°)	0	15	30	45	90		
锚杆密度 N_b/根	0	1	2	3	4		
预紧力 F_{pre}/N	110	240	510	770	1 050	1 270	

由表 2-10 可知,锚固体试验共有 5 个因素,24 个组别,每组 5 个试样,共 120 个试样。为方便对比,以软弱夹层厚度 30 mm、单轴抗压强度 0.22 MPa、

倾角 0°、单根锚杆、预紧力 110 N 时的锚固体为参照单元。试验时，当一个参数改变时，其他参数均保持不变。试样加载前，对锚固体施加的初始侧向约束应力约为 2.5 MPa，对锚杆施加的预紧力约为 110 N（预紧力作为研究因素的除外）。

2.2.6 试验过程

试验过程主要包括以下几个步骤：

(1) 试样及侧向装置安装。试验时，首先将安装好锚杆的试样放到压力机下压头上；接着安装两侧约束装置及后侧约束装置。

(2) 连接监测线。约束装置初步安装到位后，将测力锚杆及拉杆上应变片测线连接到静态应变仪上。

(3) 静态应变仪调试。各监测线连接好后，打开静态应变仪并进行调试，将静态应变仪调试到最佳状态并开始采集数据。

(4) 固定约束装置。拧紧拉杆两端螺母以固定两侧约束装置并对试样施加侧向约束力，通过静态应变仪测试数据保证侧向约束力施加到设定值，即约为 2.5 MPa。

(5) 施加锚杆预紧力。拧紧锚杆螺母对其施加预紧力，预紧力大小通过静态应变仪实时采集的数据确定，确保施加到设计值。

(6) 固定位移计。锚杆预紧力施加完成后，将位移计安装到位，为监测试验过程中锚固体自由面法向位移做好准备。

(7) 加载。上述工作完成后，设定试验加载速率(0.5 mm/min)并开始试验和采集数据，加载到试件残余强度后停止加载，撤除约束装置及连接线，清理试验台并重复上述过程直到完成所有试样的试验工作。

2.3 含软弱夹层锚固立方体强度特性

本节主要分析软弱夹层厚度、强度等因素对锚固体峰值强度的影响。试验获得了含软弱夹层锚固体全应力-应变曲线，以不同锚杆密度为例进行分析。

锚杆密度分别为 1、2、3 和 4 根时布置方案如图 2-15 所示。

单根锚杆时，布置于锚固体自由面中部；2 根锚杆时，锚杆平行布置在自由面 1/2 高度处，锚杆间距 100 mm；3 根锚杆时品字形布置，锚杆排距、间距均为 100 mm；4 根锚杆时矩形布置，间排距与 3 根时的相同。不同方案时，锚杆距锚固体试样边界的最近距离均为 50 mm。

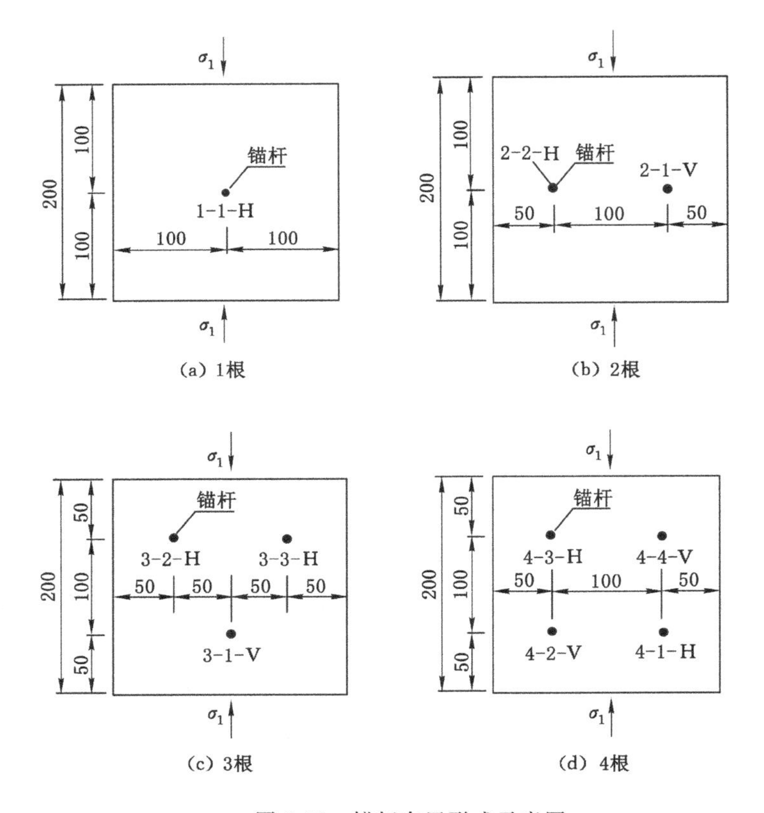

图 2-15　锚杆布置形式示意图

上述不同锚杆密度时，锚固体全应力-应变曲线、侧向约束力和自由面位移变化曲线如图 2-16 所示。

由图 2-16 可知：

(1) 随着锚杆密度增加，峰后锚固体应力降低幅度显著减小。① 无锚杆时，峰后锚固体应力降低幅度达到 7.79 MPa；② 锚杆密度为 1 根时，峰后锚固体应力降低幅度为 6.71 MPa；③ 锚杆密度增加到 2 根时，峰后锚固体应力降低幅度为 6.26 MPa；④ 锚杆密度增加到 3 根时，峰后锚固体应力降低幅度减小到 5.56 MPa；⑤ 锚杆密度增加到 4 根时，峰后锚固体应力降低幅度则减小到 4.14 MPa。

由此可见，锚杆密度对锚固体全应力-应变曲线的影响主要体现在峰后。锚杆密度增加使锚固体峰后应力降低幅度显著减小，承载能力增加。

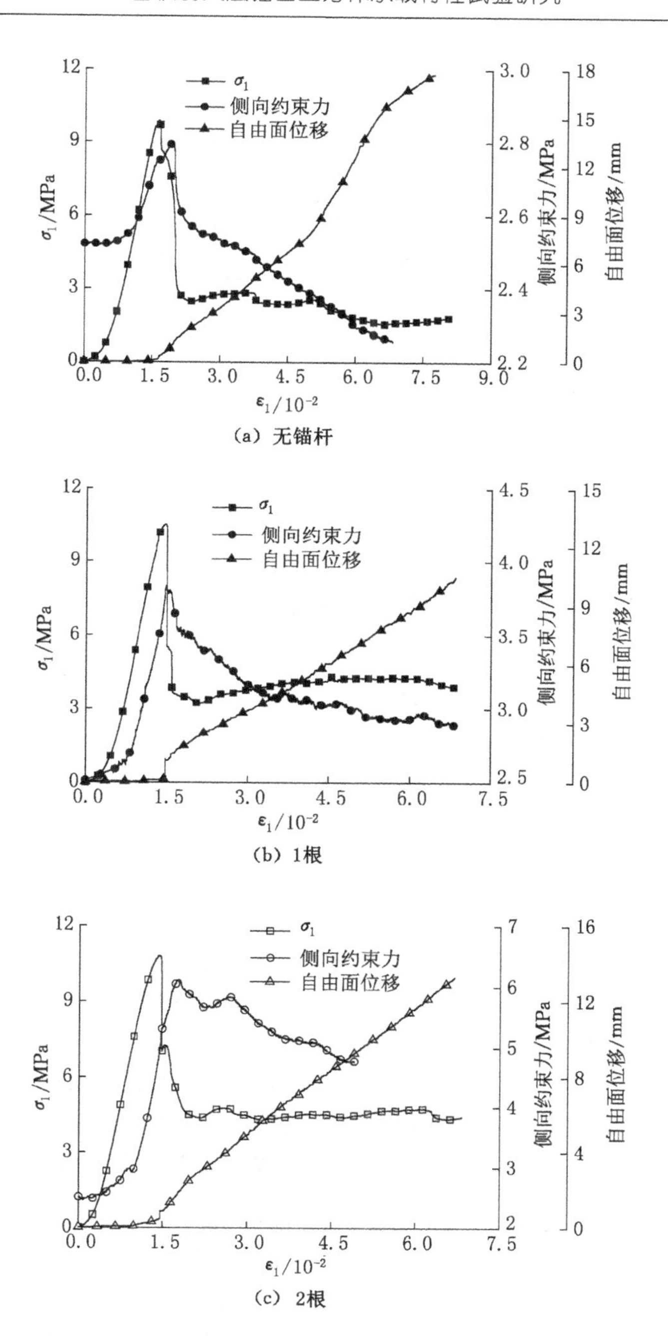

(a) 无锚杆

(b) 1根

(c) 2根

图 2-16 不同锚杆密度时锚固体全应力-应变曲线

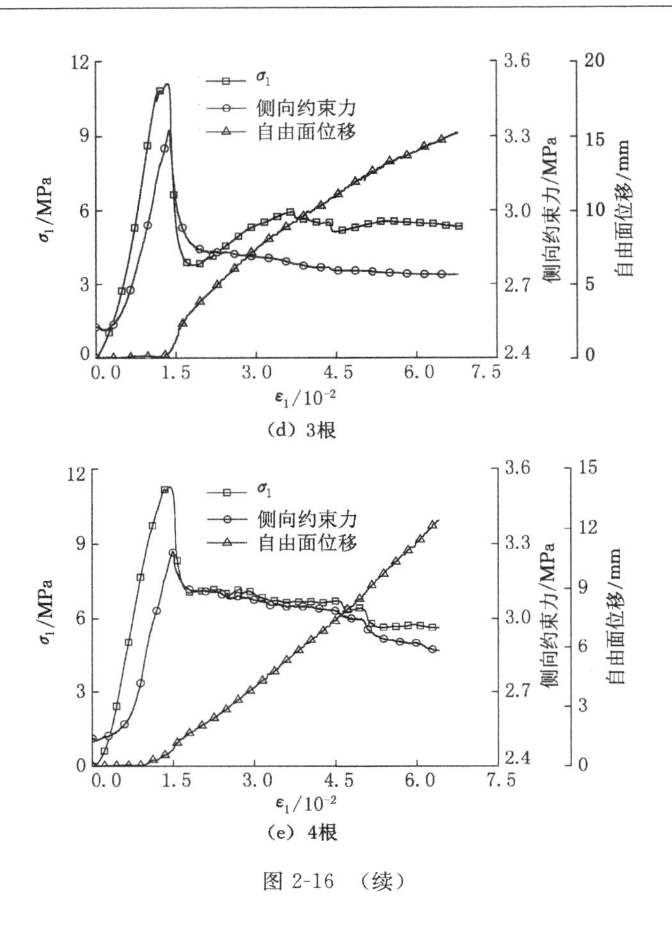

(d) 3根

(e) 4根

图 2-16 (续)

(2) 随着锚固体变形,侧向约束力总体上先增加再减小,侧向约束力拐点位于锚固体峰后应变软化段。峰前,侧向约束力随锚固体变形而增大,软化段时侧向约束力变化曲线出现拐点,拐点位于峰值应变 114.24%～144.39%处(用侧向约束力拐点处应变 ε_i 与锚固体峰值点处应变 ε_p 的百分比表示侧向约束力的拐点位置),如表 2-11 所示。拐点后,侧向约束力随锚固体变形而减小,总体上锚固体软化段时侧向约束力急剧降低,残余强度段时缓慢降低。

表 2-11 不同锚杆密度时侧向约束力拐点位置

锚杆密度/根	0	1	2	3	4
$(\varepsilon_i/\varepsilon_p)$/%	135.91	118.19	144.39	114.24	132.77

(3) 锚固体自由面法向位移主要在峰后产生。峰前自由面法向位移增加极

缓慢，且量值小，最大不超过 1 mm，而峰后自由面法向位移急剧增加到 10 mm 以上。分析认为，峰前自由面的法向位移主要为锚固体的弹塑性变形，而峰后锚固体裂隙开始大量贯通并形成宏观破裂面，自由面法向位移不仅包含岩块的弹塑性变形，还有裂隙张开、滑移、错动等产生的结构变形[9]，导致自由面法向位移急剧增加。

2.3.1　软弱夹层厚度与锚固立方体强度的关系

无软弱夹层（软弱夹层厚度为 0 mm）、软弱夹层厚度 t_w 分别为 5 mm、10 mm、15 mm、20 mm、25 mm 和 30 mm 时，锚固体峰值强度 σ_p 如表 2-12 和图 2-17 所示。图 2-18 为有、无软弱夹层锚固体试样峰值强度比 δ_p 与软弱夹层厚度占试样总厚度百分比 δ_t 的关系曲线。

表 2-12　软弱夹层厚度不同时锚固体峰值强度

软弱夹层厚度 t_w/ mm	0	5	10	15	20	25	30
锚固体峰值强度 σ_p/MPa	14.96	13.32	12.26	11.70	11.24	10.84	10.50

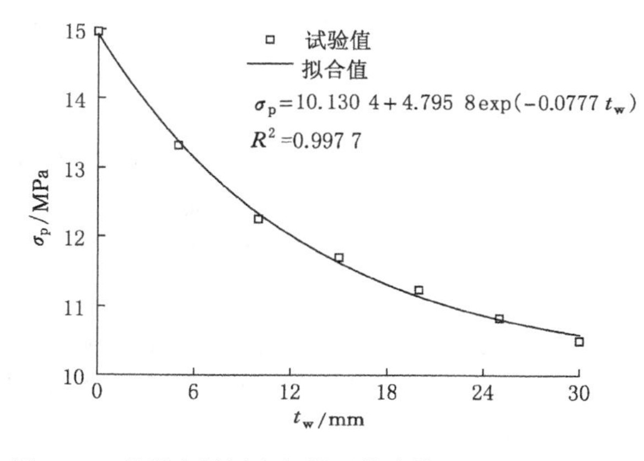

图 2-17　软弱夹层厚度与锚固体峰值强度的关系

由图 2-17、图 2-18 和表 2-12 可知：

(1) 锚固体峰值强度随软弱夹层厚度增加按指数函数规律减小。无软弱夹层时，锚固体峰值强度为 14.96 MPa，软弱夹层厚度为 5 mm 时锚固体峰值强度降低到 13.32 MPa，降低 1.64 MPa，降低率约为 10.96%；软弱夹层厚度增加到 10 mm 时，锚固体峰值强度由无软弱夹层时的 14.96 MPa 降低到 12.26 MPa，降低 2.70 MPa，降低率约为 18.05%；而软弱夹层厚度增加到 30 mm 时，锚固

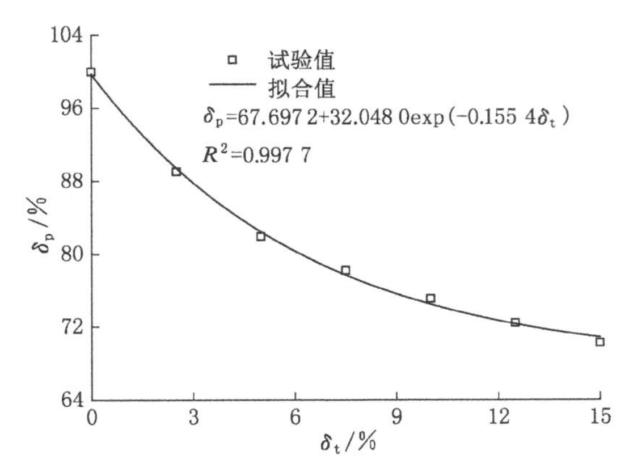

图 2-18　含不同厚度软弱夹层锚固体试样与无软弱夹层锚固体试样峰值强度比

体峰值强度由无软弱夹层时的 14.96 MPa 降低到 10.50 MPa，降低 4.46 MPa，降低率约为 29.81%。由此可见，软弱夹层厚度增加对锚固体峰值强度弱化作用显著，其他条件均相同时，软弱夹层厚度越厚则锚固体峰值强度越低。因此，工程现场应密切关注软弱夹层厚度的变化，及时采取措施控制其不利影响。

(2) 软弱夹层越厚时，相同厚度增幅对锚固体峰值强度的影响程度逐渐减弱。软弱夹层厚度由 0 mm 增加到 5 mm 时锚固体峰值强度降低幅度为 1.64 MPa，约为无软弱夹层时锚固体峰值强度的 10.96%；软弱夹层厚度由 5 mm 增加到 10 mm 时，锚固体峰值强度降低 1.06 MPa；而软弱夹层厚度由 25 mm 增加到 30 mm 时锚固体峰值强度降低幅度为 0.34 MPa，仅为软弱夹层厚度由 0 mm 增加到 5 mm 时峰值强度降低幅度的 20.73%。

(3) 随着软弱夹层厚度占试样总厚度百分比 δ_t 的增加，含不同厚度软弱夹层锚固体试样与无软弱夹层锚固体试样峰值强度百分比 δ_p 按指数函数规律减小。δ_t 为 2.5%时，δ_p 为 89.04%；δ_t 增加到 5.0%时，δ_p 降低到 81.95%；δ_t 增加到 7.5%时，δ_p 降低到 78.21%；而 δ_t 进一步增加到 15.0%时，δ_p 则降低到 70.19%。可见，软弱夹层厚度占试样总厚度的百分比 δ_t 越大，含软弱夹层锚固体试样峰值强度越小。

2.3.3　软弱夹层强度与锚固立方体强度的关系

软弱夹层单轴抗压强度分别为 0.22 MPa、0.46 MPa、0.80 MPa、1.27 MPa、1.74 MPa 和 2.02 MPa 时，锚固体峰值强度如表 2-13 和图 2-19 所示。图 2-20 为 δ_p 与 δ_σ 的关系曲线。其中，δ_p 为含不同强度软弱夹层锚固体试样与无软弱夹层锚固体试样峰值强度比，δ_σ 为软弱夹层与硬岩层单轴抗压强度比。

表 2-13 软弱夹层强度不同时锚固体峰值强度

软弱夹层强度 σ_w/MPa	0.22	0.46	0.80	1.27	1.74	2.02
锚固体峰值强度 σ_p/MPa	10.50	10.90	11.26	11.58	11.79	12.01

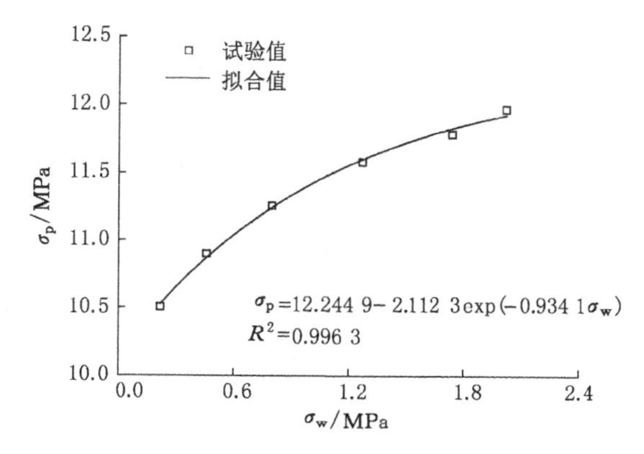

图 2-19 软弱夹层强度与锚固体峰值强度的关系

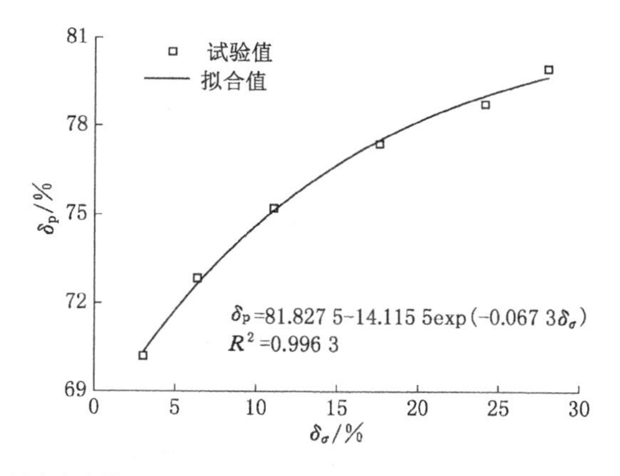

图 2-20 含不同强度软弱夹层锚固体试样与无软弱夹层锚固体试样峰值强度比

由图 2-19、图 2-20 和表 2-13 可知：

（1）随着软弱夹层强度增加，锚固体峰值强度按指数函数规律增加。软弱夹层强度由 0.22 MPa 增加到 0.46 MPa 时，锚固体峰值强度由 10.50 MPa 增加到 10.90 MPa，增加 0.40 MPa，增加率为 3.81%；软弱夹层强度由 0.22 MPa 增加到 0.80 MPa 时，锚固体峰值强度由 10.50 MPa 增加到 11.26 MPa，增加 0.76 MPa，增加率为 7.24%；而软弱夹层强度由 0.22 MPa 增加到 2.02 MPa 时，锚固体峰值强度由 10.50 MPa 增加到 12.01 MPa，增加 1.51 MPa，增加率达到 14.38%。由此可见，软弱夹层强度增加对锚固体峰值强度强化作用显著。反之，软弱夹层强度降低则对锚固体峰值强度弱化作用显著。分析认为，由于软弱夹层与硬岩层协同承载，软弱夹层随其强度增加与硬岩层之间黏结强度和协同承载能力增加，锚固体试样峰值强度也随之增加。反之，若软弱夹层强度降低，则锚固体峰值强度必然降低。因此，工程现场可通过注浆等措施提高软弱夹层强度及其与硬岩层之间的黏结强度，以提高两者承载的协同性和围岩整体承载能力。

(2) 软弱夹层强度增高，相同增幅时对锚固体峰值强度影响程度逐渐减弱。如软弱夹层强度由 0.22 MPa 增加到 0.46 MPa 时，锚固体峰值强度增加 0.40 MPa；软弱夹层强度由 0.46 MPa 增加到 0.80 MPa 时，锚固体峰值强度增加 0.36 MPa；而软弱夹层强度由 1.74 MPa 增加到 2.02 MPa 时，锚固体峰值强度仅增加 0.22 MPa，增加率约为软弱夹层强度由 0.22 MPa 增加到 0.46 MPa 时的 1/2。

(3) 随着软弱夹层与硬岩层单轴抗压强度百分比δ_σ 的增加，含不同强度软弱夹层锚固体试样与无软弱夹层锚固体试样峰值强度的百分比 δ_p 按指数函数规律增加。δ_σ 为 3.05%时，δ_p 为 70.18%；δ_σ 增加到 6.38%时，δ_p 增加到 72.86%；δ_σ 增加到 11.10%时，δ_p 增加到 75.27%；而δ_σ 增加到 28.02%时，δ_p 则增加到 80.28%。可见，软弱夹层相对于硬岩层单轴抗压强度百分比δ_σ 越大，含软弱夹层锚固体试样峰值强度也越大。

2.3.3 软弱夹层倾角与锚固立方体强度的关系

软弱夹层倾角 α_w 分别为 0°、15°、30°、45°和 90°时，锚固体峰值强度如表 2-14 和图 2-21 所示。图 2-22 为含上述倾角锚固体试样峰值强度与无软弱夹层锚固体试样峰值强度百分比 δ_p 的变化曲线。

表 2-14 软弱夹层倾角不同时锚固体峰值强度

软弱夹层倾角 α_w/(°)	0	15	30	45	90
锚固体峰值强度 σ_p/MPa	10.50	9.18	8.58	8.36	9.34

由图 2-21、图 2-22 和表 2-14 可知：

(1) 软弱夹层倾角由 0°增加到 90°时，锚固体峰值强度近似按抛物线规律变化。软弱夹层倾角由 0°增加到 15°时，锚固体峰值强度由 10.50 MPa 降低到 9.18 MPa，降低 1.32 MPa，降低率为 12.57%；软弱夹层倾角由 15°增加到 30°时，锚固体峰值强度由 9.18 MPa 降低到 8.58 MPa，降低 0.60 MPa，降低率为

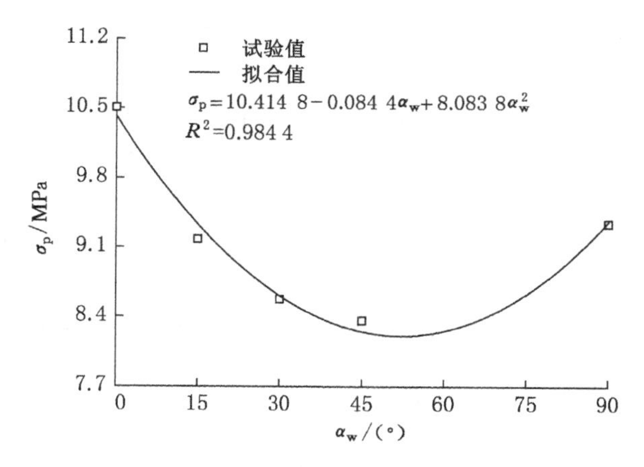

图 2-21 软弱夹层倾角与锚固体峰值强度的关系

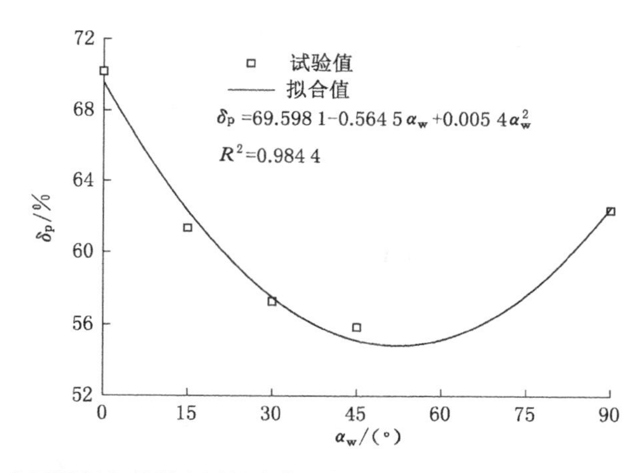

图 2-22 含不同倾角软弱夹层锚固体试样与无软弱夹层锚固体试样峰值强度比

6.54%。软弱夹层倾角由 30°增加到 45°时，锚固体峰值强度由 8.58 MPa 降低到 8.36 MPa，降低 0.22 MPa，降低率为 2.56%；软弱夹层倾角由 45°增加到 90°时，锚固体峰值强度由 8.36 MPa 增加到 9.34 MPa，增加 0.98 MPa，增加率为 11.72%。由此可见，随软弱夹层倾角增大，锚固体峰值强度先减小再增大，近似按抛物线规律变化。其中，软弱夹层倾角 45°时锚固体峰值强度最低。

(2) 随着软弱夹层倾角变化，含不同倾角软弱夹层锚固体试样与无软弱夹层锚固体试样峰值强度比 δ_p 亦按抛物线规律变化。软弱夹层倾角由 0°增加到 15°时，δ_p 由 70.19%降低到 61.36%；软弱夹层倾角增加到 30°时，δ_p 降低到 57.35%；软弱夹层倾角增加到 45°时，δ_p 降低到 55.88%；而软弱夹层倾角增大到 90°时，δ_p 则由软弱夹层倾角 45°时的 55.88%增大到 62.43%。可见，软弱夹层倾角变化对锚固体试样峰值强度影响显著。

分析认为，随着软弱夹层倾角由 0°增加到 45°，虽然软弱夹层厚度不变，但其长度增加，导致其面积占锚固体横截面面积的比率增加，相当于厚度增加，这导致锚固体峰值强度降低。而软弱夹层倾角由 45°增加到 90°时，其面积占锚固体横截面面积比率降低，所以软弱夹层倾角为 90°时锚固体峰值强度较倾角 30°、45°时的有所增加。此外，软弱夹层倾角 90°时在锚固体试样自由面有露头，容易沿自由面剥落，这导致软弱夹层倾角 90°时锚固体峰值强度较 0°时的低。

2.3.4 锚杆密度与锚固立方体强度的关系

无锚杆、锚杆密度为 1～4 根时，锚固体峰值强度如表 2-15 和图 2-23 所示。图 2-24 为含相同软弱夹层加锚与无锚试样峰值强度比 δ_p 的变化曲线。

表 2-15 锚杆密度不同时锚固体峰值强度

锚杆密度 N_b/ 根	0	1	2	3	4
锚固体峰值强度 σ_p/MPa	9.86	10.50	10.79	11.11	11.30

由图 2-23、图 2-24 和表 2-15 可知：

(1) 随着锚杆密度增加，锚固体峰值强度按指数函数规律增加。锚杆密度由 0(无锚杆)增加到 1 根时，锚固体峰值强度由 9.86 MPa 增加到 10.50 MPa，增加 0.64 MPa，增加率为 6.49%；锚杆密度由 0 增加到 2 根时，锚固体峰值强度由 9.86 MPa 增加到 10.79 MPa，增加 0.93 MPa，增加率为 9.43%；而锚杆密度由 0 增加到 4 根时，锚固体峰值强度由 9.86 MPa 增加到 11.30 MPa，增加 1.44 MPa，增加率为 14.60%。可见，锚杆密度增加对锚固体峰值强度强化作用显著。

(2) 锚杆密度增加，单位锚杆密度增量引起的锚固体峰值强度增量逐渐减小。锚杆密度由 0 (无锚杆)增加到 1 根时，锚固体峰值强度由 9.86 MPa 增加到 10.50 MPa，增加 0.64 MPa，增加率为 6.49%；锚杆密度由 1 根增加到 2 根时，锚固体峰值强度由 10.50 MPa 增加到 10.79 MPa，增加 0.29 MPa，增加率为 2.76%；而锚杆密度由 3 根增加到 4 根，锚固体峰值强度由 11.11 MPa 增加到 11.30 MPa，增加 0.19 MPa，增加率为 1.71%。同样可见，锚杆密度增加对锚固体峰值强度强化作用显著。

(3) 随着锚杆密度增加，含相同软弱夹层加锚与无锚试样峰值强度比 δ_p 亦按指数函数规律增加。锚杆密度由 0 增加到 1 根时，δ_p 由 100.00%增加到

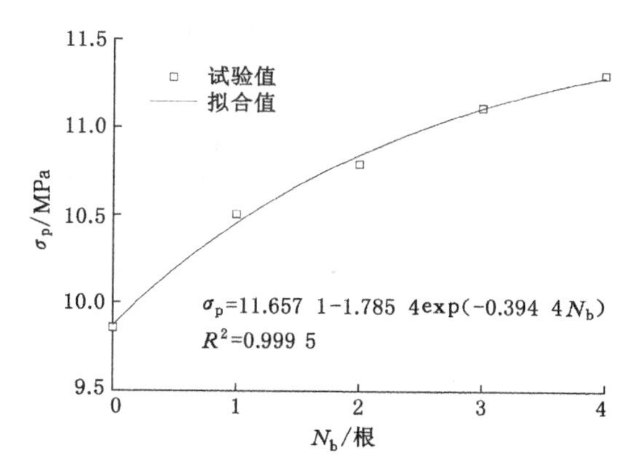

图 2-23　锚杆密度与锚固体峰值强度的关系

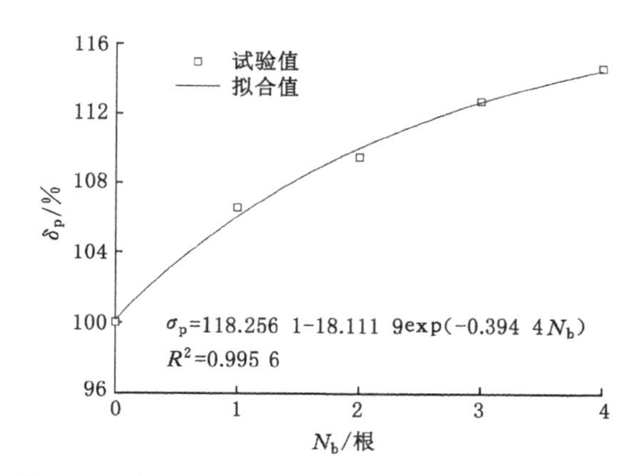

图 2-24　含不同锚杆密度试样与无锚试样峰值强度比

106.49%；锚杆密度增加到 2 根时，δ_p 增加到 109.43%；锚杆密度增加到 4 根时，δ_p 增加到 114.60%。可见，锚杆密度越大，含相同软弱夹层加锚与无锚试样峰值强度比 δ_p 也越大。

分析认为，随着锚杆密度增加，峰后锚固体自由面受到的总的锚杆约束力增加，相当于增加了锚固体自由面的围压 σ_3，使其峰值强度增加。由上述分析还可知，锚杆密度为 4 根(间排距为 700 mm×700 mm)时锚固体峰值强度最大。虽然锚杆密度增加，单位锚杆密度增量引起的锚固体峰值强度增量逐渐减小，但由图 2-23 知，锚杆密度达到 4 根时锚杆密度与锚固体峰值强度关系曲线并没有趋于水平，而是呈继续增加的态势，因此对于工程现场可以采用 700 mm×700 mm 的锚杆间排距。

此外，通过锚固体试验也获得了锚杆密度与锚固体残余强度的关系，如表 2-16 和图 2-25 所示。加锚、无锚试样残余强度比 δ_{res} 变化曲线如图 2-26 所示。

表 2-16　锚杆密度不同时锚固体残余强度

锚杆密度 N_b/根	0	1	2	3	4
锚固体残余强度 σ_{res}/MPa	2.75	4.12	4.53	5.55	7.16

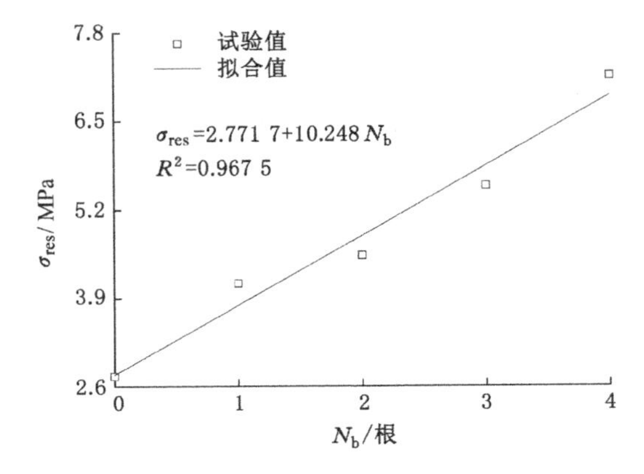

图 2-25　锚杆密度与锚固体残余强度的关系

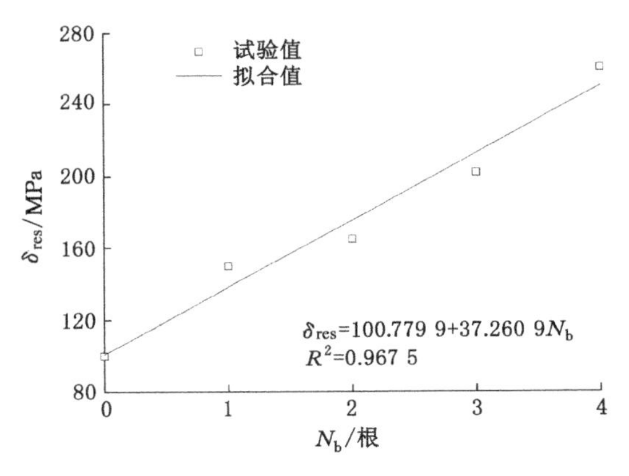

图 2-26　含不同锚杆密度试样与无锚试样残余强度比

结合图 2-25、图 2-26 和表 2-16 可知：

(1) 随着锚杆密度的增加，锚固体残余强度近似线性增加。锚杆密度由 0 增加到 1 根时，锚固体残余强度由 2.75 MPa 增加到 4.12 MPa，增加

1.37 MPa，增加率为49.82%；锚杆密度由1根增加到2根时，锚固体峰值强度由4.12 MPa增加到4.53 MPa，增加0.41 MPa，增加率为9.95%；锚杆密度由3根增加到4根时，锚固体残余强度由5.55 MPa增加到7.16 MPa，增加1.61 MPa，增加率为29.01%。可见，锚杆密度增加对锚固体残余强度强化作用也显著。

(2) 随着锚杆密度的增加，含软弱夹层加锚、无锚试样残余强度比 δ_{res} 亦近似线性增加。锚杆密度由0增加到1根时，加锚、无锚试样残余强度比 δ_{res} 由100.00%增加到149.82%；锚杆密度增加到2根时，δ_{res} 增加到164.73%；锚杆密度增加到3根时，δ_{res} 增加到201.82%；锚杆密度增加到4根时，δ_{res} 增加到260.36%。此外，与图2-24对比分析还可知，锚杆密度变化对锚固体试样残余强度强化作用更为显著。

分析认为，锚杆密度增加，峰后锚固体自由面受到的约束作用增加，对裂隙扩展的抑制作用增强，使破裂后的岩块相互咬合在一起，锚固体残余强度增加。

2.3.5 锚杆预紧力与锚固立方体强度的关系

锚杆预紧力 F_{pre} 分别为110 N、240 N、510 N、770 N、1 050 N和1 270 N时，锚固体峰值强度如表2-17和图2-27所示。不同锚杆预紧力时含相同软弱夹层锚固体试样峰值强度比 δ_p（以 $F_{pre}=110$ N时锚固体试样峰值强度为初始值）随锚杆预紧力之比 $\delta_{F\,pre}$（以 $F_{pre}=110$ N为初值）的变化曲线如图2-28所示。

表2-17 锚杆预紧力不同时锚固体峰值强度

锚杆预紧力 F_{pre}/N	110	240	510	770	1 050	1 270
锚固体峰值强度 σ_p/MPa	10.50	10.80	11.44	11.84	12.13	12.32

由图2-27、图2-28和表2-17可知：

(1) 随着锚杆预紧力的增加，锚固体峰值强度近似按指数函数规律增加。锚杆预紧力由110 N增加到240 N时，锚固体峰值强度由10.50 MPa增加到10.80 MPa，增加0.30 MPa，增加率为2.86%；锚杆预紧力由110 N增加到510 N时，锚固体峰值强度由10.50 MPa增加到11.44 MPa，增加0.94 MPa，增加率为8.95%；锚杆预紧力由110 N增加到1 270 N时，锚固体峰值强度由10.50 MPa增加到12.32 MPa，增加1.82 MPa，增加率为17.33%。可见，锚杆预紧力增加对含软弱夹层锚固体试样峰值强度强化作用显著。

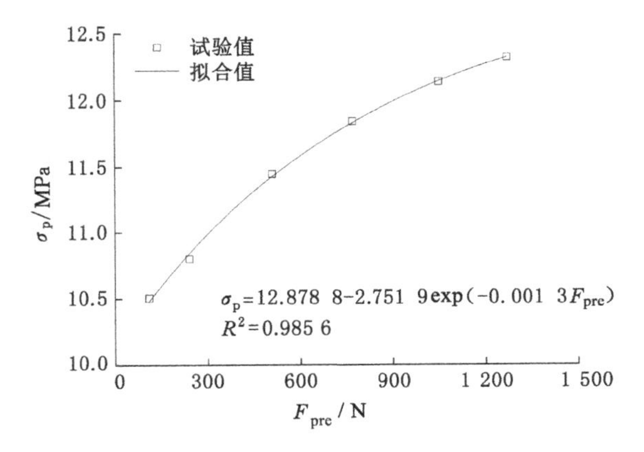

图 2-27　锚杆预紧力与锚固体峰值强度的关系

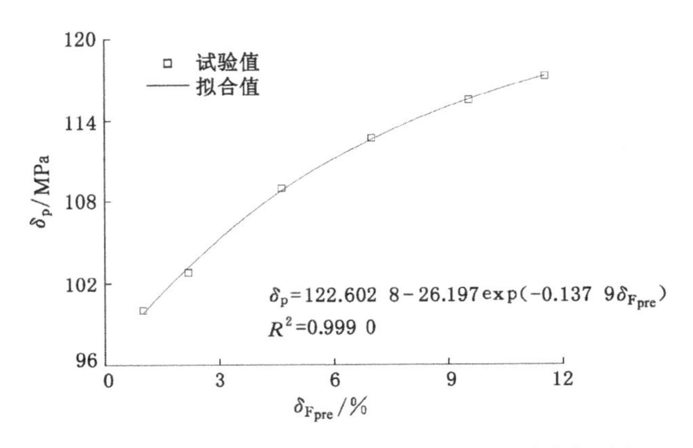

图 2-28　锚杆预紧力不同时含软弱夹层锚固体试样峰值强度比

(2) 随着锚杆预紧力与初始预紧力百分比 $\delta_{F\,pre}$ 的增加，不同锚杆预紧力时含相同软弱夹层锚固体试样峰值强度比 δ_p 亦近似按指数函数规律增加。锚杆预紧力增加到其初始值的 2.18 倍，即 $\delta_{F\,pre}$ 由 1.0 增加到 2.18 时，δ_p 由 100.00%增加到 102.86%；预紧力增加到其初始值的 4.64 倍时，δ_p 增加到 108.95%；预紧力增加到其初始值的 7.0 倍时，δ_p 增加到 112.76%；$\delta_{F\,pre}$ 进一步增加到其初始值的 11.55 倍时，δ_p 则增加到 117.33%。这进一步表明锚杆预紧力增加对含软弱夹层锚固体试样峰值强度强化作用显著。

分析认为，随着预紧力增加，锚固体峰前锚杆轴力总体呈增大趋势，锚固体自由面上受到的锚杆托盘约束力也增大，相当于增加了围压，因此锚固体峰值强度随锚杆预紧力增大而增大。

2.4 含软弱夹层锚固立方体变形特性

以弹性模量为指标分析软弱夹层对锚固体变形特征的影响。根据岩石力学关于弹性模量的定义，取锚固体全应力-应变曲线近似直线段的斜率作为弹性模量。

2.4.1 软弱夹层厚度与锚固立方体弹性模量的关系

软弱夹层厚度 t_w 分别为 0 mm、5 mm、10 mm、15 mm、20 mm、25 mm 和 30 mm 时，锚固体弹性模量如表 2-18 和图 2-29 所示。含上述厚度软弱夹层锚固体试样与无软弱夹层锚固体试样弹性模量的百分比 δ_E 随 δ_t 的变化曲线如图 2-30 所示。

表 2-18 软弱夹层厚度不同时锚固体弹性模量

软弱夹层厚度 t_w/mm	0	5	10	15	20	25	30
锚固体弹性模量 E_a/GPa	1.43	1.30	1.23	1.17	1.11	1.07	1.04

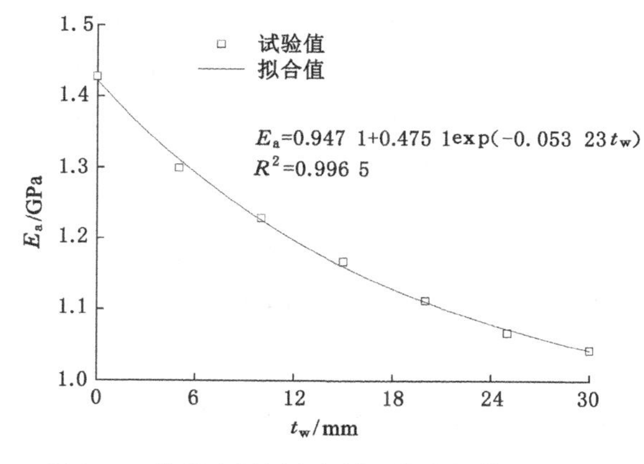

图 2-29 软弱夹层厚度与锚固体弹性模量的关系

由图 2-29、图 2-30 和表 2-18 可知：

(1) 随着软弱夹层厚度的增加，锚固体试样弹性模量按指数函数规律减小。无软弱夹层时，锚固体弹性模量为 1.43 GPa，软弱夹层厚度为 5 mm 时锚固体弹性模量为 1.30 GPa，较无软弱夹层时的减小 0.13 GPa，减小率为 9.09%；软弱夹层厚度增加到 10 mm 时，锚固体弹性模量由无软弱夹层时的 1.43 GPa 减

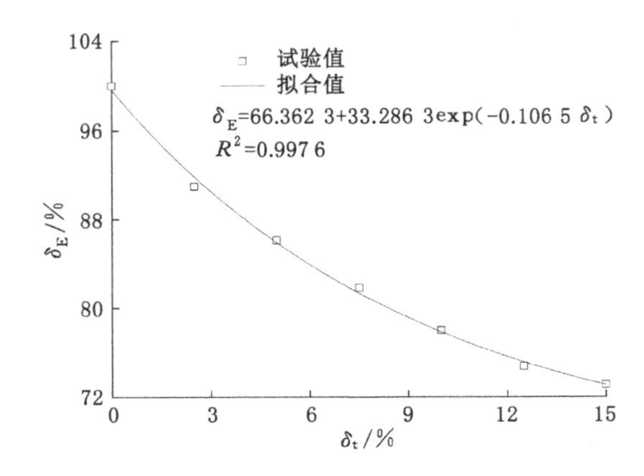

图 2-30　含不同厚度软弱夹层锚固体试样与无软弱夹层锚固体试样弹性模量比

小到 1.23 GPa，减小 0.20 GPa，减小率为 13.99%；软弱夹层厚度增加到 30 mm 时，锚固体弹性模量进一步由无软弱夹层时的 1.43 GPa 减小到 1.04 GPa，减小 0.39 GPa，减小率为 27.27%。可见，软弱夹层厚度增加对锚固体弹性模量弱化作用明显，且软弱夹层厚度越厚，锚固体弹性模量越小。

(2) 随着软弱夹层厚度占试样总厚度百分比 δ_t 的增加，含不同厚度软弱夹层锚固体试样与无软弱夹层锚固体试样弹性模量百分比 δ_E 亦按指数函数规律减小。δ_t 由 0.0% 增加到 2.5% 时，δ_E 由 100.0% 减小到 90.91%；δ_t 增加到 5.0% 时，δ_E 减小到 86.01%；δ_t 增加到 7.5% 时，δ_E 减小到 81.82%；δ_t 增加到 15.0% 时，δ_E 减小到 72.73%。可见，软弱夹层厚度占比越大，含软弱夹层锚固体试样弹性模量越小。

分析认为，与硬岩层相比，软弱夹层弹性模量明显偏小，在相同的压力作用下产生的变形较大，因此，随着软弱夹层厚度的增加，锚固体变形更加容易，弹性模量减小。

2.4.2　软弱夹层强度与锚固立方体弹性模量的关系

软弱夹层单轴抗压强度从 0.22 MPa 增大到 2.02 MPa 时，锚固体弹性模量如表 2-19 和图 2-31 所示。含上述强度软弱夹层锚固体试样与无软弱夹层锚固体试样弹性模量百分比 δ_E 随 δ_σ 变化曲线如图 2-32 所示。

表 2-19　软弱夹层强度不同时锚固体弹性模量

软弱夹层强度 σ_w/MPa	0.22	0.46	0.80	1.27	1.74	2.02
锚固体弹性模量 E_a/GPa	1.04	1.08	1.13	1.18	1.25	1.31

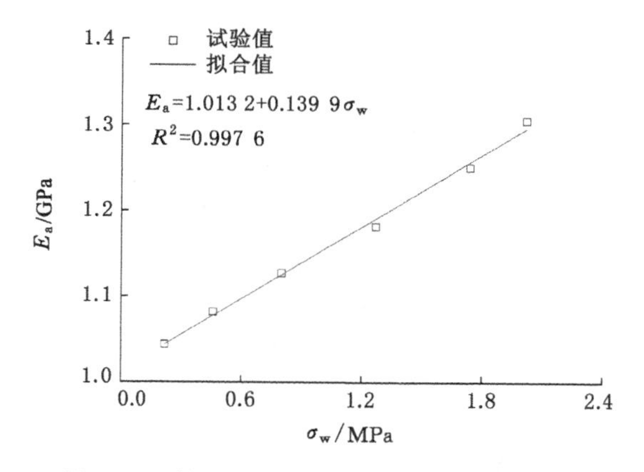

图 2-31 软弱夹层强度与锚固体弹性模量的关系

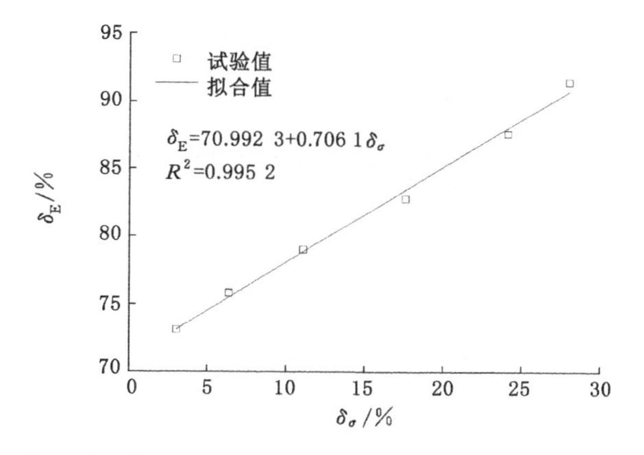

图 2-32 含不同强度软弱夹层锚固体试样与无软弱夹层锚固体试样弹性模量比

由图 2-31、图 2-32 和表 2-19 可知：

(1) 随着软弱夹层强度的增加，锚固体试样弹性模量线性增加。软弱夹层强度由 0.22 MPa 增大到 0.46 MPa 时，锚固体试样弹性模量由 1.04 GPa 增加到 1.08 GPa，增加 0.04 GPa，增加率为 3.85%；软弱夹层强度由 0.22 MPa 增加到 1.27 MPa 时，锚固体弹性模量由 1.04 GPa 增加到 1.18 GPa，增加 0.14 GPa，增加率为 13.46%；软弱夹层强度由 0.22 MPa 增加到 2.02 MPa 时，锚固体弹性模量由 1.04 GPa 增加到 1.31 GPa，增加 0.27 GPa，增加率为 25.96%。由此可见，软弱夹层强度增加对锚固体试样弹性模量强化作用显著。

(2) 随着软弱夹层与硬岩层单轴抗压强度百分比 δ_σ 的增加，含不同强度软弱夹层锚固体试样与无软弱夹层锚固体试样弹性模量百分比 δ_E 近似线性增加。δ_σ 由 3.05% 增加到 6.38% 时，δ_E 由 73.13% 增加到 75.81%；δ_σ 增加到 11.10%时，δ_E 增加到 78.99%；δ_σ 增加到 28.02%时，δ_E 则增加到 91.46%。可见，软弱夹层强度越接近硬岩层，锚固体试样弹性模量越大。这再一次表明软弱夹层强度增加对锚固体试样弹性模量强化作用显著。

分析认为，软弱夹层单轴抗压强度增加时其弹性模量、黏聚力和抗拉强度也相应增加，与硬岩层变形、承载的协同性增加，进而引起锚固体整体抗变形能力和弹性模量增加；反之，随着软弱夹层强度的降低，锚固体弹性模量也将降低。

2.4.3 软弱夹层倾角与锚固立方体弹性模量的关系

软弱夹层倾角分别为 0°、15°、30°、45°和 90°时，锚固体弹性模量如表 2-20 和图 2-33 所示。图 2-34 为含上述倾角软弱夹层锚固体试样与无软弱夹层锚固体试样弹性模量百分比 δ_E 随软弱夹层倾角变化曲线。

表 2-20 软弱夹层倾角不同时锚固体弹性模量

软弱夹层倾角 α_w/(°)	0	15	30	45	90
锚固体弹性模量 E_a/GPa	1.04	0.89	0.81	0.78	0.91

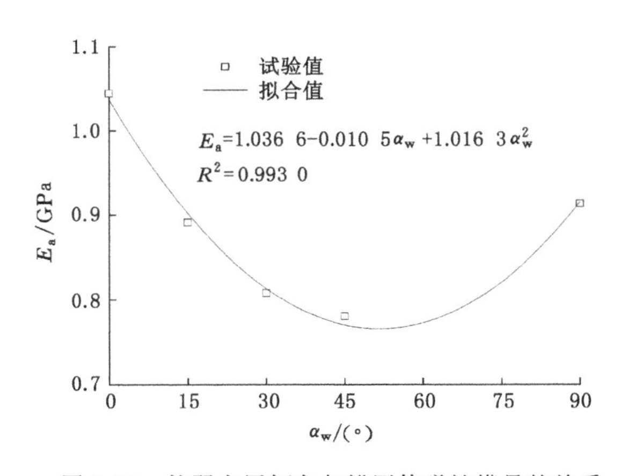

图 2-33 软弱夹层倾角与锚固体弹性模量的关系

由图 2-33、图 2-34 和表 2-20 知：

(1) 随着软弱夹层倾角的增加，锚固体弹性模量近似按抛物线规律变化。

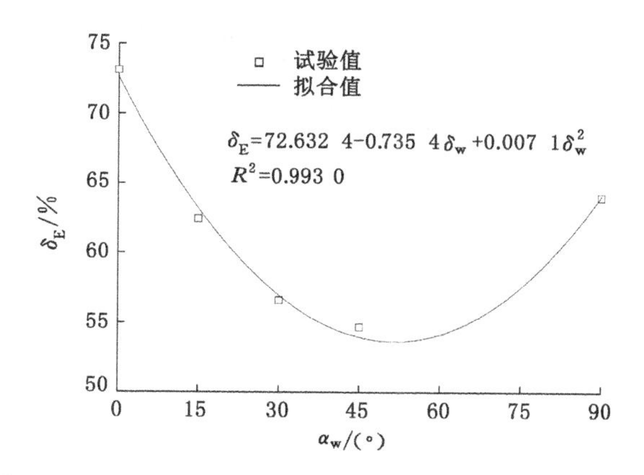

图 2-34 含不同倾角软弱夹层锚固体试样与无软弱夹层锚固体试样弹性模量比

软弱夹层倾角由 0°增加到 15°时，锚固体弹性模量由 1.04 GPa 减小到 0.89 GPa，减小 0.15 GPa，减小率为 14.42%；软弱夹层倾角由 15°增加到 30°时，锚固体弹性模量由 0.89 GPa 减小到 0.81 GPa，减小 0.08 GPa，减小率为 8.99%；软弱夹层倾角由 30°增加到 45°时，锚固体弹性模量由 0.81 GPa 减小到 0.78 GPa，减小 0.03 GPa，减小率为 3.70%；软弱夹层倾角由 45°增加到 90°时，锚固体弹性模量由 0.78 GPa 增加到 0.91 GPa，增加 0.13 GPa，增加率为 16.67%。由此可见，随软弱夹层倾角增加，锚固体弹性模量先减小后增大，且软弱夹层倾角 45°时锚固体弹性模量最小。

(2) 随着软弱夹层倾角的增加，含不同倾角软弱夹层锚固体试样与无软弱夹层锚固体试样弹性模量之比 δ_E 按抛物线规律变化。软弱夹层倾角由 0°增加到 15°时，δ_E 由 73.13%减小到 62.46%；软弱夹层倾角增大到 30°时，δ_E 减小到 56.62%；软弱夹层倾角增大到 45°时，δ_E 进一步减小到 54.70%；而软弱夹层倾角增大到 90°时，δ_E 由软弱夹层倾角 45°时的 54.70%增大到 64.00%。可见，软弱夹层倾角变化对锚固体试样弹性模量影响显著。

软弱夹层倾角变化对锚固体试样弹性模量的影响机理与其对锚固体试样峰值强度的影响相同，不再赘述。

2.4.4 锚杆密度与锚固立方体弹性模量的关系

无锚杆和锚杆密度分别为 1、2、3 和 4 根时锚固体弹性模量如表 2-21 和图 2-35 所示。含相同软弱夹层加锚与无锚试样弹性模量百分比 δ_E 变化曲线如图 2-36 所示。

表 2-21 锚杆密度不同时锚固体弹性模量

锚杆密度 N_b/根	0	1	2	3	4
锚固体弹性模量 E_a/GPa	0.97	1.04	1.10	1.13	1.15

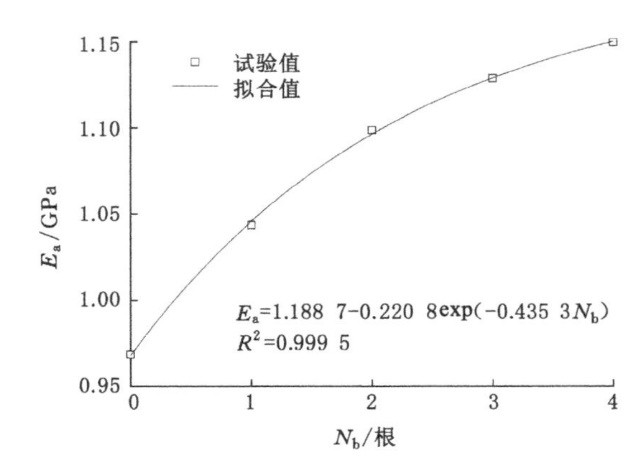

图 2-35 锚杆密度与锚固体弹性模量的关系

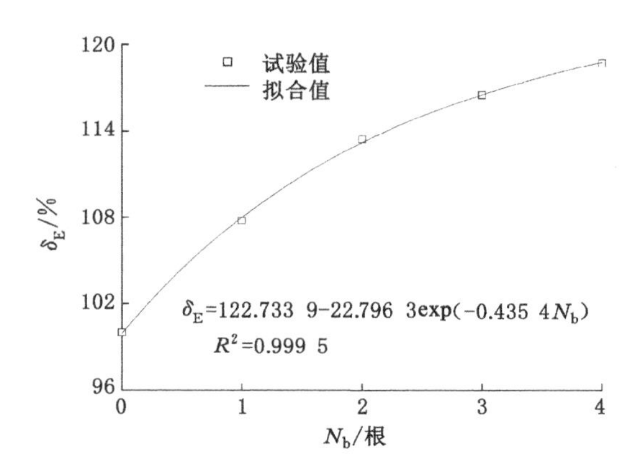

图 2-36 含不同锚杆密度试样与无锚试样弹性模量比

由图 2-35、图 2-36 和表 2-21 可知：

(1) 随着锚杆密度的增加，锚固体弹性模量按指数函数规律增加。无锚杆时，含软弱夹层岩体弹性模量为 0.97 GPa；锚杆密度为 1 根时，锚固体弹性模量由无锚杆时的 0.97 GPa 增加到 1.04 GPa，增加 0.07 GPa，增加率为 7.22%；锚杆密度增加到 2 根时，锚固体弹性模量由无锚杆时的 0.97 GPa 增加到 1.10 GPa，增加 0.13 GPa，增加率为 13.40%；锚杆密度增加到 4 根时，锚固体弹性模量由无锚杆时的 0.97 GPa 增加到 1.15 GPa，增加 0.18 GPa，增加率为 18.56%。进一步分析还可发现，锚杆密度越大，单位锚杆密度增量引起的锚固体弹性模量增加率逐渐减小，如锚杆密度由 0 增加到 1 根时，锚固体弹性模量增加率为 7.22%，而锚杆密度由 3 根增加到 4 根时，锚固体弹性模量增加率降低到 1.77%。

(2) 随着锚杆密度的增加，加锚与无锚试样弹性模量百分比 δ_E 按指数函数规律增加。锚杆密度由 0 根增加到 1 根时，加锚、无锚试样弹性模量百分比 δ_E 由 100.00%增大到 107.22%；锚杆密度增加到 2 根时，δ_E 增加到 113.40%；锚杆密度增加到 3 根时，δ_E 增加到 116.49%；锚杆密度增加到 4 根时，δ_E 增加到 118.56%。

综合上述分析知，锚杆密度增加对锚固体弹性模量强化作用显著。从结构观点分析知，加锚改变了岩体结构。就本书锚固立方体试样而言，无锚杆时为含软弱夹层岩体，而加锚后则变为含软弱夹层锚固体，也即变成“加筋体”，平行和垂直于锚杆轴向的变形均受到不同程度的抑制；并且，锚杆密度越大，锚固体变形受到的抑制作用越强，弹性模量也越大。

2.4.5 锚杆预紧力与锚固立方体弹性模量的关系

锚杆预紧力 F_{pre} 分别为 110 N、240 N、510 N、770 N、1 050 N 和 1 270 N 时，锚固体弹性模量如表 2-22 和图 2-37 所示。图 2-38 为不同锚杆预紧力时含软弱夹层锚固体试样弹性模量百分比 δ_E（以 F_{pre}=110 N 时锚固体试样峰值强度为初始值）随锚杆预紧力之比 $\delta_{F_{pre}}$（以 F_{pre}=110 N 为初值）的变化曲线。

表 2-22 锚杆预紧力不同时锚固体弹性模量

锚杆预紧力 F_{pre}/N	110	240	510	770	1 050	1 270
锚固体弹性模量 E_a/GPa	1.04	1.08	1.13	1.19	1.24	1.28

由图 2-37、图 2-38 和表 2-22 知：

(1) 随着锚杆预紧力的增加，锚固体试样弹性模量总体上按指数函数规律增大。锚杆预紧力由 110 N 增加到 240 N 时，锚固体弹性模量由 1.04 GPa 增加到 1.08 GPa，增加 0.04 GPa，增加率为 3.85%；锚杆预紧力由 110 N 增加到 510 N 时，锚固体弹性模量由 1.04 GPa 增加到 1.13 GPa，增加 0.09 GPa，增加率为 8.65%；锚杆预紧力由 110 N 增加到 1 270 N 时，锚固体弹性模量由 1.04 GPa 增加到 1.28 GPa，增加 0.24 GPa，增加率为 23.08%。可见，锚杆预紧力增加对锚固体试样弹性模量强化作用显著。

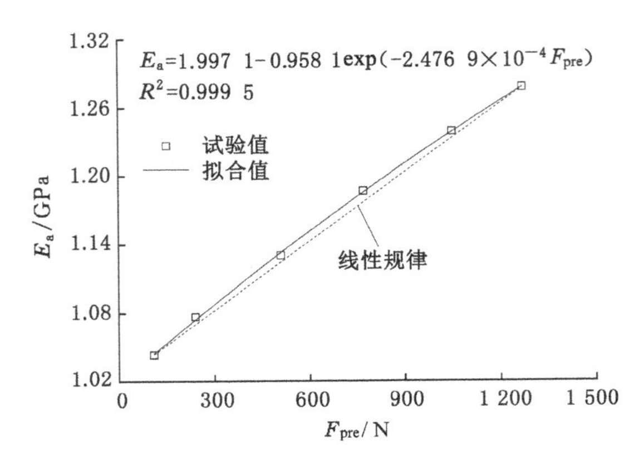

图 2-37　锚杆预紧力与锚固体弹性模量的关系

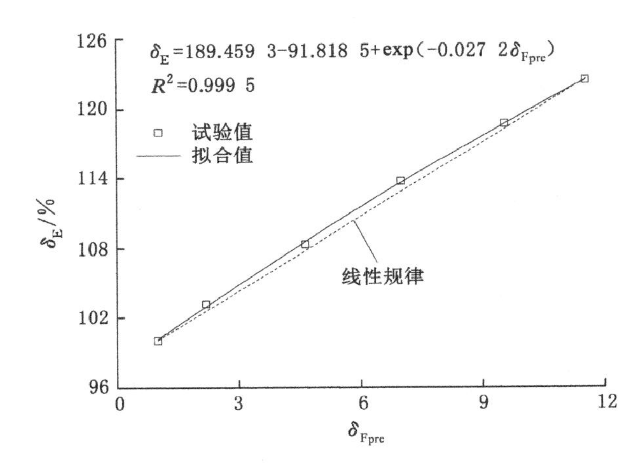

图 2-38　锚杆预紧力不同时含软弱夹层锚固体试样弹性模量比

(2) 不同预紧力时，随 $\delta_{F\,pre}$ 增加，δ_E 按指数函数规律增加。锚杆预紧力增加到其初值的 2.18 倍($\delta_{F\,pre}$=2.18)时，δ_E 由 100.00%增大到 103.85%；锚杆预紧力增加到其初值的 4.64 倍时，δ_E 增大到 108.65%；锚杆预紧力增加到其初值的 7.0 倍时，δ_E 增大到 114.42%；而锚杆预紧力增加到其初值的 11.55 倍时，δ_E 增大到 123.07%。这进一步表明锚杆预紧力增加对锚固体试样弹性模量强化作用显著。

分析认为，随着锚杆预紧力的增加，锚杆对锚固体自由面法向变形的抑制作用增强，锚固体横向与轴向变形难度增加，弹性模量增加；同时，锚杆与围岩共同承载，也使锚固体弹性模量增加。

2.5 软弱夹层对锚固立方体破坏模式的影响

破坏模式是进行巷道围岩稳定控制的重要依据之一[116-117]。为此，本节系统分析软弱夹层厚度、强度、倾角及锚杆密度变化对锚固体试样裂隙分布与破坏模式的影响，为该类巷道围岩稳定控制提供参考。为方便分析，定义自由面与软弱夹层之间硬岩所在区域为Ⅰ区，软弱夹层为Ⅱ区，软弱夹层与试样后侧面之间硬岩所在区域为Ⅲ区，如图 2-39 所示。

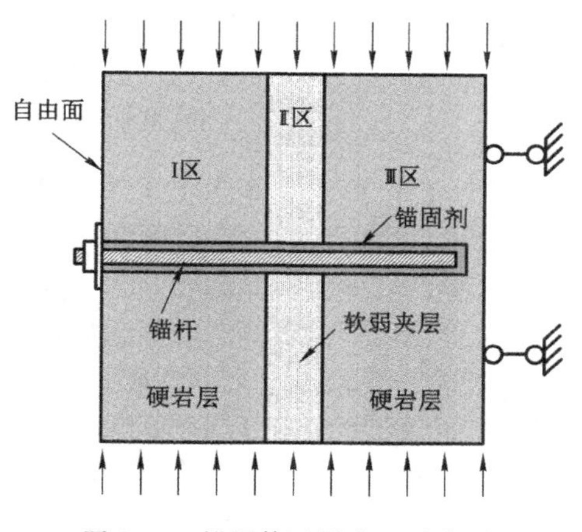

图 2-39 锚固体试样分区示意图

2.5.1 软弱夹层厚度影响分析

无软弱夹层(软弱夹层厚度为 0 mm)、软弱夹层厚度分别为 5 mm、10 mm、15 mm、20 mm、25 mm 和 30 mm 时，锚固体变形破坏特征及裂隙分布如图 2-40 所示。

由图 2-40 知，有无软弱夹层及其厚度变化对锚固体试样变形破坏模式影响不明显，但对裂隙分布影响显著。无软弱夹层时锚固体试样以一个贯穿软弱夹层对应位置的宏观破裂面破坏为主，破坏模式为整体压剪破坏；有软弱夹层时，锚固体试样总体上以 2 个或 3 个主控宏观破裂面破坏为主(软弱夹层厚度 15 mm 时除外)，破坏模式以压剪破坏为主，兼具拉裂破坏，主控宏观破裂面分别位于试样Ⅰ区和Ⅲ区，且均没有贯穿软弱夹层。软弱夹层厚度为 5～10 mm 时，主控宏观破裂面主要呈“八”字形；而软弱夹层厚度为 15～30 mm 时，主控宏观破裂面主要呈倒“八”字形(软弱夹层厚度 25 mm 时除外)。具体分析如下：

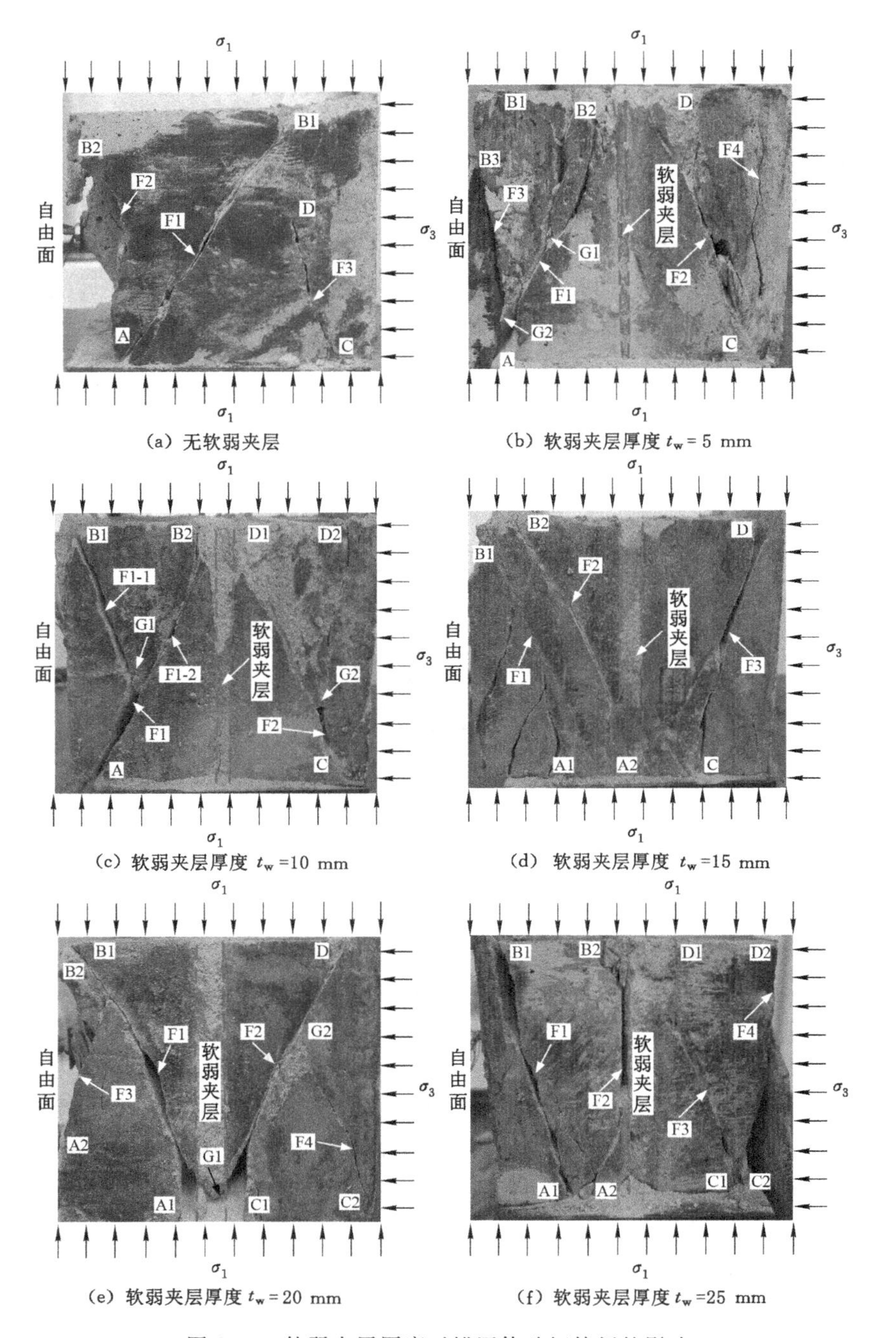

(a) 无软弱夹层

(b) 软弱夹层厚度 $t_w = 5$ mm

(c) 软弱夹层厚度 $t_w = 10$ mm

(d) 软弱夹层厚度 $t_w = 15$ mm

(e) 软弱夹层厚度 $t_w = 20$ mm

(f) 软弱夹层厚度 $t_w = 25$ mm

图 2-40　软弱夹层厚度对锚固体破坏特征的影响

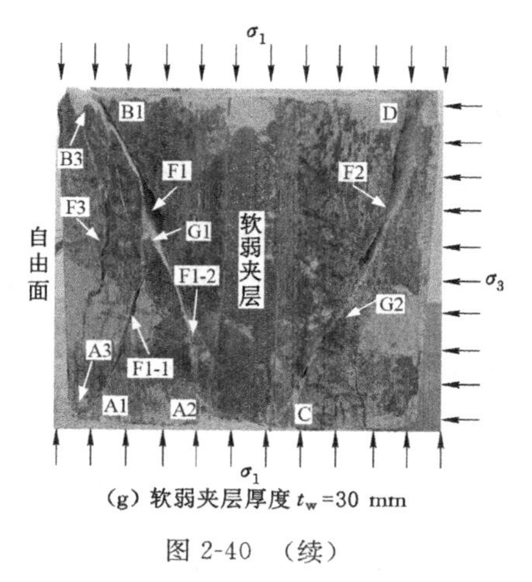

(g) 软弱夹层厚度 t_w=30 mm

图 2-40 (续)

(1) 无软弱夹层(t_w=0 mm)时,锚固体试样主要有 1 个主控宏观破裂面 F1 和 2 个非主控宏观破裂面 F2、F3。主控破裂面 F1 近似呈直线形,为压剪型裂隙,从试样底部靠近自由面的 A 点斜向上延伸,贯穿试样 3 个区域(也即贯穿软弱夹层对应的位置),到达位于试样顶部靠近后侧面的 B1 点。其中,B1 点距试样后侧面的距离约为试样厚度 l_t 的 1/3。

非主控宏观破裂面 F2 位于试样Ⅰ区,为拉裂型裂隙,从 A 点向上延伸到达位于自由面的 B2 点,成为开口裂隙;B2 点距试样顶面的距离约为试样高度 l_h 的 1/5。另一非主控宏观破裂面 F3 位于试样Ⅲ区,同样为拉裂型裂隙,但没有发展成贯穿裂隙,其从试样底面靠近后侧面的 C 点斜向上延伸到达 D 点,D 点距试样顶面的距离约为试样高度 l_h 的 1/3。

(2) 软弱夹层厚度 t_w=5 mm 时,锚固体试样主要有 2 个主控宏观破裂面 F1、F2 和 2 个非主控宏观破裂面 F3、F4。主控宏观破裂面 F1、F2 呈"八"字形分布,均为压剪型裂隙,两者在试样下半部分均近似呈直线形,而在试样上部则均近似呈弧形。F1 位于试样Ⅰ区,从试样底面靠近自由面的 A 点斜向上延伸,在 G1 点发展为 2 条裂隙,并分别延伸到达试样顶面的 B1 点和 B2 点。其中,B1 点靠近自由面,B2 点靠近软弱夹层。F2 位于试样Ⅲ区,从试样底部靠近后侧面的 C 点斜向上延伸到达试样顶面的 D 点,D 点靠近软弱夹层。此外,点 B1、B2、G1 围成的三角形区域内(F1 上半部分)及 F2 附近均出现破碎带,加剧了试样的破坏并使锚固体试样峰后承载能力进一步降低。

非主控宏观破裂面 F3、F4 均为张拉型裂隙,破裂面 F3 位于试样Ⅰ区且靠近自由面,从 A 点向上延伸到位于试样自由面的 B3 点,成为开口裂隙,并导致裂隙 F1 与自由面之间的岩体脱落。此外,F3 与主控宏观破裂面 F1 在试样下部相交于G2点。另一非主控宏观破裂面F4位于试样Ⅲ区，形状不规则，且没有发展成贯穿裂隙。

(3) 软弱夹层厚度 t_w=10 mm时，锚固体试样有2个主控宏观破裂面F1和F2，两者似呈“八”字形分布且均近似为弧形。其中。F1位于试样Ⅰ区，从试样底部靠近自由面的A点斜向上发展，并在G1点附近发展为2条破裂面F1-1和F1-2。其中，F1-1斜向上延伸到试样顶面靠近自由面的B1点，F1-2则延伸到试样顶面靠近软弱夹层的B2点。F2位于试样Ⅲ区，从试样底部靠近后侧面的C点斜向上延伸，分别延伸到试样顶面的D1、D2点。此外，点D1、D2和G2点围成的三角形区域出现破裂带，破裂带内裂隙发育。

(4) 软弱夹层厚度 t_w=15 mm时，锚固体试样有3个主控宏观破裂面F1、F2和F3，呈倒“八”字形分布。F1、F2为压剪型裂隙，位于锚固体试样Ⅰ区且均近似呈弧形。F1从试样底部的A1点斜向上延伸到位于自由面的B1点(B1点靠近试样顶面)，成为开口裂隙。F2从试样底部靠近软弱夹层的A2点斜向上延伸到试样顶板靠近自由面的B2点。此外，自由面与宏观主控破裂面F1之间发育有多条次生裂隙，但均没有发展成贯穿裂隙。

F3位于锚固体试样Ⅲ区，为压剪型裂隙，从试样底部C点斜向上延伸到顶面靠近后侧面的D点。其中，C点位于软弱夹层与试样后侧面之间的中间部位。此外，破裂面F3与试样后侧面之间出现次生裂隙，但该类次生裂隙没有发展成贯穿裂隙。

(5) 软弱夹层厚度 t_w=20 mm时，锚固体试样有2个主控宏观破裂面F1和F2和2个非主控宏观破裂面F3和F4，主控宏观破裂面呈倒“八”字形分布。主控破裂面F1位于试样Ⅰ区，为压剪型裂隙，近似呈弧形，从试样底部靠近软弱夹层的A1点斜向上到达试样顶面靠近自由面的B1点。F2位于试样Ⅲ区，近似呈直线形，从试样底部靠近软弱夹层的C1点延伸到试样顶面靠近后侧面的D点。F1、F2在试样底部相交于G1点，使G1点附近软弱夹层破坏严重。

F3位于试样Ⅰ区且靠近自由面，为拉裂型裂隙，近似呈弧形，从位于自由面的A2点按弧形扩展、延伸到同样位于自由面的B2点(B2点靠近试样顶部)。由于裂隙F3的切割作用，靠近自由面的部分岩体与母岩脱离。F4位于试样Ⅲ区，为压剪型裂隙，从试样底部靠近后侧面的C2点斜向上延伸并与F3相交于G2点。G2点附近出现破裂带，破裂带内次生裂隙发育。此外，F1与F3之间岩体、F4与试样后侧面之间岩体均出现了次生裂隙，但均没有发展成贯穿裂隙。

(6) 软弱夹层厚度 t_w=25 mm时，锚固体试样有3个主控宏观破裂面F1、F2和F3和1个非主控宏观破裂面F4。F1位于试样Ⅰ区，为拉裂型裂隙，从试样底部的A1点斜向上延伸到试样顶面的B1点，其中A1点位于自由面与软弱夹层中部，B1点靠近自由面。F2同样为拉裂型裂隙，破裂面两端位于试样Ⅰ区，中间沿硬岩层与软弱夹层之间的层理面发展，但是没有侵入软弱夹层。主控宏观破裂面F3为压剪型裂隙，从试样底部靠近后侧面的C1点斜向上延伸到软弱夹层，再沿软弱夹层与硬岩层之间的层理面到达试样顶面的D1点。

非主控破裂面F4位于锚固体试样Ⅲ区，为拉裂型裂隙，从试样底部靠近后侧面的C2点延伸到试样顶部的D2点，并导致靠近后侧面的部分岩体与母岩脱离。

(7) 软弱夹层厚度 t_w = 30 mm时，锚固体试样有2个主控宏观破裂面F1、F2和1个非主控宏观破裂面F3，其中主控宏观破裂面呈倒“八”字形分布。主控破裂面F1位于试样Ⅰ区，为压剪型裂隙，近似呈弧形，在G1点发展为2个破裂面F1-1和F1-2。F1-1、F1-2分别从试样底面靠近自由面的A1点和靠近软弱夹层的A2点斜向上延伸并在G1点贯通，然后继续向上延伸到达试样顶面靠近自由面的B1点。自由面与破裂面F1之间的岩体已与母岩分离，但是由于锚杆的约束作用而没有脱落。

另一个主控宏观破裂面F2位于试样Ⅲ区，为压剪-拉裂混合型裂隙，近似呈弧形，从试样底面靠近软弱夹层的C点斜向上到达试样顶面靠近后侧面的D点。F2与试样后侧面之间岩体也已与母岩分离，但是受到后侧挡板的约束作用而没有脱落。两主控宏观破裂面将试样分割为2个近似三角形和1个梯形。

非主控宏观破裂面F3位于试样Ⅰ区，为压剪型裂隙，近似呈弧形，从试样底部靠近自由面的A3点斜向上延伸到达试样顶部靠近自由面的B3点。此外，破裂面F3与A1和B1之间岩体、F2与试样后侧面之间岩体内次生裂隙发育，部分裂隙还与主控宏观破裂面贯通，加剧了试样的破坏程度并导致试样峰后承载能力显著降低。

需要说明的是，硬岩层由于强度高，为主要承载岩体，其内裂隙发育明显。而软弱夹层由于强度低并受到硬岩层及侧向约束装置的约束作用，破坏后被重新压缩在一起，裂隙发育不明显，但厚度明显变厚。软弱夹层厚度变化明显表明其易压缩，在试样破坏初期是硬岩变形破坏的亚自由面，而随着其被挤压变厚则对硬岩层产生挤压力，加剧了试样Ⅰ区岩体的破坏。

2.5.2　软弱夹层强度影响分析

软弱夹层单轴抗压强度分别为0.22 MPa、0.46 MPa、0.80 MPa、1.27 MPa、1.74 MPa和2.02 MPa时，锚固体裂隙分布及破坏模式如图2-41所示。

由图2-41可知，软弱夹层强度增加对锚固体试样破坏模式影响不明显，试样均以压剪破坏为主，兼具拉裂破坏。但是，软弱夹层强度变化对主控宏观破裂面分布位置及其与硬岩层之间协同耦合承载能力影响显著。软弱夹层单轴抗压

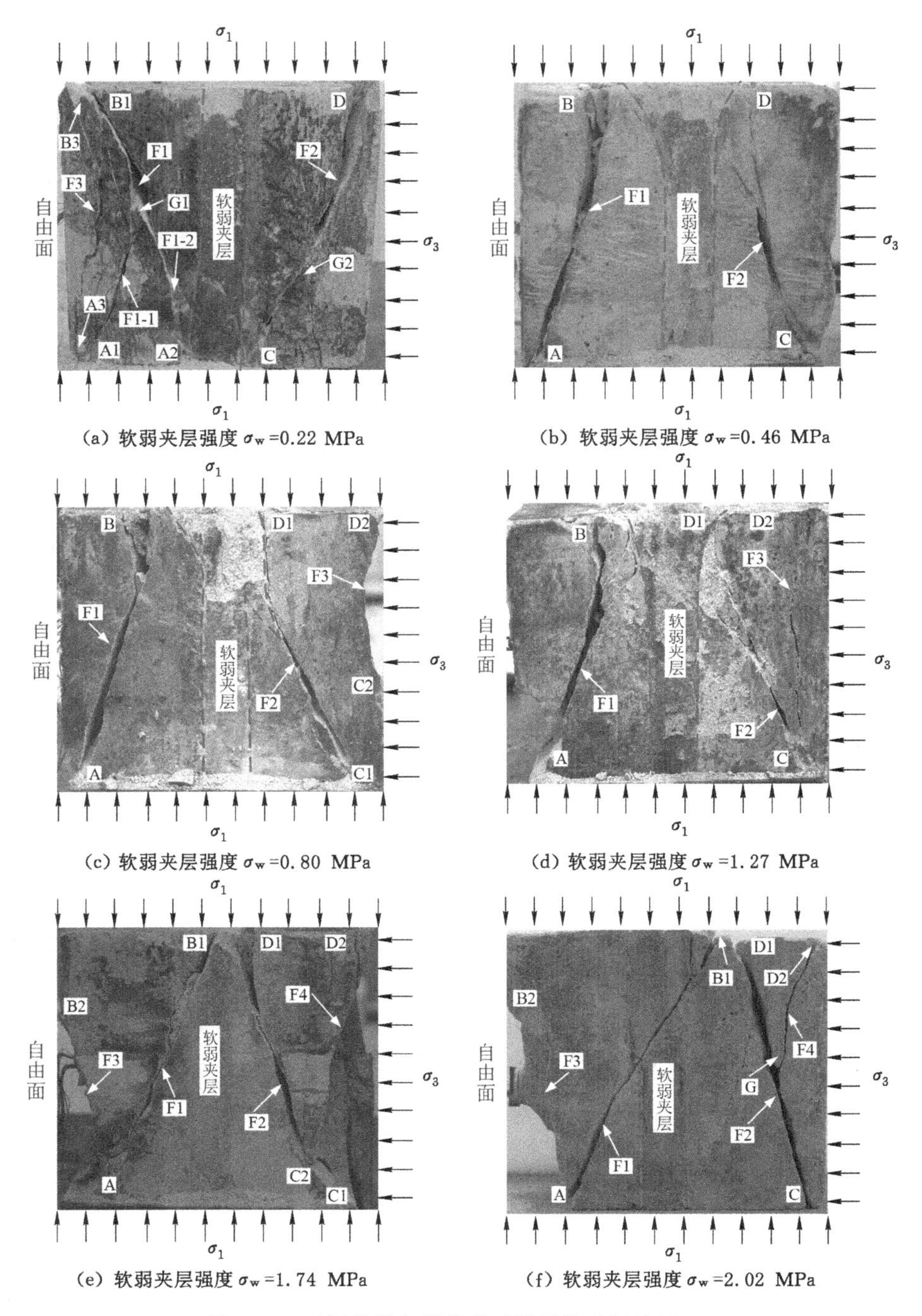

(a) 软弱夹层强度 σ_w=0.22 MPa　(b) 软弱夹层强度 σ_w=0.46 MPa

(c) 软弱夹层强度 σ_w=0.80 MPa　(d) 软弱夹层强度 σ_w=1.27 MPa

(e) 软弱夹层强度 σ_w=1.74 MPa　(f) 软弱夹层强度 σ_w=2.02 MPa

图 2-41　不同软弱夹层强度时锚固体破坏特征

强度达到 1.74 MPa 时厚度变化不再明显，但主控宏观破裂面开始扩展到软弱夹层，但没有贯穿软弱夹层。软弱夹层单轴抗压强度为 2.02 MPa 时，锚固体试样主控宏观破裂面贯穿软弱夹层。此外，含不同强度软弱夹层试样均有 2 个主控宏观破裂面，软弱夹层强度为 0.22 MPa 时主控宏观破裂面呈倒“八”字形，软弱夹层强度为 0.46～2.02 MPa 时主控宏观破裂面呈“八”字形。具体分析如下（软弱夹层强度为 0.22 MPa 时锚固体试样破坏模式及裂隙分布分析详见 2.5.1 节，不再赘述）：

(1) 软弱夹层强度为 0.46 MPa 时，含软弱夹层锚固体试样有 2 个主控宏观破裂面 F1 和 F2，两者近似呈“八”字形分布。F1 位于试样 Ⅰ 区，为压剪型裂隙，近似呈弧形，从试样底部靠近自由面的 A 点斜向上延伸到试样顶部的 B 点，B 点位于自由面与软弱夹层的中间部位。主控破裂面 F2 位于试样 Ⅲ 区，从试样下部靠近后侧面的 C 点斜向上延伸到试样顶部的 D 点，D 点离软弱夹层的距离较后侧面的近。此外，自由面与主控破裂面 F1 之间、后侧面与主控破裂面 F2 之间岩体发育有次生裂隙，且部分次生裂隙与主控破裂面贯通，加剧了试样的破坏。

(2) 软弱夹层强度为 0.80 MPa 时，含软弱夹层锚固体试样有 2 个宏观主控破裂面 F1、F2 和 1 个非主控宏观破裂面 F3，且两主控破裂面近似呈“八”字形分布。主控破裂面 F1 位于试样 Ⅰ 区，为压剪型裂隙，由近似直线段和弧形段两部分组成，从试样底部靠近自由面的 A 点斜向上延伸到试样顶面的 B 点，B 点附近出现了破裂带。自由面与主控破裂面 F1 之间的岩体已与母岩分离，但是由于锚杆的轴向约束作用而没有脱落。

主控破裂面 F2 位于试样 Ⅲ 区，为压剪型裂隙，近似呈弧形，从试样底部靠近后侧面的 C1 点斜向上延伸到软弱夹层，再沿软弱夹层与硬岩层的层理面向上延伸到试样顶部的 D1 点，但是没有侵入软弱夹层。非主控宏观破裂面 F3 也位于试样 Ⅲ 区，从试样后侧面的 C2 点按弧形扩展、延伸到同样位于试样后侧面的 D2 点，并导致破裂面 F3 与后侧面之间的岩体从母岩脱落。

此外，与软弱夹层强度 0.46 MPa[图 2-41(b)]时相比，软弱夹层强度 0.80 MPa[图 2-41(c)]时 B 点、D 点均向软弱夹层移动。

(3) 软弱夹层强度为 1.27 MPa 时，锚固体试样有 2 个主控宏观破裂面 F1、F2 和 1 个非主控宏观破裂面 F3，两主控破裂面亦近似呈“八”字形分布。主控破裂面 F1 位于试样 Ⅰ 区，为压剪型裂隙，近似呈弧形，从试样底部靠近自由面的 A 点斜向上延伸到位于试样顶面的 B 点。B 点附近出现破裂带，次生裂隙发育，且大多数与主控破裂面 F1 贯通。另一主控破裂面 F2 位于试样 Ⅲ 区，为压剪型裂隙，也近似呈弧形，从试样底部靠近后侧面的 C 点斜向上延伸到试样顶面的D1点，D1点紧靠软弱夹层。在试样上半部分，破裂面F2附近出现破裂带，次生裂隙较发育。非主控破裂面F3位于试样Ⅲ区，为拉裂型裂隙，从试样下部的C点向上延伸到试样顶面的D2点。此外，与软弱夹层强度0.8 MPa时相比，B点进一步向软弱夹层移动。软弱夹层强度≤1.27 MPa时其与硬岩层之间协调承载能力较差，裂隙主要位于硬岩层内。

(4) 软弱夹层强度为1.74 MPa时，锚固体试样有2个主控宏观破裂面F1、F2和2个非主控宏观破裂面F3、F4，其中两主控破裂面近似呈"八"字形分布。主控破裂面F1位于试样Ⅰ区，为压剪型裂隙，近似呈直线形，从试样底部靠近自由面的A点斜向上延伸到试样顶面的B1点。F1侵入软弱夹层，但是没有贯穿软弱夹层，这表明软弱夹层与硬岩层之间协调承载能力较强。主控破裂面F2位于试样Ⅲ区，近似呈直线形，从试样底部靠近后侧面的C1点斜向上延伸到试样顶面紧靠软弱夹层的D1点。非主控宏观破裂面F3位于试样Ⅰ区，为拉裂型裂隙，近似呈弧形，从试样底部靠近自由面的A点斜向上延伸到位于自由面的B2点，B2点距试样顶面的距离约为试样高度l_h的1/3。另一非主控宏观破裂面F4位于试样Ⅲ区，为拉裂型裂隙，形状不规则，从试样底部的C2点向上延伸到顶面靠近后侧面的D2点，在试样底部与主控宏观破裂面F2贯通。由于破裂面F4的切割作用，试样后侧面附近部分岩体脱落。此外，F2、F4之间岩体次生裂隙发育，且以拉裂型裂隙为主，沿试样上下方向发展，但均没有发展成贯穿裂隙。与软弱夹层强度1.27 MPa时相比，A、B点均进一步向软弱夹层移近，且B点已位于软弱夹层内。此外，软弱夹层强度达到1.74 MPa时厚度变化不再明显，但内部开始出现裂隙。

(5) 软弱夹层强度为2.02 MPa时，锚固体试样有2个主控宏观破裂面F1、F2和2个非主控宏观破裂面F3、F4，两主控破裂面近似呈"八"字形分布。主控破裂面F1为压剪型裂隙，近似呈直线形，从试样底部的A点斜向上延伸，贯穿软弱夹层后到达位于试样Ⅲ区的B2点。主控破裂面F2位于锚固体试样Ⅲ区，为压剪型裂隙，近似呈直线形，从试样底部靠近后侧面的C点斜向上到达试样顶部的D1点，D1点位于软弱夹层与试样后侧面中间部位。非主控宏观破裂面F3位于试样Ⅰ区，为拉裂型裂隙，形状不规则，从A点延伸到达位于自由面的B1点，成为开口裂隙。由于裂隙F1的切割作用，自由面与F1之间岩体与母岩脱离。非主控宏观破裂面F4位于锚固体试样Ⅲ区，与主控破裂面F2相交于G点，为压剪型裂隙，近似呈弧形。此外，试样内还发育有次生裂隙，且部分次生裂隙与主控破裂面贯通，加剧了试样的破坏程度。

综合上述分析可知，软弱夹层单轴抗压强度不高于1.27 MPa(约为硬岩层单轴抗压强度的17.61%)时与硬岩层之间协同承载能力较差，裂隙主要位于硬岩层内；软弱夹层单轴抗压强度达到 1.74 MPa（约为硬岩层单轴抗压强度的 24.13%）时与硬岩层之间协同承载能力较强，裂隙侵入软弱夹层但是没有贯穿；软弱夹层单轴抗压强度达到 2.02 MPa（约为硬岩层单轴抗压强度的 28.01%）时与硬岩层之间协同承载能力显著增强，主控破裂面贯穿软弱夹层。

2.5.3 软弱夹层倾角影响分析

软弱夹层倾角分别为 0°、15°、30°、45°和 90°时，锚固体裂隙分布形态及破坏模式如图 2-42 所示。

由图 2-42 可知，软弱夹层倾角不同时，锚固体试样裂隙分布和破坏模式如下：

(1) 软弱夹层倾角为 15°时，锚固体试样有 2 个主控宏观破裂面 F1、F2 和 1 个非主控宏观破裂面 F3。主控破裂面 F1 位于锚固体试样Ⅰ区，为压剪型裂隙，近似呈弧形，从试样底部靠近自由面的 A1 点斜向上延伸到软弱夹层，转变方向后再向上延伸到试样顶面靠近自由面的 B1 点。主控破裂面 F2 位于锚固体试样Ⅲ区，为压剪型裂隙，从试样底部 C 点斜向上延伸到试样顶面靠近后侧面的 D 点。非主控破裂面 F3 紧靠自由面，位于试样Ⅰ区，为拉裂型裂隙，从位于自由面的 A2 点斜向上延伸到位于试样顶面的 B1 点。此外，主控破裂面 F1、F3 之间岩体及 F1 弧形顶点附近岩体次生裂隙发育，且部分与 F1、F3 贯通，使试样破坏程度加剧和峰后承载能力降低。

(2) 软弱夹层倾角为 30°时，锚固体试样有 2 个主控宏观破裂面 F1、F2 和 1 个非主控宏观破裂面 F3。主控破裂面 F1 位于试样Ⅰ区，近似呈弧形，为压剪型裂隙，从试样底部靠近自由面的 A1 点斜向上延伸到位于试样顶面的 B1 点，B1 点位于自由面与软弱夹层中间部位。另一主控破裂面 F2 近似呈直线形，从试样底部靠近软弱夹层的 A2 点斜向上延伸，与主控破裂面 F1 在 G 点贯通，并继续向上延伸到试样顶面的 B1 点。非主控破裂面 F3 位于试样Ⅲ区，近似呈直线形，为拉裂型裂隙，从试样底部的 C 点向上延伸到试样顶面的 D 点。由于破裂面 F3 的切割作用，试样后侧面部分岩体与母岩脱离。

结合图 2-42(d)进一步分析还可发现，主控破裂面 F1、F2 在试样顶面发展成一宏观破裂带，破裂带内次生裂隙发育；且沿试样Ⅰ区、Ⅱ区岩体层里面发育有 1 条拉裂型裂隙，该裂隙与主控破裂面 F1、F2 在试样顶面的破裂面相交于 G 点。分析认为，由于软弱夹层抗拉强度低及与硬岩层之间黏结性差，沿软弱夹层与硬岩层之间层里面出现拉裂隙。

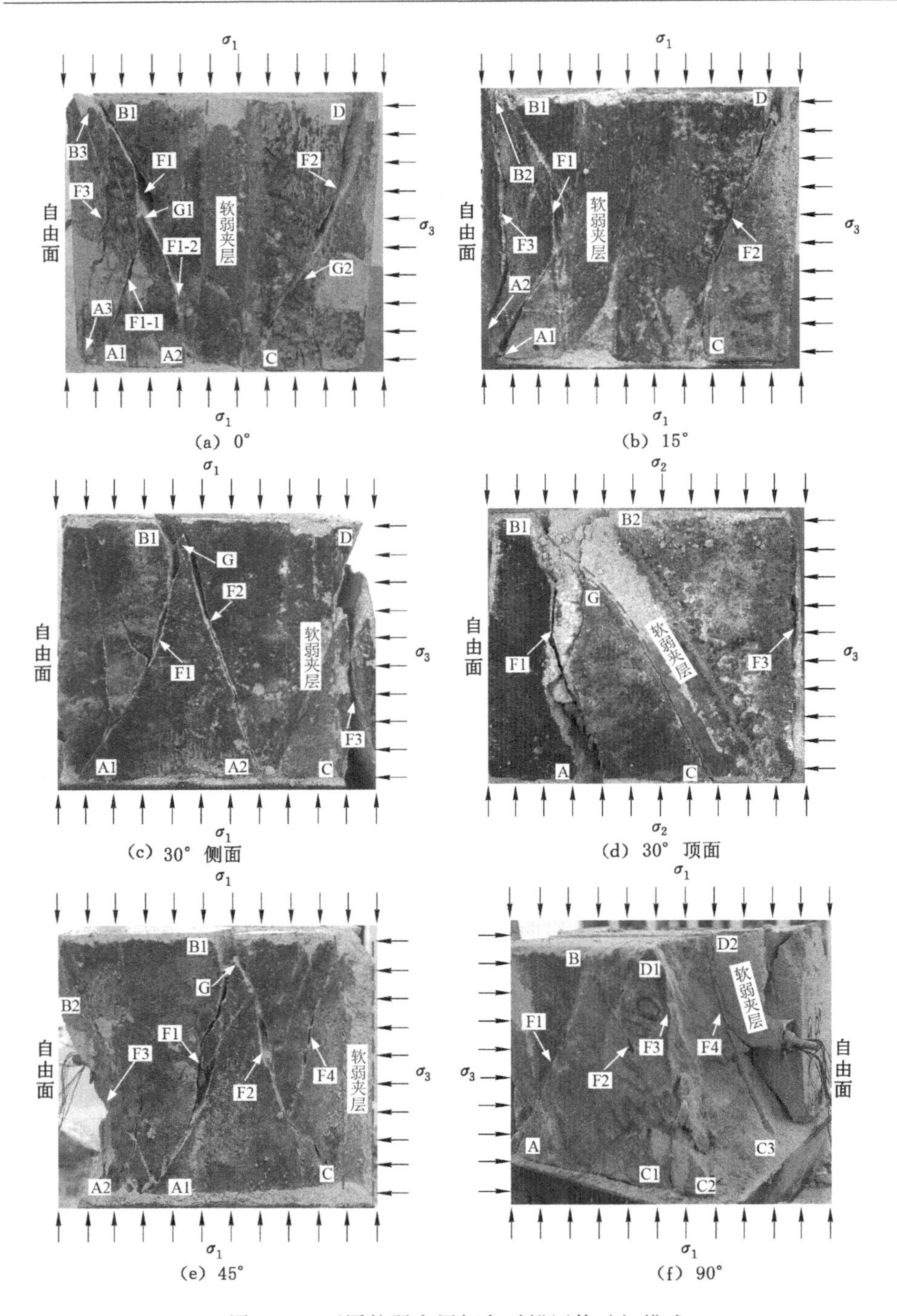

图 2-42　不同软弱夹层倾角时锚固体破坏模式

(3) 软弱夹层倾角为45°时，锚固体试样主要有2个主控宏观破裂面F1、F2和2个非主控宏观破裂面F3、F4。主控破裂面F1为压剪型裂隙，近似呈弧形，从试样底部靠近自由面的A1点斜向上延伸到试样顶面的B1点。另一主控破裂面F2也为压剪型裂隙，形状不规则，从试样底部靠近后侧面的C点斜向上延伸，在G点与F1贯通后继续向试样顶面发展、延伸到B1点。非主控破裂面F3为拉裂型裂隙，近似呈弧形，从试样底部靠近自由面的A2点斜向上延伸到位于自由面的B2点。破裂面F4为压剪型裂隙，近似呈直线形，在试样下部与主控宏观破裂面F2贯通。此外，试样内次生裂隙发育，且个别次生裂隙与主控宏观破裂面贯通，加剧了试样的破坏。

(4) 软弱夹层倾角为90°时，锚固体试样裂隙发育，主要有裂隙F1、F2、F3和F4，以压剪破坏为主，兼具拉裂破坏。裂隙F1为压剪型破坏，近似呈弧形，从靠近试样后侧面的A点斜向上延伸到试样顶部的B点。裂隙F2、F3均为压剪型裂隙，分别从试样底部靠近自由面的C1、C2点斜向上延伸到试样顶部的B点和D1点。裂隙F4由硬岩层与软弱夹层之间离层造成，为拉裂型裂隙。此外，由于软弱夹层位于自由面的一端发生挤出变形，自由面变形破坏严重；且随着软弱夹层的破坏，锚杆锚固力逐渐丧失，对硬岩层的支护作用显著降低，导致靠近自由面附近岩体破坏严重。

2.5.4 锚杆密度影响分析

无锚杆和锚杆密度分别为1、2、3和4根时，锚固体试样裂隙分布形态及破坏模式如图2-43所示。

由图2-43可知，锚杆密度增加对锚固体试样破坏模式影响不明显，但对主控宏观破裂面数量及裂隙开度影响显著。无锚杆、锚杆密度为1根时锚固体试样有2个主控宏观破裂面，锚杆密度为2根和3根时，锚固体试样只有1个主控宏观破裂面；锚杆密度增加到4根时，锚固体试样没有主控破裂面。此外，随着锚杆密度的增加，锚固体试样拉裂破坏特征逐渐减少直至消失，压剪破坏特征显著增强。具体分析如下：

(1) 无锚杆时，含软弱夹层试样有2个主控宏观破裂面F1和F2。主控宏观破裂面F1位于试样Ⅰ区，破坏模式为压剪-拉裂型，从试样下部靠近自由面的A点斜向上延伸到G点，而后发展为2个破裂面F1-1和F1-2。破裂面F1-1、F1-2继续斜向上发展，分别延伸到B1点和B2点，B1点位于自由面与试样顶面的交点处，B2点位于靠近软弱夹层的试样顶面。破裂面F2位于试样Ⅲ区，同样为压剪型裂隙，从试样底部靠近后侧面的C点斜向上延伸到D点，D点靠近软弱夹层。此外，由于破裂面F1的切割和缺乏锚杆约束作用，自由面与破裂面F1、

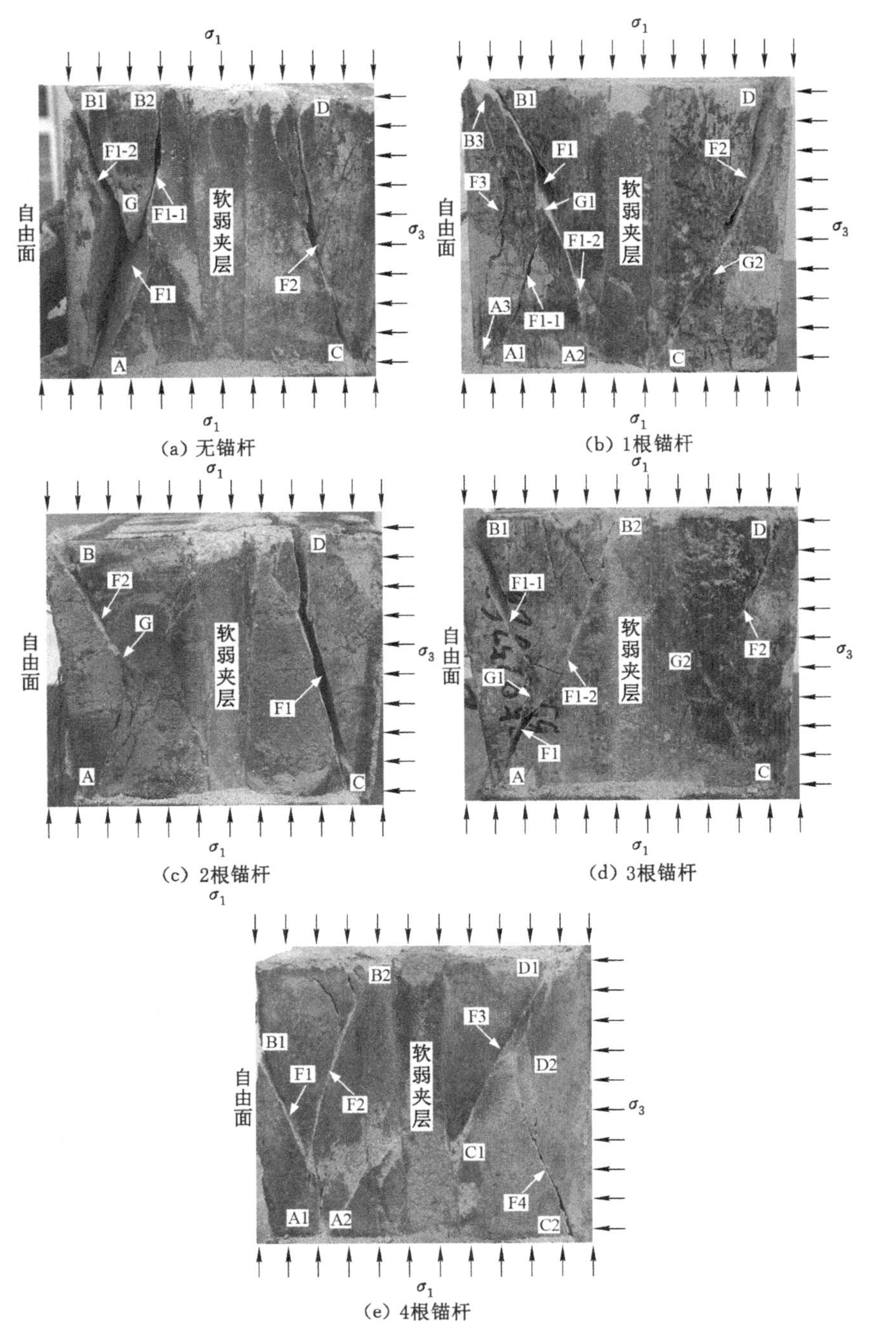

(a) 无锚杆

(b) 1根锚杆

(c) 2根锚杆

(d) 3根锚杆

(e) 4根锚杆

图 2-43　不同锚杆密度时锚固体破坏特征

F1-1 之间岩体脱落于母岩。破裂面 F2 与试样后侧面之间岩体微裂隙、次生裂隙发育，其中个别裂隙与 F2 贯通。

(2) 锚杆密度为 2 根时，锚固体试样主要有 1 个主控宏观破裂面 F1 和 1 个非主控宏观破裂面 F2。破裂面 F1 位于试样Ⅲ区，为压剪-拉裂型裂隙，呈折线形，从试样底部靠近后侧面的 C 点斜向上延伸到位于试样顶面靠近软弱夹层的 D 点。非主控宏观破裂面 F2 位于试样Ⅰ区，为压剪型裂隙，近似呈弧形，从试样底部靠近自由面的 A 点斜向上延伸到试样顶部靠近自由面的 B 点。破裂面 F2 在 BG 段张开显著，而 GA 段张开不明显，这体现了锚杆的约束作用。此外，试样Ⅰ区下半部分出现多条次生裂隙，形成破裂带，但较少发展为贯穿裂隙。

(3) 锚杆密度为 3 根时，锚固体试样主要有 1 个主控宏观破裂面 F1 和 1 个非主控宏观破裂面 F2。主控破裂面 F1 位于试样Ⅰ区，破坏模式为压剪型，从试样底部靠近自由面的 A 点斜向上延伸到 G1 点，接着发展为 2 个裂隙 F1-1 和 F1-2。破裂面 F1-1 和 F1-2 分别斜向上延伸到位于试样顶面靠近自由面的 B1 点和靠近软弱夹层的 B2 点，且 F1-1 和 F1-2 之间岩体次生裂隙发育，部分裂隙与 F1-1、F1-2 贯通，加剧了试样的破坏。非主控破裂面 F2 位于试样Ⅲ区，为压剪型裂隙，近似呈弧形，从试样底部靠近后侧面的 C 点斜向上延伸到试样顶面的 D 点。此外，由于锚杆的约束作用，主控裂隙(破裂面)F1-2 和 F2 开度明显减小。

(4) 锚杆密度为 4 根时，锚固体试样没有形成主控破裂面，但有 4 个主要裂隙 F1、F2、F3 和 F4，但仅 F2 发展成贯通裂隙。裂隙 F1、F2 位于试样Ⅰ区，破坏模式均为压剪型，分别近似呈直线形和弧形。裂隙 F1 从靠近试样底面的 A1 点斜向上延伸到位于自由面的 B1 点，成为开口裂隙。裂隙 F2 从试样底部的 A2 点斜向上延伸到试样顶面靠近软弱夹层的 B2 点。裂隙 F3、F4 位于试样Ⅲ区，均为压剪型破坏。裂隙 F3 从试样中下部靠近软弱夹层的 C1 点斜向上延伸到试样顶面靠近后侧面的 D1 点，裂隙 F4 从试样底部靠近后侧面的 C2 点斜向上延伸到位于试样中上部的 D2 点。由于锚杆的约束作用，除靠近自由面的裂隙 F1 和靠近后侧面的 F4 开度较明显外，裂隙 F2、F3 开度均不明显。破裂后的岩块在锚杆约束作用下相互紧密咬合在一起，使锚固体峰后承载能力增加(见表 2-16 和图 2-25)。

综上所述知，软弱夹层及锚杆支护对锚固体裂隙分布及变形破坏模式影响显著。无软弱夹层时，主控宏观破裂面 F1 贯穿相当于软弱夹层的位置；而有软弱夹层时，裂隙主要位于硬岩层内，只有当软弱夹层强度达到 2.02 MPa(约为硬岩层单轴抗压强度的 28.02%)时，软弱夹层与硬岩层之间协同耦合承载能力显著增强，主控宏观破裂面 F1 才贯穿软弱夹层。软弱夹层由于强度低，破碎后被重新压缩在一起，裂隙发育不明显，但厚度变化明显，在试样变形初期成为硬岩层变形的亚自由面，而随着试样变形破坏又对硬岩层产生挤压作用，加剧了硬岩层的破坏。

2.6 含软弱夹层锚固立方体结构效应与成拱特性分析

本章通过试验研究发现，含软弱夹层锚固体存在结构效应[118,119]与拱效应，对其峰值强度及稳定性均有影响。

2.6.1 结构效应分析

由 2.5 节分析知，含软弱夹层锚固体具有显著的结构效应，可从以下两方面分析。

一方面，软弱夹层改变了岩石结构。没有软弱夹层时，岩石为完整块体，可以称为岩块。而有软弱夹层时，岩块从完整结构变成层状结构。岩体结构改变也引起其承载结构改变。岩石为完整岩块时，荷载作用下岩块单独承载，而对于含软弱夹层层状岩体，则变成硬岩层与软弱夹层协同承载结构。为定量表示软弱夹层与硬岩层之间的协同承载特性，引入协同承载系数 ζ，可用下式表示：

$$\zeta=\frac{\sigma_{\mathrm{w}}^{\mathrm{l}}/\sigma_{\mathrm{w}}^{\mathrm{p}}}{\sigma_{\mathrm{h}}^{\mathrm{l}}/\sigma_{\mathrm{h}}^{\mathrm{p}}} \tag{2-6}$$

式中，ζ 为协同承载系数，1 表示完全协同承载，0 表示完全不协同承载；$\sigma_{\mathrm{w}}^{\mathrm{p}}$、$\sigma_{\mathrm{w}}^{\mathrm{l}}$ 分别为软弱夹层的单轴抗压强度和承担的荷载；$\sigma_{\mathrm{h}}^{\mathrm{p}}$、$\sigma_{\mathrm{h}}^{\mathrm{l}}$ 分别为硬岩层的单轴抗压强度和承担的荷载(在本书锚固体试样受力条件下，软弱夹层、硬岩层承担的荷载均为最大主应力)。

另一方面，峰后锚固体变形呈现明显的结构效应[9]，自由面法向位移不仅有岩块的弹塑性变形，还有裂隙开裂、滑移引起的变形(图 2-44)，且主要为锚固体的结构变形。

由相似材料试验知，硬岩层、软弱夹层峰值点处应变约为 0.90%，则锚固体横向长度为 200 mm 时，岩块弹塑性变形量引起的自由面法向位移最大约为 1.8 mm。而结合图 2-16 知，峰后锚固体自由面位移达到 8～11 mm。可见，峰后自由面法向位移的约 70%～80%由锚固体结构变形产生。

综合上述分析知，含软弱夹层锚固体具有组成、承载和变形方面的结构效应；且软弱夹层与硬岩层协同耦合承载时，有利于提高锚固体强度。

图 2-44 裂隙开裂滑移

2.6.2 成拱特性分析

在锚杆轴力压缩作用下，锚固体内能够形成压力拱。压力拱是承载结构，对锚固体稳定有利。本书部分典型锚固体压力拱分布形态如图 2-45 所示。

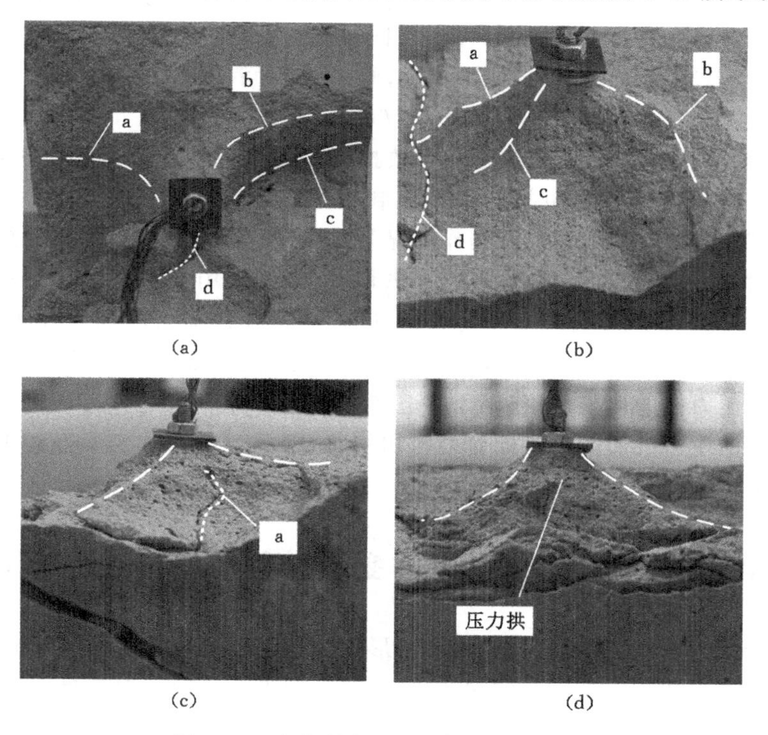

(a) (b) (c) (d)

图 2-45 含软弱夹层锚固体压力拱形态

由图 2-45 知，在锚杆轴力压缩作用下，含软弱夹层锚固体自由面附近形成在空间上按喇叭状分布的压力拱。以锚杆托盘为中心，压力拱外表面按弧形向四周延展，这与文献[88]的研究结论相一致。但是，在不同的空间位置，压力拱延展线不同，如图 2-45(b)中，压力拱沿延展线 a、b 形成“山脊”，而沿延展线 c 则近似形成“山谷”。这与岩石材料细观上的非均匀性、各向异性有关，假如岩石材料为均匀、各向同性材料，则其压力拱延展线应以锚杆为对称轴轴对称分布。

此外，由于锚杆压力拱延展线不是直线而是弧形线，显然锚杆控制角也不是传统压缩拱理论认为的 45°，而是空间的函数。在托盘附近，如图 2-45(a)中沿延展线 a、c 锚杆控制角小于 45°，而沿延展线 b 锚杆控制角接近 45°，而图 2-45(b)中沿延展线 a、b，锚杆控制角均大于 45°。随着远离锚杆托盘，锚杆控制角逐渐增大到约 180°，也即压力拱外表面与围岩自由面趋于平行。

若以锚杆托盘为原点，以锚杆为 z 轴，垂直锚杆轴向的两个方向分别为 x 轴和 y 轴，则锚杆控制角可表示为：

$$f_{\mathrm{b}}=f(\theta_{\mathrm{a}},r,z) \tag{2-7}$$

式中，f_{b} 为锚杆控制角；r 为锚杆控制范围的半径；θ_{a} 为压力拱延展线在 xoy 面上的投影与 x 轴正方向的夹角，以逆时针为正。

若假定岩石为均匀、各向同性材料，则式(2-7)可简化为：

$$f_{\mathrm{b}}=f(r,z) \tag{2-8}$$

由图 2-45 还可知，当锚杆不能有效抑制压力拱内部或外部裂隙扩展时，裂隙对压力拱具有显著的切割作用并限制压力拱的形成和扩展，如图 2-45(a)、(b)中裂隙 d 对压力拱切割、限制作用显著。当锚杆能够有效抑制压力拱内裂隙扩展时，裂隙被纳入压力拱内，对压力拱切割、限制作用不明显，如图 2-45(c)中裂隙 a 对被纳入压力拱内，对压力拱的切割、限制作用显著减弱。因此，为能够形成和保持压力拱稳定，锚杆应对峰后围岩施加足够大的轴向压力，抑制裂隙扩展及其对压力拱的切割作用，保证巷道围岩稳定。

锚固体压力拱形成与锚杆受力密切相关，因此对锚固体变形过程中锚杆受力特征进行分析。

2.7 含软弱夹层锚固立方体变形过程中锚杆受力特征分析

锚杆受力监测结果表明，锚固体变形过程中锚杆同时受轴力和弯矩的作用，以无软弱夹层和软弱夹层厚度为 25 mm 时为例进行分析。为方便分析，锚杆轴力以受拉为正、受压为负，弯矩使锚杆向上弯曲为正、向下弯曲为负。

2.7.1　锚杆轴力演化规律

无软弱夹层、软弱夹层厚度为 25 mm 时，锚固体变形过程中锚杆各监测断面轴力及其平均值变化规律如图 2-46 所示。

由图 2-46 可知：

(1) 锚固体变形过程中，锚杆轴力演化规律具有显著的阶段性，总体上可以分为缓慢变化段、快速变化段和较快变化段。以图 2-46(b)、(d)为例进行分析，AB 段时，锚杆轴力变化缓慢，轴力平均值由 0.10 kN 增加到 0.34 kN，增加 2.4 倍；BC 段时，锚杆平均轴力由 0.34 kN 增加到 2.43 kN，增加约 6.15 倍；而 CD 段时，锚杆平均轴力维持在 2.09～2.76 kN 之间，变化率约为 32.06%。

(2) 锚杆轴力演化规律与锚固体变形过程密切相关。从锚杆轴力变化曲线与锚固体应力-应变曲线对应关系知，总体上 AB 段对应于锚固体全应力-应变曲线的压密段和弹性段或塑性硬化段，BC 段对应于锚固体变形的塑性硬化段、应变软化段和部分残余强度段，而 CD 段对应于锚固体变形的残余强度段。结合锚杆轴力演化规律及锚固体压力拱分析知，锚固体压力拱主要在其峰后形成。因此，若能对锚杆施加足够大的预紧力，使压力拱在峰前形成，则更有利于提高锚固体的承载能力。

(3) 随着锚固体变形，锚杆轴力平均值演化的规律性特征减弱。锚固体峰前及峰后部分软化段，甚至直到残余强度段前半部分，也即图 2-46(c)、(d)中 AB 段锚杆轴力平均值总体上按指数函数规律变化，BC 段则按高次多项式函数规律变化，图 2-46(c)中 BC 段以后部分则无明显的变化规律。

2.7.2　锚杆弯矩演化规律

无软弱夹层、软弱夹层厚度为 25 mm 时锚杆弯矩演化规律如图 2-47 所示。

由图 2-47 可知：

(1) 锚杆所受弯矩也具有显著的阶段性，总体上呈现峰前锚杆弯矩较小、变化缓慢和峰后弯矩较大、变化较快的特点。以图 2-47(b)、(d)为例进行分析，峰前锚杆所受最大弯矩、弯矩平均值分别为 0.57 N·m 和 0.23 N·m(不考虑弯曲方向)，弯矩平均值变化率为 16.55 N·m/ε；峰后锚杆所受最大弯矩、平均弯矩分别为 3.91 N·m 和 1.46 N·m(不考虑弯曲方向)，弯矩平均值变化率增大到 91.99 N·m/ε，弯矩最大值、平均值及其变化率分别约为前者的 6.86、6.35 和 5.56 倍。

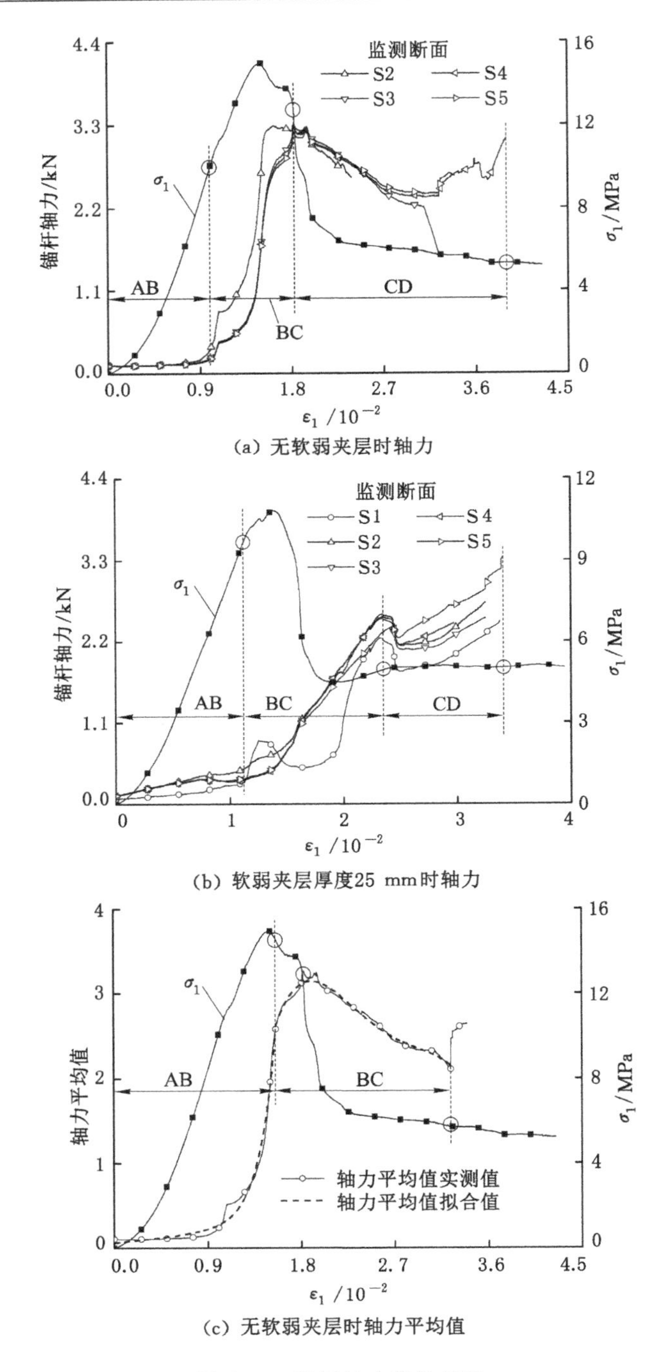

(a) 无软弱夹层时轴力

(b) 软弱夹层厚度25 mm时轴力

(c) 无软弱夹层时轴力平均值

图 2-46　锚杆轴力演化规律

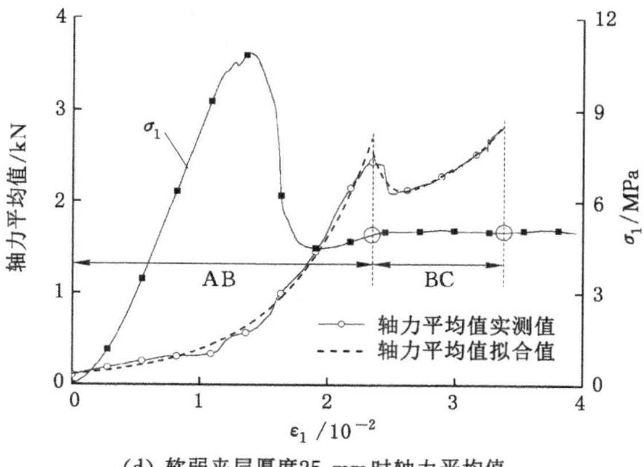

(d) 软弱夹层厚度25 mm时轴力平均值

图 2-46 （续）

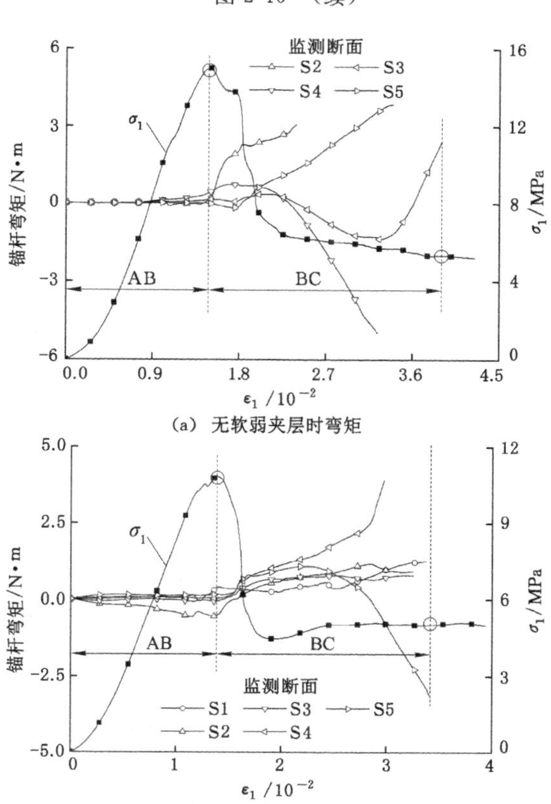

(a) 无软弱夹层时弯矩

(b) 软弱夹层厚度25 mm时弯矩

图 2-47 锚杆弯矩演化规律

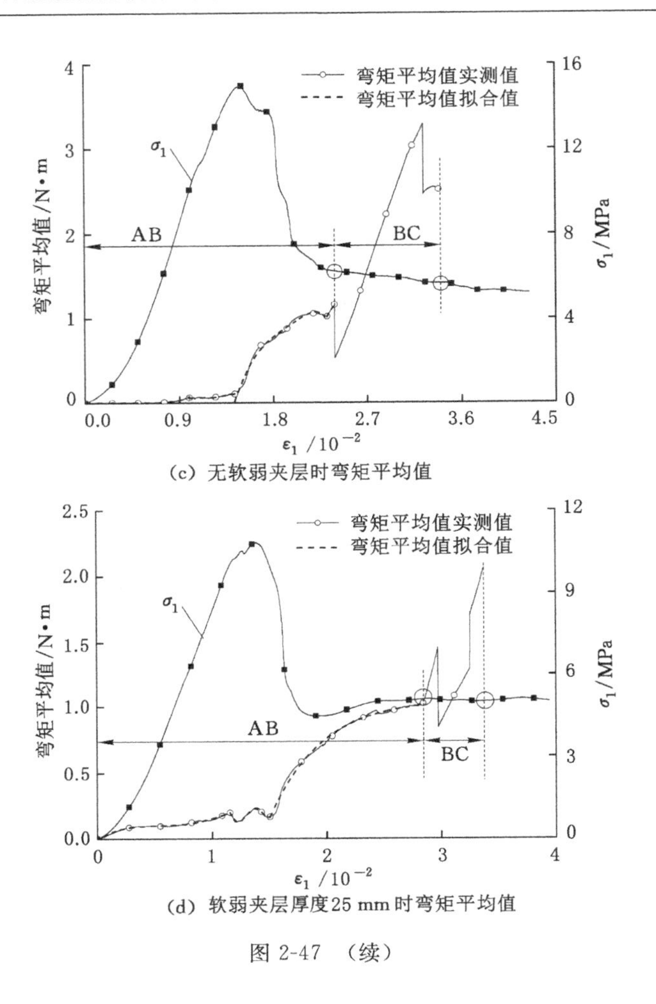

(c) 无软弱夹层时弯矩平均值

(d) 软弱夹层厚度25 mm时弯矩平均值

图 2-47 (续)

分析认为，在软化段，锚固体承载能力急剧降低，裂隙大量贯通，破裂岩块对锚杆的横向剪切作用增加，导致弯矩快速增大；在残余强度段，锚固体承载能力虽然不再发生显著变化，但在锚固体轴向变形（垂直锚杆轴向）作用下，锚杆继续发挥着显著的支护作用，其弯矩继续增大。

(2) 锚杆同时受正、负弯矩作用且与锚固体变形过程密切相关。软弱夹层厚度为 25 mm 时，在锚固体试样峰值点附近，监测断面 S1、S4、S5 受正弯矩作用，即该部分锚杆呈“⌒”形弯曲；监测断面 S2、S3 受负弯矩作用，即该部分呈下凹形弯曲。无软弱夹层时，监测断面 S1 受负弯矩作用，监测断面 S3 弯矩随锚固体变形由正变负；而监测断面 S4 弯矩则先由正变负，再由负变正。可见，锚固体变形过程中，不仅锚杆沿全长弯曲方向不同，而且相同部位弯曲方向因锚固体不同而异。

(3) 随锚固体变形,锚杆弯矩平均值变化的规律性特征逐渐减弱。在锚固体试样峰前及峰后软化段、部分残余强度段,弯矩平均值变化相对较规律,如图2-47(c)、(d)中AB段所示,可以用带一次项的指数函数或5次多项式函数拟合。在锚固体残余强度段后期,弯矩平均值变化的规律性特征减弱,出现突变现象,如图2-47(c)、(d)中BC段所示。

综上可知,锚固体变形过程中,锚杆受弯矩作用显著,且所受弯矩大小及正负性均与锚固体变形过程有关。由于锚杆横向作用与其所受弯矩密切相关,因此锚固体变形过程中锚杆横向作用也发生着复杂的变化。

2.7.3 锚杆受弯机理分析

在已有研究[120]基础上并结合本书试验条件,发现锚杆受弯主要由以下3方面因素单独或联合引起:① 偏心作用;② 围岩离层作用;③ 锚固体沿锚杆全长非均匀非线性变形作用。关于偏心作用和围岩离层作用在文献[120]中有比较详细的讨论,本节主要分析锚固体轴向变形作用下锚杆受弯机理。锚固体轴向变形沿锚杆轴向均匀分布(线性分布的特殊形式)、线性分布、非均匀非线性分布的情况如图2-48所示。

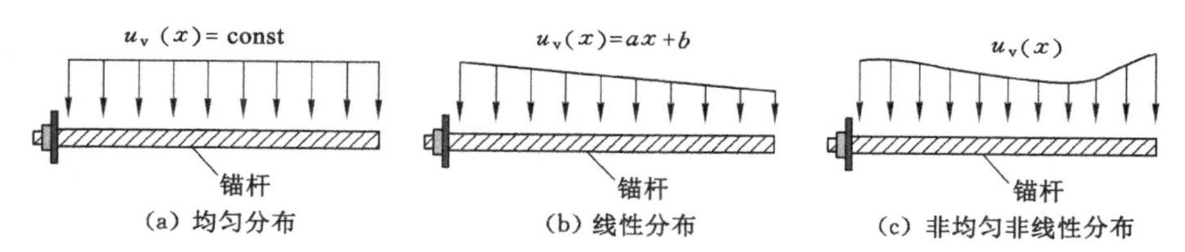

图2-48 锚固体轴向位移沿锚杆全长分布模式

结合图2-48可知:

(1) 当锚固体轴向位移 u_v 沿锚杆全长均匀分布时[图2-48(a)],在锚固体轴向位移作用下,锚杆全长整体发生平动,且各部分沿锚固体试验轴向位移量相等。此时,锚杆没有发生弯曲,也不会受到弯矩作用。

(2) 当锚固体轴向位移 u_v 沿锚杆全长线性分布时[图2-48(b)],在锚固体轴向位移作用下,锚杆全长发生旋转,且各部位转角相同。此时,锚杆依然可以视为一条直线,没有发生弯曲,不会受到弯矩作用。

(3) 当锚固体轴向位移 u_v 沿锚杆全长非均匀非线性分布时[图2-48(c)],在锚固体轴向位移作用下,锚杆各部分沿锚固体轴向位移量不再相同。此时,锚杆发生弯曲,并受到弯矩作用。而且,锚杆在岩体横向剪应力作用下弯曲时必然对岩体产生横向作用力，这是锚杆对岩体的支护作用之一。

试验中也观察到了锚固体轴向位移 u_v 沿锚杆全长非均匀非线性分布情况和锚杆弯曲情况，如图 2-49 所示。

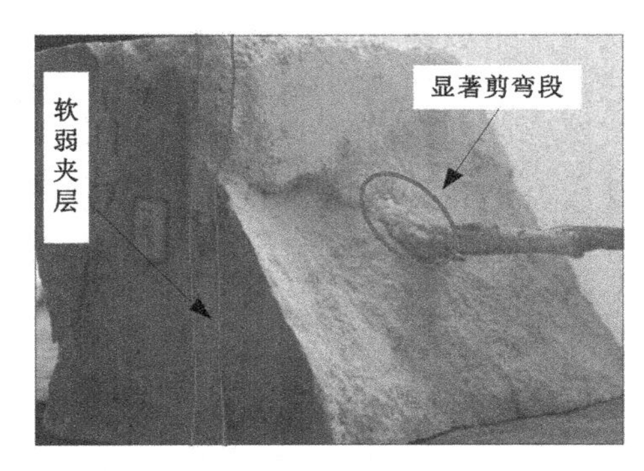

(a) 锚杆受剪弯矩

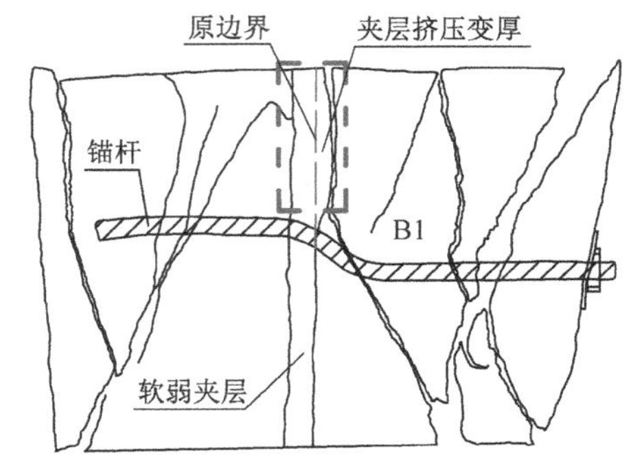

(b) 锚杆弯曲变形与锚固体裂隙分布对比

图 2-49 锚杆弯曲变形及其与锚固体裂隙分布的关系

由图 2-49 可知，锚杆发生了显著的弯曲变形，且其弯曲部分与锚固体裂隙分布具有一定的对应关系，如锚杆显著弯曲段对应锚固体一条主要裂隙。分析认为，由于锚固体的非均质性及其靠近自由面部分的位移优势，其轴向位移 u_v 沿锚杆杆长非均匀非线性分布，导致锚杆承受非均匀的横向剪应力作用并发生不同程度的弯曲。如锚固体破裂后，B1 块[图 2-49(b)]下滑，导致该部分锚杆竖向变形显著增大并弯曲。这是本书试验条件下锚杆受弯矩作用的主要原因。

2.8 本章小结

本章采用物理模拟试验研究了软弱夹层厚度、强度、倾角及锚杆密度、预紧力 5 个主要因素对含软弱夹层锚固体试样承载特性的影响，得出如下主要结论：

(1) 获得了软弱夹层主要参数及支护参数对锚固体峰值强度、弹性模量的影响规律。锚固体峰值强度、弹性模量随软弱夹层厚度增加均按指数函数规律减小、随软弱夹层强度增加分别按指数函数规律增加和线性增加、随软弱夹层倾角变化均按抛物线规律变化；软弱夹层倾角 45°时锚固体峰值强度及弹性模量均比其他倾角时的小。锚固体峰值强度、弹性模量随锚杆密度、预紧力增加均按指数函数规律增加。

(2) 阐明了上述因素对锚固体破坏模式的影响。无软弱夹层时，锚固体以 1 个贯穿软弱夹层对应位置的主控宏观破裂面破坏为主，破坏模式为压剪型；软弱夹层单轴抗压强度小于 2.02 MPa 时，锚固体以位于硬岩层内的 2 个或 3 个主控宏观破裂面破坏为主，破坏模式以压剪型为主，兼具拉裂型；而当软弱夹层单轴抗压强度达到 2.02 MPa 时，锚固体试样出现贯穿软弱夹层的主控宏观破裂面。

(3) 探讨了含软弱夹层锚固体的结构效应。软弱夹层使岩石由完整结构变成层状结构，由单一岩块承载变成协同承载结构；峰后，锚固体自由面法向位移的约 70%～80%由试样裂隙开裂、滑移引起的锚固体结构变形组成。

(4) 引入协同承载系数，用于描述软弱夹层、硬岩层之间的协同承载程度。软弱夹层厚度越厚、强度越低，与硬岩层之间协同承载能力越差。软弱夹层单轴抗压强度达到硬岩层的约 24.13%时，两者协同承载能力较强；软弱夹层单轴抗压强度达到硬岩层的约 28.01%时，两者协同承载能力显著增强。

(5) 锚固体变形过程中，侧向约束力先增加再减小，拐点处应变约为峰值点处应变的 114.24%～144.39%。分析了含软弱夹层锚固体变形过程中锚杆受力特征，发现锚杆轴力、弯矩演化规律与锚固体变形过程密切相关；探讨并获得了锚杆受弯机理。

3 含软弱夹层巷道围岩承载结构地质力学模型试验研究

3.1 引　言

为获得巷道围岩稳定控制机理和锚杆支护作用机理，部分学者采用地质力学模型试验方法[5,13,44]对巷道围岩整体稳定性和变形破坏机理进行了研究，还有部分学者采用锚固体试验方法[64,71,88]研究了锚杆支护对围岩的强化作用。

本书第 2 章采用锚固体试验方法，获得了软弱夹层厚度、强度、倾角以及锚杆密度和预紧力对锚固体承载特性及变形破坏模式的影响规律。由于该锚固单元体是从围岩系统中分离出的代表性单元，难以反映软弱夹层对整个围岩变形破坏特征、承载结构的影响及支护对整个围岩稳定性的控制效果。地质力学模型试验虽然不能获得锚杆支护对围岩力学特性（如弹性模量、峰值强度等）的强化规律，但是由于其以整个巷道围岩及部分原岩为研究对象，可以获得支护的整体效果和较大范围内巷道围岩的变形破坏特征。目前，地质力学模型试验主要从围岩强度和稳定性的角度出发进行研究。而事实上，巷道围岩变形破坏不仅与强度有关，更与承载结构有关[121]，岩石工程强度破坏不等于结构失稳[122,123]。

因此，本章在第 2 章锚固立方体试验研究基础上，采用地质力学模型试验的方法，从强度和结构两方面分析含软弱夹层巷道围岩的承载结构特性和稳定性，为该类巷道围岩稳定性控制提供参考。

3.2 试验设计与相似材料

3.2.1 试验系统

地质力学模型试验在中国矿业大学深地工程智能建造与健康运维全国重点实验室的“深部灾害模拟控制系统”中的二维平面应变试验系统上进行。该试验系统如图 3-1 所示，主要包括试验台架、计算机控制台、伺服系统和测量系统 4 部分。

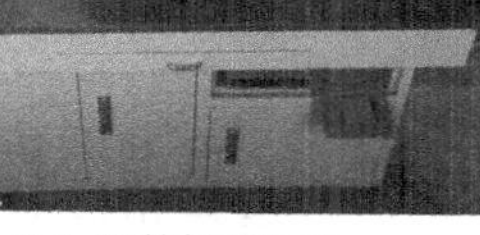

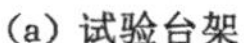

(a) 试验台架　　(b) 计算机控制台　　(c) 伺服控制系统

图 3-1　二维平面应变试验系统

(1) 试验台架

试验台架[图 3-1(a)]总体尺寸宽×高×厚＝2.1 m×2.1 m×0.6 m，其上下、左右为格构钢板。模型尺寸宽×高×厚＝1.0 m×1.0 m×0.25 m，加载板宽×高＝0.9 m×0.25 m，每个加载板上有 3 个油缸，单个油缸加载压力为 300 kN，行程为 5 cm。试验台架及加载系统能够满足试验需要。试验台架前后两侧为约束框架。

(2) 计算机控制台

计算机控制台如图 3-1(b)所示，控制台对整个试验系统进行控制，通过该计算机控制台可以按试验设定的加载路径对模型进行加载。

(3) 伺服控制系统

伺服控制系统如图 3-1(c)所示，该系统实现了对试验台架上下、左右油缸的独立加载，能够模拟构造应力的作用，且通过加载油缸上的压力传感器实现对加载过程的精确控制，试验台动态、静态稳定精度分别达到±2.0%和±0.5%。

(4) 测量系统

测量系统主要由各类传感器及数据采集仪器组成，包括系统自带的力、位移传感器，模型内部应力监测用的应变砖，监测模型表面位移的数字照相量测系统，监测巷道围岩表面位移的位移计，以及监测锚杆受力的测力锚杆。应变砖、测力锚杆及位移计数据通过如图 2-7 所示的应变仪采集。关于应变砖及数字照相量测系统，将在 3.3.3 节进行详细介绍。

3.2.2 试验相似比

根据所研究巷道原型尺寸和试验台模型尺寸，首先确定几何相似比。巷道原型尺寸宽×高=4.8 m×3.6 m，试验台模型尺寸宽×高×厚(巷道轴向)为1 m×1 m×0.25 m，考虑到模型尺寸和边界效应，确定几何相似比 $C_L=30$，可模拟的原型尺寸为30 m×30 m×7.5 m。

根据相似比之间的关系，可得时间相似比为：

$$C_t=\sqrt{C_L}=\sqrt{30}=5.48 \tag{3-1}$$

式中，C_t 为时间相似比。

采用与前述锚固立方体相似材料选择相似的方法，即根据材料单轴抗压强度和试验机量程选择相似材料。

3.2.3 试验模型应力边界条件

试验模型应力边界条件可根据巷道埋深或地应力实测结果确定。根据2.2.1节研究工程背景，该巷道埋深860～1 050 m。地应力实测表明，该矿以水平应力为主[110]，垂直应力与埋深之间近似呈线性关系，大小约为上覆岩层重量，水平应力约为垂直应力的1.06～1.20倍。据此得试验原型垂直应力、水平应力分别为：

$$\sigma_V=\gamma h=25\times 1\,000\times(860\sim 1\,050)=21.5\sim 26.25(\mathrm{MPa}) \tag{3-2}$$

$$\sigma_H=\lambda\sigma_V=1.2\times(21.5\sim 26.25)=25.8\sim 31.5(\mathrm{MPa}) \tag{3-3}$$

式中，σ_V、σ_H 分别为垂直应力和水平应力，MPa；h 为巷道埋深，m；γ 为容重，取2 500 kN/m^3；λ 为侧压力系数，取1.2。

按最不利条件考虑，取垂直应力 $\sigma_V=26.25$ MPa、水平应力 $\sigma_H=31.5$ MPa。$C_\sigma=39.6$ 时，需要给模型施加的水平应力、垂直应力分别为0.79 MPa和0.66 MPa。试验机加压板长×宽=0.9 m×0.25 m，则需要对模型施加的水平力 F_x、垂直力 F_z 分别为：

$$F_z=1\times 0.25\times\sigma_z=0.9\times 0.25\times 0.66\times 10^6/10^3=148.5\ (\mathrm{kN})$$

$$F_x=1\times 0.25\times\sigma_x=0.9\times 0.25\times 0.79\times 10^6/10^3=177.75\ (\mathrm{kN})$$

试验中取 $F_z=150$ kN，$F_x=1.2F_z=180$ kN。试验机能够提供的最大垂直力和水平力均为300 kN，能够满足试验要求。

3.2.4 岩体相似材料研制

根据试验要求，在已有研究成果[13,88]基础上，以河砂为骨料、水泥和石膏为胶结材料、水为溶剂(水占骨料和胶结料总质量的12.5%)配置试验要求的相似材料。为加快试验进程,在满足试验要求的基础上,采用不同配比材料的 3 d 强度。相似材料配制流程见图 2-8,力学参数测试内容包括单轴抗压强度、抗拉强度和抗剪强度。

(1) 单轴抗压强度

单轴抗压强度试验过程与图 2-9 所示相同。不同配比相似材料 3 d 单轴抗压强度如表 3-1 所示。

表 3-1 不同配比相似材料 3 d 单轴抗压强度

m(砂):m(灰):m(膏)	编号	抗压强度/MPa	弹性模量/GPa	m(砂):m(灰):m(膏)	编号	抗压强度/MPa	弹性模量/GPa
2:0.5:0.5	1	4.70	14.13	5:0.3:0.7	1	0.592	2.41
	3	4.76	13.94		2	0.586	2.38
	4	4.62	14.35		3	0.580	2.13
	平均	4.69	14.14		平均	0.59	2.30
3:0.5:0.5	2	3.81	10.04	5:0.2:0.8	1	0.46	1.64
	3	3.29	11.70		2	0.44	1.74
	4	3.75	11.52		3	0.43	1.71
	平均	3.62	11.09		平均	0.44	1.70
4:0.5:0.5	1	1.82	6.71	6:0.4:0.6	1	0.34	1.46
	2	1.79	6.57		3	0.30	1.37
	4	1.85	6.30		4	0.33	1.51
	平均	1.82	6.53		平均	0.33	1.45
5:0.6:0.4	1	1.17	3.18	6:0.3:0.7	2	0.32	1.32
	2	1.34	3.12		3	0.27	1.10
	4	1.30	3.27		4	0.31	1.24
	平均	1.27	3.19		平均	0.30	1.22
5:0.5:0.5	2	1.09	2.52	6:0.2:0.8	1	0.29	1.07
	3	1.13	3.83		2	0.26	1.03
	4	1.11	2.80		4	0.28	0.97
	平均	1.11	3.05		平均	0.27	1.03
5:0.4:0.6	1	0.96	2.75	6:0.1:0.9	1	0.18	0.70
	3	0.88	2.66		2	0.19	0.78
	4	0.83	2.86		4	0.16	0.77
	平均	0.89	2.76		平均	0.18	0.75

不同配比相似材料应力-应变曲线如图 3-2 所示。不同配比相似材料平均单轴抗压强度变化曲线如图 3-3 所示。

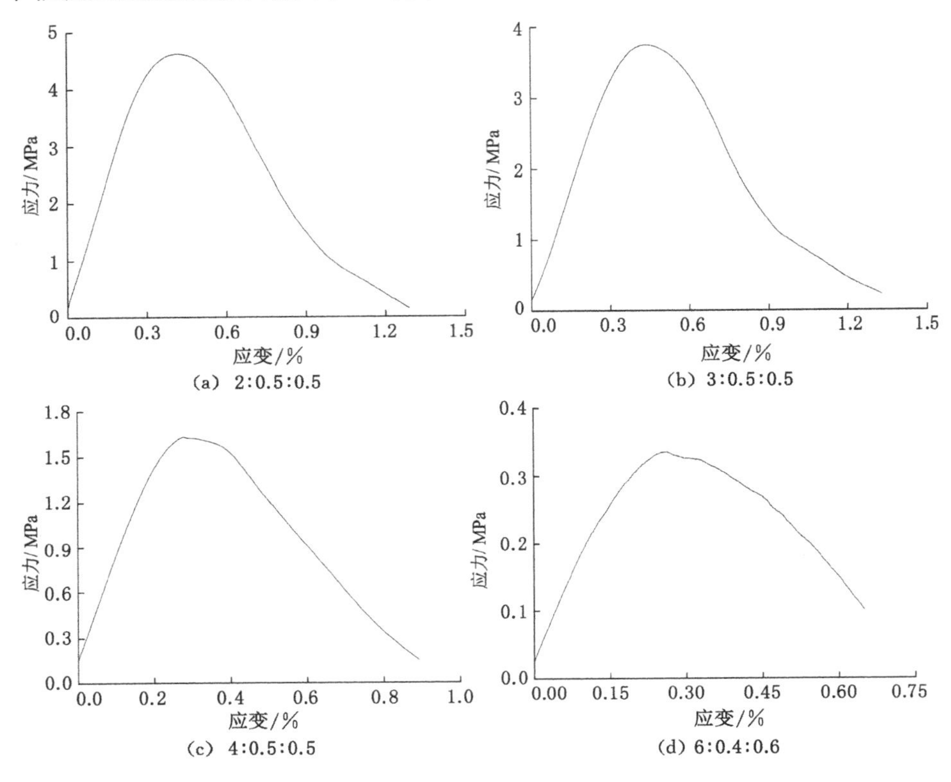

图 3-2 不同配比相似材料应力-应变曲线

由图 3-3 知，随着砂胶比增加，相似材料平均单轴抗压强度近似呈指数函数减小。

根据已有研究成果[124]，本书以单轴抗压强度作为相似材料选择的依据。结合表 3-1，选择 m(河砂)∶m(水泥)∶m(石膏)＝4∶0.5∶0.5 的材料为硬岩相似材料，再结合表 2-1 则可得硬岩应力相似比、单轴抗压强度相似比为：

$$C_{\sigma}=C_{\sigma_c}=53.85/1.82=29.59 \tag{3-4}$$

根据该应力相似比，所需的软弱夹层单轴抗压强度为 0.33 MPa。结合表 3-1，选择 m(河砂)∶m(水泥)∶m(石膏)＝6∶0.4∶0.6 的材料为软弱夹层相似材料。

(2) 抗拉强度与抗剪强度

为加快试验进度，仅对所选配比材料的抗拉强度与抗剪强度进行测试，抗拉

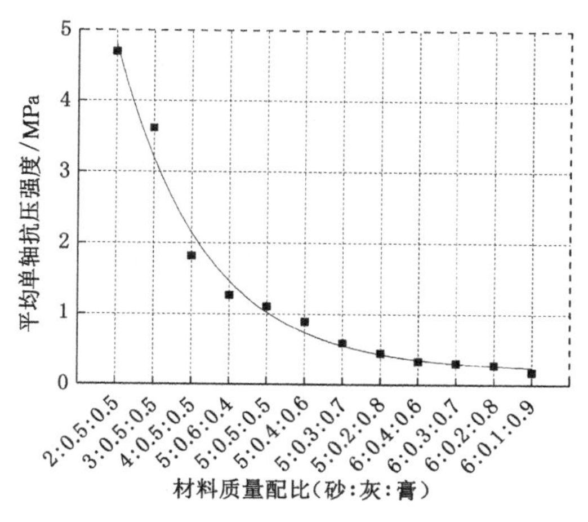

图 3-3 不同配比相似材料单轴抗压强度曲线

强度、抗剪强度试验方法分别与图 2-11 和图 2-12 所示相同。本书通过巴西劈裂试验和变角剪试验获得的河砂、水泥、石膏质量比分别为 4∶0.5∶0.5 和 6∶0.4∶0.6 时的 3 d 抗拉强度和抗剪强度如表 3-2 所示。

表 3-2 不同砂胶比材料抗拉与抗剪强度

岩层名称	砂∶灰∶膏(质量比)	抗拉强度/MPa	黏聚力/MPa	内摩擦角/(°)
硬　岩	4∶0.5∶0.5	0.25	0.51	20.37
软弱夹层	6∶0.4∶0.6	0.05	0.12	23.35

由表 3-2 可知，m(河砂)∶m(水泥)∶m(石膏)=4∶0.5∶0.5 和 6∶0.4∶0.6 时，材料抗拉强度、黏聚力和内摩擦角分别为 0.25 MPa 和 0.05 MPa、0.51 MPa 和 0.12 MPa、20.37°和 23.35°。

3.2.5 支护构件相似材料

目前，深部巷道以锚杆、锚索为主要支护材料，辅以工字钢或 U 型钢护表支护。支护构件相似材料主要包括锚杆、锚索和工字钢(矩形巷道选择工字钢护表)。支护材料涉及参数较多，找到所有参数都满足相似比的材料十分困难。在已有研究[124]基础上并考虑到支护构件受力特性，如锚杆、锚索以受拉为主，工字钢主要承受弯曲应力，选择锚杆、锚索相似材料时主要考虑破断力，而对于工字钢则主要考虑其能够抵抗的弯矩。

该巷道采用的锚杆为 BHRB500 高强左旋无纵筋螺纹钢，屈服强度为

500 MPa,抗拉强度为 670 MPa,锚杆直径为 22 mm,破断力为 254.56 kN;锚索为 1×19 钢绞线,破断力为 607 kN;护表构件为 I12a 型工字钢,其抗弯截面系数为 144.5 cm^3,抗拉强度为 610 MPa,能够承受的弯矩为 88.15 kN·m。

几何相似比 $C_L=30$、应力相似比 $C_\sigma=29.59$ 时,则 $C_F=C_L^2C_\sigma=30^2\times 29.59=26\ 631$,$C_M=C_FC_L=26\ 631\times 30=798\ 930$。模型试验用锚杆破断力为 9.56 N,锚索破断力为 25.16 N,工字钢梁承受的弯矩为 0.11 N·m。

根据第 2 章研究结论,锚杆间排距为 700 mm×700 mm。当几何相似比 $C_L=30$ 时,地质力学模型试验中锚杆间排距为 23.33 mm,即锚杆布置间距较小,操作难度大。而原型巷道宽×高=4 800 mm×3 600 mm,当锚杆间距为 700 mm 时每排布设锚杆数量达到 17 根,模型需要布设的锚杆数量达到 187 根。这两方面因素使模型试验中锚杆布设难度大增。为此,根据文献[124]中的方法,在保证其支护强度不变的情况下,对锚杆、锚索进行等效处理[将同一个虚线框内的支锚杆(锚索)等效为一个锚杆(锚索)],以减少其数量,方便试验进行。等效前后锚杆数量及布置方式如图 3-4 所示。同理,对于 I12a 矿用工字钢,考虑到与锚杆排距相对应,每两榀等效为 1 榀。

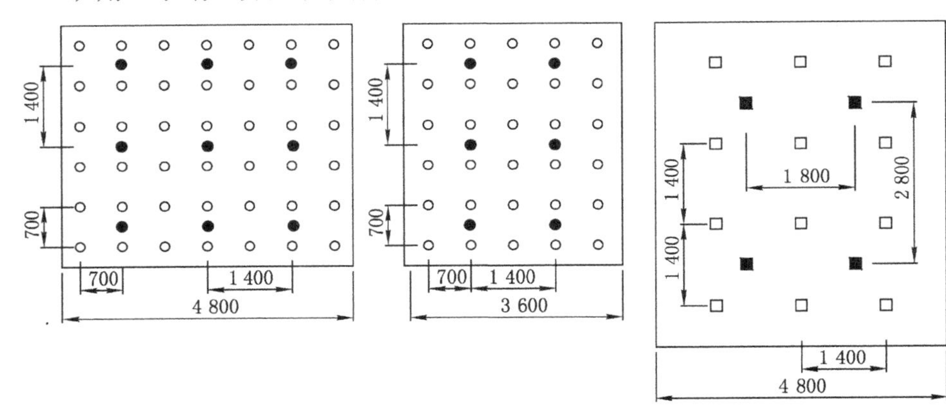

○等效前锚杆,原型间排距 700 mm ×700 mm,模型间排距 23 mm×23 mm;
●等效后锚杆,原型间排距 1 400 mm×1 400 mm,模型间排距47 mm×47 mm;
□等效前锚索,原型间排距 1 400 mm×1 400 mm,模型间排距47 mm×47 mm;
■等效后锚索,原型间排距 1 800 mm×2 800 mm,模型间排距60 mm×93 mm。

图 3-4　锚杆索等效布置示意图

等效后,支护构件物理力学参数如表 3-3 所示。

表 3-3 支护构件物理力学参数

支护构件	原型			模型(等效后)		
	材质	长度/mm	破断力/kN	材质	计算破断力/N	实际破断力/N
顶部锚杆	螺纹钢	3 000	254.56	ϕ1.83 mm 铅丝	44.63	43.95
帮部锚杆	螺纹钢	2 400	254.56	ϕ1.83 mm 铅丝	47.82	43.95
顶板锚索	1×19 钢绞线	6 000	607.00	ϕ2.34 mm 铅丝	68.38	71.87

综合考虑常用铅丝规格和试验需要,顶板、帮部锚杆统一采用 ϕ1.83 mm 铅丝,长度分别为 100 mm 和 200 mm。锚索采用 ϕ2.34 mm×200 mm 的铅丝,工字钢梁采用 ϕ1.0 mm 铅丝模拟。

3.3 试验方案与模型制作

3.3.1 试验方案

物理模型试验的主要目的,是研究含软弱夹层巷道围岩变形破坏特征、承载结构演化特征及其稳定控制机理与技术。据此制定的试验方案如表 3-4 所示。

表 3-4 试验方案

方案名称	方案一	方案二	方案三
支护形式	无支护	锚杆支护	锚杆+锚索+工字钢梁

通过各方案对比,分析支护参数对巷道围岩稳定性及含软弱夹层巷道围岩承载力的影响。方案二、三中锚杆、锚索、工字钢材质和规格参数详见表 3-3,间排距及每排锚杆索数量见图 3-4。试验时,通过压紧锚杆和锚索外锚固端弹簧的方式对其施加预紧力。

3.3.2 试验模型制作

试验台模型铺设尺寸为 1 000 mm×1 000 mm×250 mm,采用分层浇筑、振实的方法。模型制作流程如图 3-5 所示。

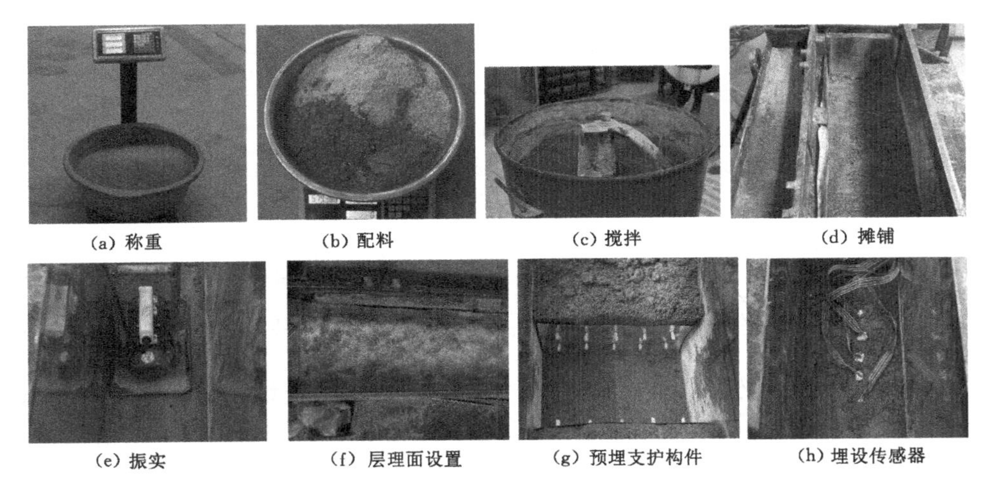

(a) 称重　(b) 配料　(c) 搅拌　(d) 摊铺

(e) 振实　(f) 层理面设置　(g) 预埋支护构件　(h) 埋设传感器

图 3-5　模型制作流程

3.3.3　试验监测内容

地质力学模型试验中,数据监测及监测点布设是关键内容之一。此次试验主要监测巷道开挖后模型内部应力、巷道表面围岩位移及围岩变形破坏过程。

(1) 围岩内部应力监测

对于模型内部应力,采用自制的单元应变计监测,如图 3-6 所示。

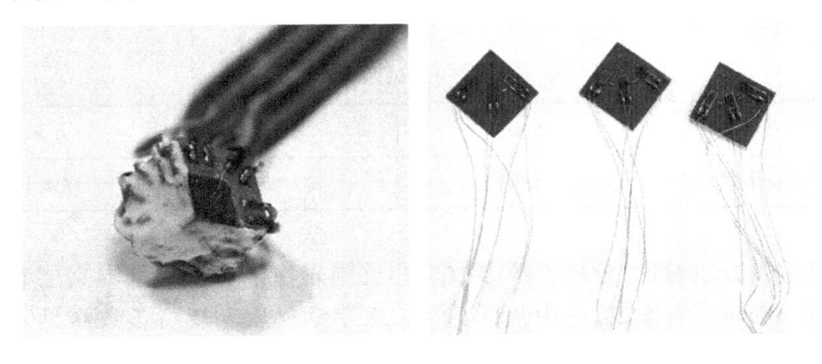

图 3-6　单元应变计及应变花

借鉴已有研究成果[111,114],采用聚氨酯做单元应变计母体。该聚氨酯线弹性好,不易破裂,能够满足本模型试验对应力测试的要求。本书采用的单元应变计母体为边长 15 mm 的聚氨酯立方块,在其 3 个共顶点的面上各粘贴 1 个 45°应变花,制作成单元应变计。应变花规格为 BX120-2CA,敏感栅尺寸长×宽=

2 mm×1 mm，基底尺寸长×宽=7.2 mm×7.2 mm，电阻 120 Ω。

采用该单元应变计可以测得一点的 6 个应变分量[ε_x、ε_y、ε_z、$\varepsilon_{xy(45°)}$、$\varepsilon_{xz(45°)}$、$\varepsilon_{yz(45°)}$]。根据单元应变计上应变花布置方式及各应变花中应变片之间的夹角，结合弹性力学中任意一点的形变状态中的几何方程求解获得：

$$\begin{aligned}\varepsilon_{xy(45°)} &= l^2\varepsilon_x + m^2\varepsilon_y + n^2\varepsilon_z + 2mn\gamma_{yz} + 2nl\gamma_{zx} + 2lm\gamma_{xy} \\ &= \frac{1}{2}\varepsilon_x + \frac{1}{2}\varepsilon_y + \gamma_{xy}\end{aligned} \tag{3-5}$$

同理：

$$\varepsilon_{yz(45°)} = \frac{1}{2}\varepsilon_y + \frac{1}{2}\varepsilon_z + \gamma_{yz} \tag{3-6}$$

$$\varepsilon_{xz(45°)} = \frac{1}{2}\varepsilon_x + \frac{1}{2}\varepsilon_z + \gamma_{xz} \tag{3-7}$$

由式(3-5)～式(3-7)，得：

$$\left.\begin{aligned}\gamma_{xy} &= 2\varepsilon_{xy(45°)} - \varepsilon_x - \varepsilon_y \\ \gamma_{xz} &= 2\varepsilon_{xz(45°)} - \varepsilon_x - \varepsilon_z \\ \gamma_{yz} &= 2\varepsilon_{yz(45°)} - \varepsilon_y - \varepsilon_z\end{aligned}\right\} \tag{3-8}$$

由此，即可获得测点 6 个应变分量(ε_x、ε_y、ε_z、γ_{xy}、γ_{yz}、γ_{xz})。根据该 6 个应变分量和单元应力计母材聚氨酯应力、应变关系{式(3-9)[114]}即可获得一点的 6 个应力分量(σ_x、σ_y、σ_z、τ_{xy}、τ_{xz}、τ_{yz})。

$$\sigma = 22.26\varepsilon - 0.005\,3 \tag{3-9}$$

式中，σ 为单元应力计应力，MPa；ε 为单元应力计应变。

由于该地质力学模型试验为平面应变试验，取水平方向为 x 轴、垂直方向为 z 轴、巷道轴向为 y 轴，则根据每一点的应力分量可得到测点径向应力 σ_ρ、切向应力 σ_φ 和切应力 $\tau_{\rho\varphi}$，如式(3-10)所示[125]。

$$\left.\begin{aligned}\sigma_\rho &= \sigma_x\cos^2\varphi + \sigma_z\sin^2\varphi + 2\tau_{xz}\sin\varphi\cos\varphi \\ \sigma_\varphi &= \sigma_x\sin^2\varphi + \sigma_z\cos^2\varphi - 2\tau_{xz}\sin\varphi\cos\varphi \\ \tau_{\rho\varphi} &= (\sigma_z - \sigma_x)\sin\varphi\cos\varphi + \tau_{xz}(\cos^2\varphi - \sin^2\varphi)\end{aligned}\right\} \tag{3-10}$$

模型试验中，单元应变计布置如图 3-7 所示。

单元应变计分别沿巷道顶板、肩部和帮部监测线埋设。考虑到对称性，巷道左帮、左肩部没有布设单元应变计。每条监测线上有 4 个测点，顶板、帮部相邻测点之间的距离约为 80 mm，肩部相邻测点之间的距离约为 113 mm，帮部测点 b1 距帮部表面的距离约为 20 mm，顶板测点 d1 距顶板表面的距离约为 15 mm，测点 d2 位于软弱夹层中。肩部测点 j1～j4 分别与帮部测点 b1～jb 水平对齐。

(2) 围岩变形过程监测

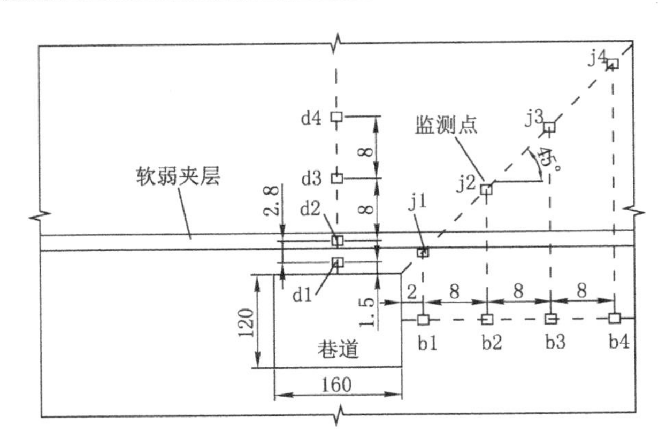

图 3-7　单元应变计布置示意图（单位:cm）

围岩变形过程采用数字照相量测系统监测，如图 3-8 所示。该数字照相量测系统主要包括系统测量头（含两台高速相机、测量头、带万向手柄可调节 LED 光源）、相机同步控制触发控制箱、系统标定板、系统可移动支撑架、动态采集分析软件、载荷加压控制通讯口和计算机系统等组成。该数字照相量测系统数据采集频率高，可对模型变形破坏过程进行监测。

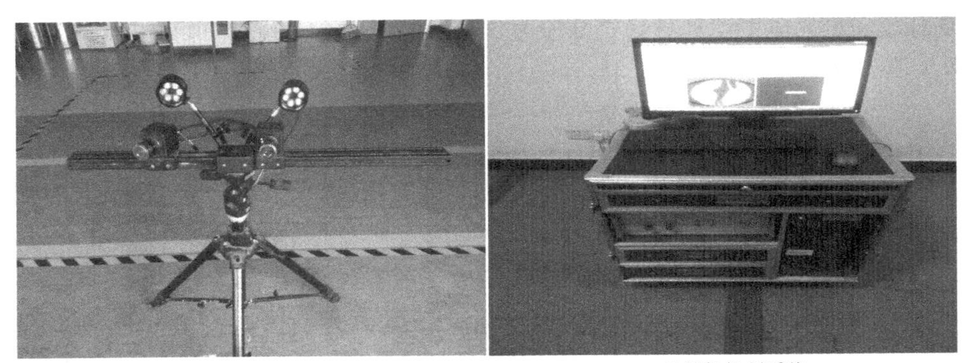

(a) 图像采集系统　　(b) 计算机控制系统

图 3-8　数字照相量测系统

3.3.4　试验过程

模型制作完成后，试验过程主要包括以下几个主要步骤：

(1) 模型浇筑完成约 12 h 后，拆去模型两侧约束装置，让其在自然条件下进行风干，风干时间 48～54 h。

(2) 为保证试验能够按照预定时间开始，模型风干的同时，将单元应变计、测力锚杆和位移计等测试元件监测线链接到静态应变仪上，模型加载前 1.5～2 h 开始调试静态应变仪，使其处于最佳采集状态。

(3) 风干完成后，重新安装模型两侧约束装置，检查仪器设备油路、阀门等闭合情况，为试验加载做好准备。

(4) 试验模型浇筑完成约 72 h 后，开始分级加载，加载过程共分 10 次完成，垂直应力每次加载 15 kN，水平应力每次加载 18 kN，相邻两次加载时间间隔约为 15 min。

(5) 加载完成后对模型稳压约 1.5～2 h，待模型内部各测点应力趋于稳定和均衡后，开挖巷道，第一次开挖约 15 cm，第二次开挖约 10 cm。

(6) 试验完成后对巷道围岩应力及变形破坏情况进行监测，巷道垮落或变形基本稳定后结束试验。

部分试验过程如图 3-9 所示。

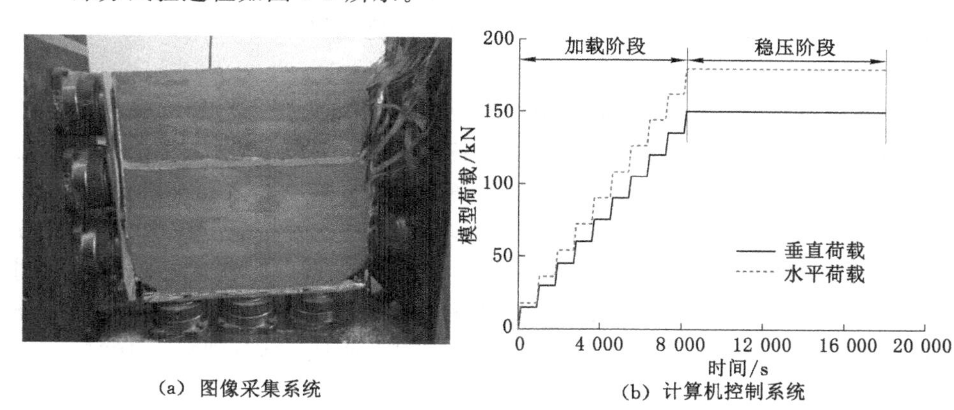

(a) 图像采集系统　　(b) 计算机控制系统

(c) 数据采集

图 3-9　试验过程(部分)

3.4 含软弱夹层围岩应力演化规律

巷道开挖后，当围岩应力超过其强度后，从巷表到围岩深部，将依次出现破坏区、塑性区、弹性区和原岩应力区。破坏区、塑性区内围岩应力降低，弹性区内切向应力升高，原岩区内应力不变。分析围岩内径向应力、切向应力演化规律，能够了解围岩破坏情况。

为便于对比分析，将不同方案的应力进行归一化处理[114]，定义零时刻（开始开挖时刻）围岩应力为单位应力，开挖后各测点应力都除以零时刻应力数值，得到归一化处理后的围岩径向应力和切向应力。

3.4.1 径向应力演化规律

围岩应力演化可以反映围岩破坏情况和承载特性，因此，基于试验实测数据，分析顶板、肩部和帮部径向应力、切向应力演化规律。

(1) 顶板径向应力演化规律

不同方案时，归一化处理后顶板径向应力演化规律如图 3-10 所示。

由图 3-10 知，不同方案时，巷道顶板各测点径向应力演化规律相近。径向应力在总体上随时间演化而减小，稳定后各方案径向应力由大到小的顺序为：方案三 ＞方案二＞方案一。以测点 d2 为例，巷道第一次开挖后、第二次开挖前方案一～三径向应力（归一化后）分别稳定在 0.17、0.26 和 0.28，较开挖前零时刻分别减小 83.0％、74.0％和 72.0％；巷道第二次开挖后方案一～三径向应力分别稳定在 0 MPa、0.11 MPa 和 0.13 MPa，较开挖前零时刻分别减小 100％、

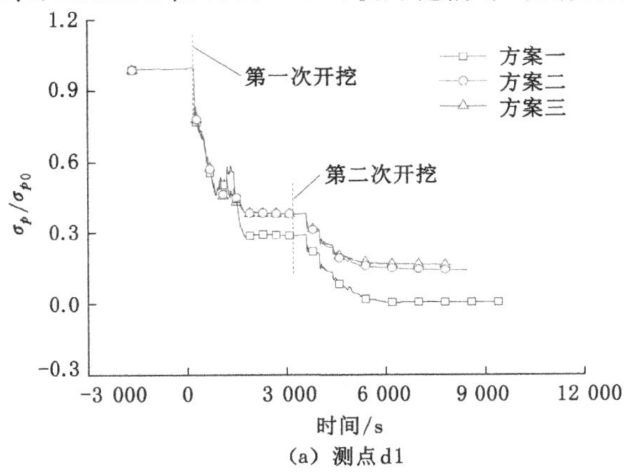

(a) 测点d1

图 3-10 顶板径向应力演化规律

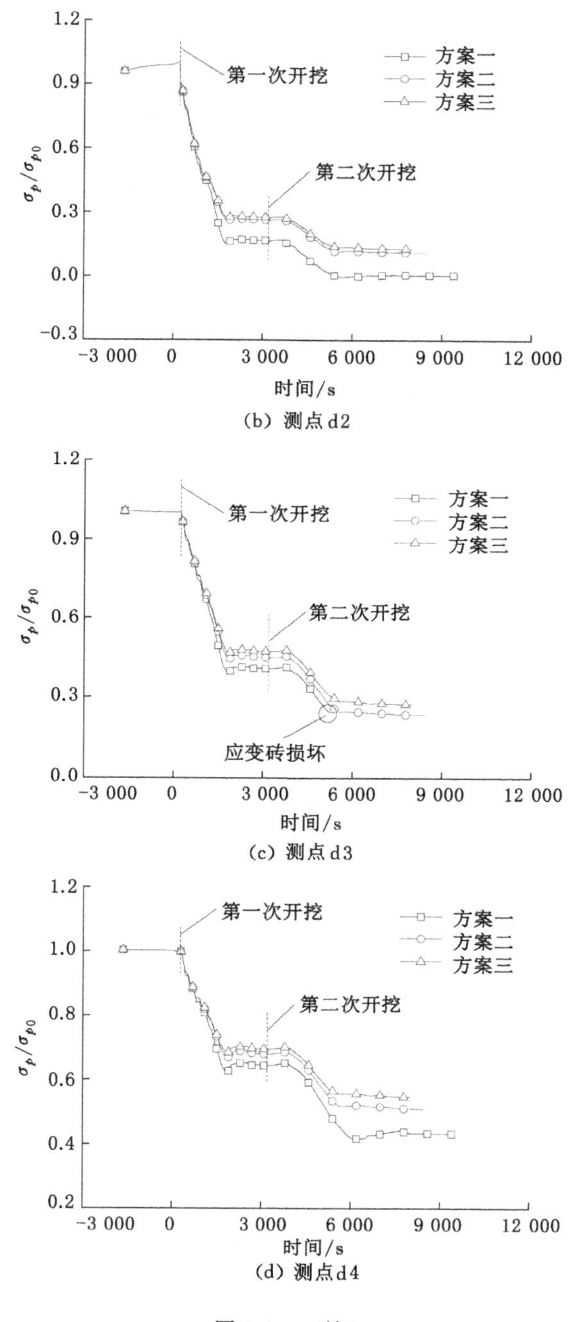
1.2
0.9
0.6
0.3
0.0
-0.3
σ_p/σ_{p0}
第一次开挖
第二次开挖
方案一
方案二
方案三
-3 000
0
3 000
6 000
9 000
12 000
时间/s
(b) 测点d2
1.2
0.9
0.6
0.3
0.0
第一次开挖
第二次开挖
应变砖损坏
方案一
方案二
方案三
时间/s
(c) 测点d3
1.2
1.0
0.8
0.6
0.4
0.2
第一次开挖
第二次开挖
方案一
方案二
方案三
时间/s
(d) 测点d4

图 3-10 (续)

89.0%和 87.0%。可见,方案三对围岩径向应力的影响最显著,且方案三围岩对径向应力的承载能力最大。

(2) 帮部径向应力演化规律

不同方案时,归一化后帮部各测点径向应力演化规律如图 3-11 所示。

由图 3-11 可知,巷道开挖后,不同方案时各测点径向应力总体上呈减小趋势,且第二次开挖后各方案径向应力由大到小的顺序为:方案三>方案二>方案一。以测点 b3 为例,巷道第一次开挖后、第二次开挖前方案一~三径向应力减小后分别稳定在 0.67、0.71 和 0.73,较开挖前零时刻分别减小 33.0%、29.0%和 27.0%。巷道第二次开挖后方案一~三径向应力分别稳定在 0.48 MPa、0.54 MPa 和 0.59 MPa,较开挖前零时刻分别减小 52.0%、46.0%和 41.0%。可见,方案三较方案一、二对围岩径向应力的影响更显著,且方案三帮部围岩对径向应力承载能力最高。

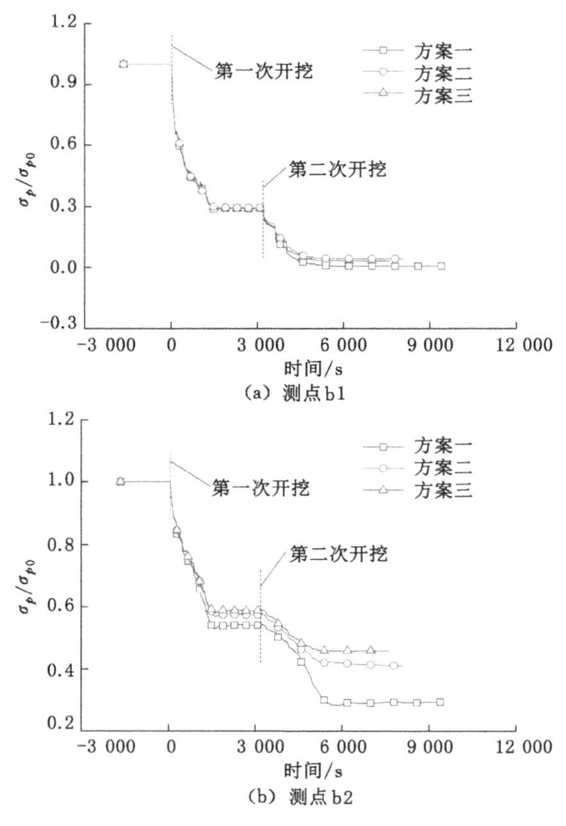

图 3-11 帮部径向应力演化规律

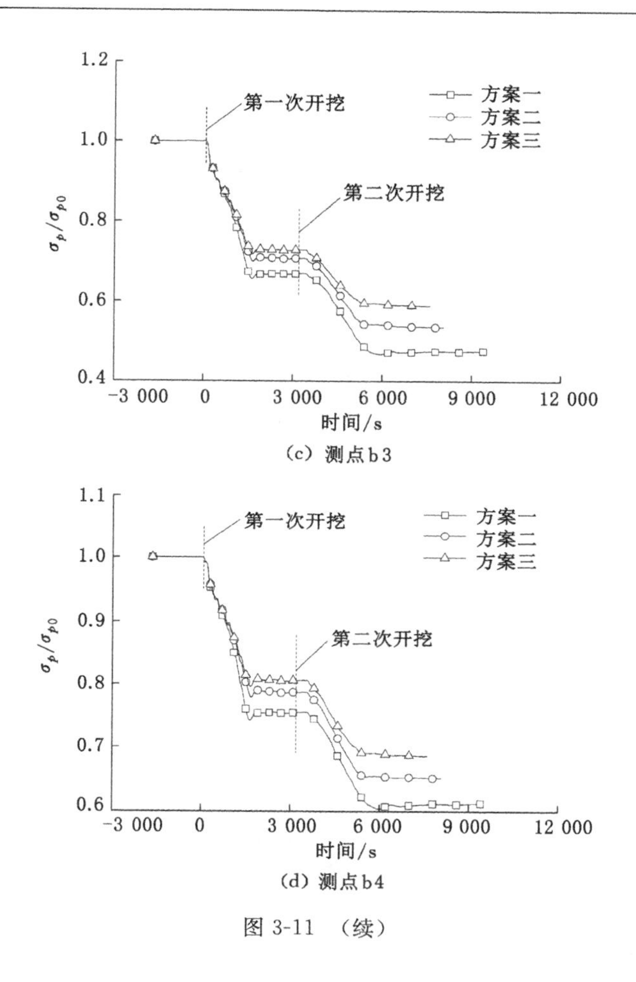

(c) 测点b3

(d) 测点b4

图 3-11　(续)

(3) 肩部径向应力演化规律

不同方案时,归一化后巷道开挖后肩部各测点径向应力演化规律如图 3-12 所示。

由图 3-12 可知,与开挖前零时刻相比,巷道开挖后肩部各测点径向应力均有不同程度的降低,且第二次开挖后径向应力大小顺序为:方案三＞方案二＞方案一。以测点 j1 为例,巷道第一次开挖后、第二次开挖前方案一～三径向应力减小后分别稳定在 0.45、0.57 和 0.69,较开挖前零时刻分别减小 55.0%、43.0%和 31.0%;巷道第二次开挖后各方案径向应力分别减小到 0.25、0.35 和 0.56,较开挖前零时刻分别减小 75.0%、65.0%和 44.0%。可见,第二次开挖后,采用方案三支护时围岩肩部径向承载能力最高。

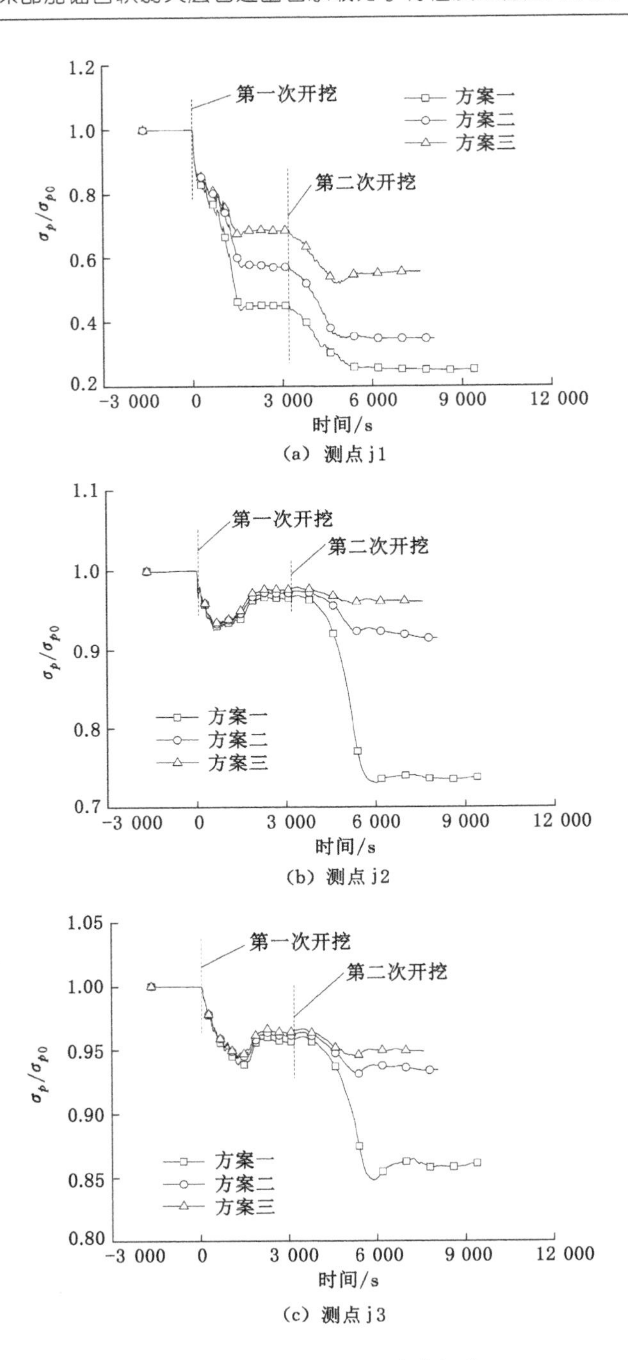

(a) 测点 j1

(b) 测点 j2

(c) 测点 j3

图 3-12　肩部径向应力演化规律

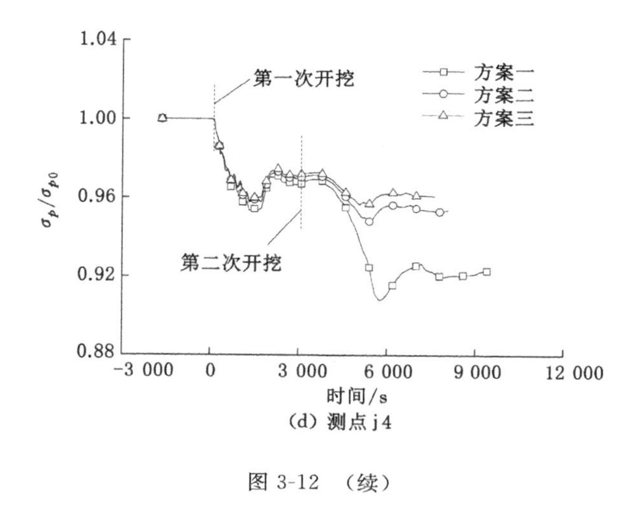

(d) 测点 j4

图 3-12 (续)

综合上述分析知，巷道第二次开挖后采用方案三时径向应力最大，围岩承载能力相对最高，支护效果最优。

3.4.2 切向应力演化规律

(1) 顶板切向应力演化规律

不同方案时，顶板各测点归一化后切向应力演化规律如图 3-13 所示。

由图 3-13 知，不同方案时，巷道顶板各测点切向应力演化规律为：

① 巷道第一次开挖后、第二次开挖前各测点切向应力变化规律显著不同。巷道第一次开挖后、第二次开挖前，测点 d1 处切向应力先升高再降低最后趋于稳定，测点 d2 处切向应力先直线下降再快速下降最后趋于稳定，测点 d3 处切向应力单调升高，测点 d4 处切向应力先快速升高后逐渐趋于稳定。以测点 d1、d2 处切向应力演化规律为例进行详细分析。巷道开挖初期，测点 d1 处切向应力随时间演化而升高，由零时刻的 1.0 升高到方案一～三时的 1.038、1.127 和 1.132，较零时刻的分别升高 3.80%、12.70% 和 13.20%；随时间演化和围岩的变形破坏，测点 d1 处切向应力先急剧下降而后趋于稳定，第二次开挖前方案一～三切向应力分别稳定在 0.56、0.82 和 0.88，较零时刻分别减小 44.0%、18.0%和 12.0%。第一次开挖后、第二次开挖前，测点 d2 处切向应力先急剧减小后趋于稳定，方案一～三分别稳定在 0.38、0.56、0.58，较零时刻的分别减小 62.0%、44.0%和 42.0%。

② 巷道第二次开挖后，各测点切向应力演化规律也显著不同。第二次开挖后，测点 d1、d2 处切向应力先急剧下降后趋于稳定，测点 d3 处切向应力先升高

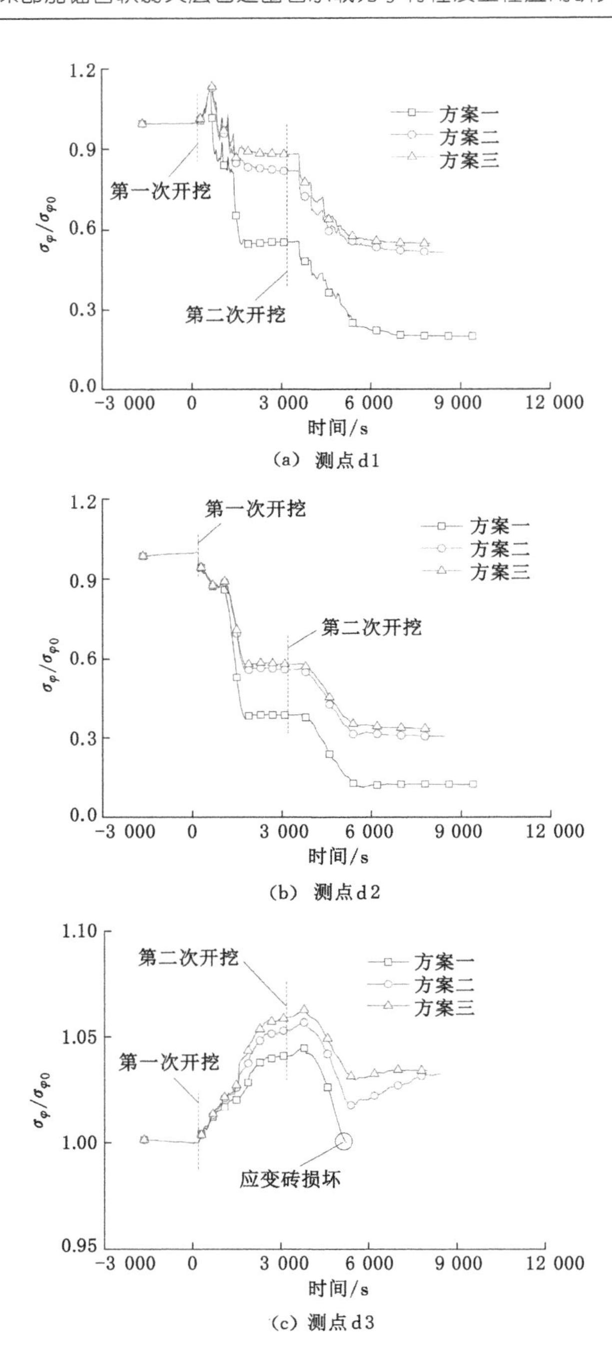

(a) 测点d1

(b) 测点d2

(c) 测点d3

图 3-13　顶板切向应力演化规律

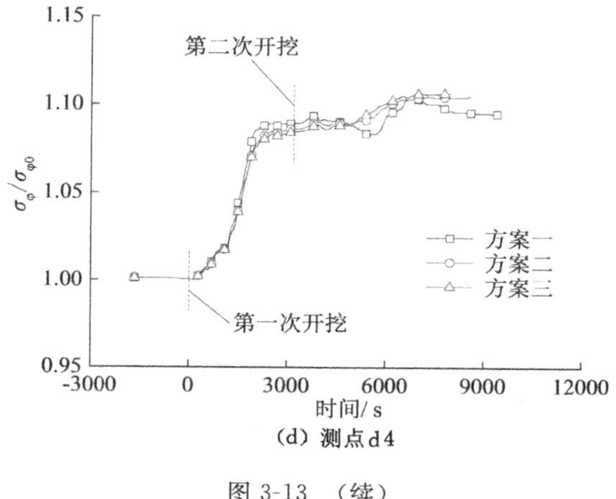

(d) 测点d4

图 3-13 （续）

再下降最后趋于稳定，测点 d4 处切向应力总体上呈增加趋势。以测点 d2、d3 为例进行详细分析。巷道第二次开挖后，方案一～三测点 d3 处切向应力由第二次开挖时刻的 1.043、1.055 和 1.061 分别升高到 1.045、1.057 和 1.063；随时间演化和围岩变形破坏，方案二、三（方案一测点 d3 应变砖损坏）测点 d3 处切向应力分别降低到 1.018 和 1.030，而后进一步变化到 1.033 和 1.034。

③ 巷道开挖后，软弱夹层中测点 d2 切向应力演化规律与硬岩层中的显著不同。巷道开挖后，测点 d2 切向应力随时间演化而降低，没有出现上升段，而硬岩层内测点处切向应力均出现上升段。结合测点 d1 切向应力演化规律分析知，软弱夹层由于强度低，巷道开挖后承载能力显著降低，导致其内测点 d2 处切向应力随时间演化而降低。由此可见，巷道开挖后，顶板软弱夹层承载能力显著降低，成为围岩失稳的诱导因素。

分析认为，巷道开挖后，软弱夹层下部硬岩层逐渐变形破坏，导致测点 d1 附近切向应力随巷道开挖先增加再减小；软弱夹层快速变形破坏，测点 d2 处切向应力总体上随时间演化而降低。测点 d3 附近围岩由于受到较高的约束力，承载能力相对较高，但当其承担的应力超过其强度后，承载能力下降，所以该测点切向应力呈现先增加再减小的变化规律。测点 d4 附近围岩受到的围岩约束力更大，因此保持较高的承载能力，切向应力随时间演化而升高。此外，综合分析还知，方案三支护效果最佳。

(2) 帮部切向应力演化规律

不同方案时，归一化后帮部切向应力演化规律如图 3-14 所示。

由图 3-14 知，不同方案时，帮部各测点切向应力演化规律为：

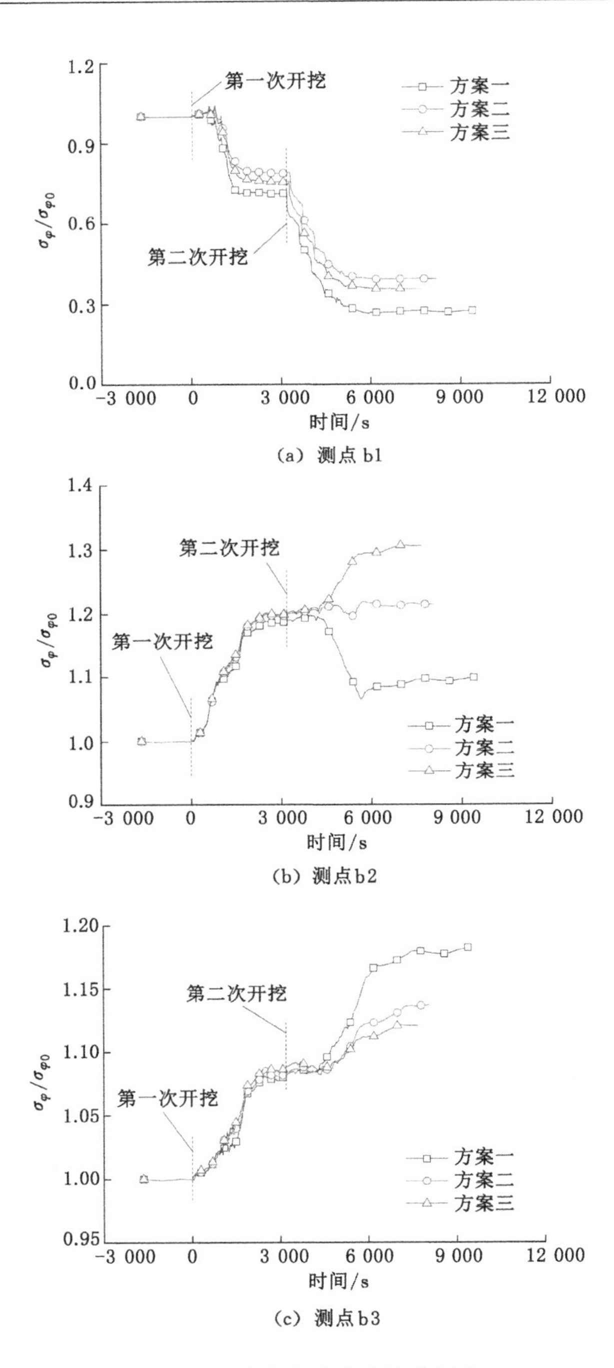

(a) 测点b1

(b) 测点b2

(c) 测点b3

图 3-14 帮部切向应力演化规律

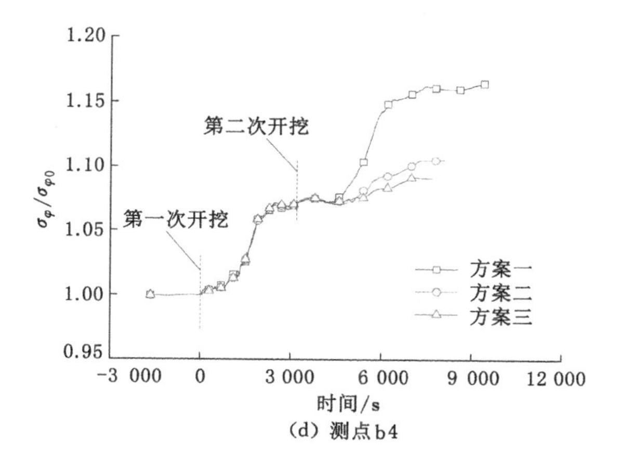

(d) 测点b4

图 3-14 (续)

① 巷道开挖后,测点 b1 切向应力总体上呈减小趋势,且与帮部其他测点演化规律明显不同。巷道第一次开挖后、第二次开挖前,方案一～三切向应力分别稳定在 0.71、0.79 和 0.76,较开挖前零时刻分别降低 29.0%、21.0% 和 24.0%。第二次开挖后,方案一～三切向应力分别降低到 0.28、0.39 和 0.35,较开挖前零时刻分别降低 72.0%、61.0%和 65.0%。可见,巷道开挖后,测点 b1 附近围岩变形破坏严重且基本不再具有承载能力。

② 巷道开挖后,测点 b2～b4 切向应力总体上呈增加趋势,且第二次开挖前同一测点各方案切向应力值基本相同,但第二次开挖后不同方案切向应力明显不同。以测点 b2 为例,巷道第一次开挖后、第二次开挖前,方案一～三切向应力分别增加到 1.190、1.199 和 1.202,较开挖前零时刻分别增加 19.0%、19.9%和 20.2%。第二次开挖后方案三切向应力最大、方案二次之、方案一最小,分别约为 1.306、1.215 和 1.099,较开挖前零时刻分别增大 30.6%、21.5%和 9.9%,方案一与方案二、三切向应力的差值分别为 0.116 和 0.207,分别达到方案一切向应力的 10.6%和 18.8%。

此外,需要说明的是,对于测点 b3、b4,方案一切向应力最大、其次为方案二、方案三切向应力最小。分析认为,方案一无支护,第二次开挖后巷道浅部围岩变形破坏严重,承载能力严重降低,切向应力向围岩深部转移;方案二有锚杆支护,巷道浅部围岩承载能力较方案一高,切向应力向围岩深部转移程度相对降低;而方案三同时采用了锚杆索梁支护,支护强度显著增强,使巷道浅部围岩承载能力相对最高,切向应力向围岩深部转移程度最低。这导致方案一测点 b3、b4 切向应力最大,方案二的次之,方案三的最小。

(3) 肩部切向应力演化规律

不同方案时，归一化后肩部切向应力演化规律如图 3-15 所示。由图 3-15 知，巷道开挖后肩部各测点切向应力演化规律为：

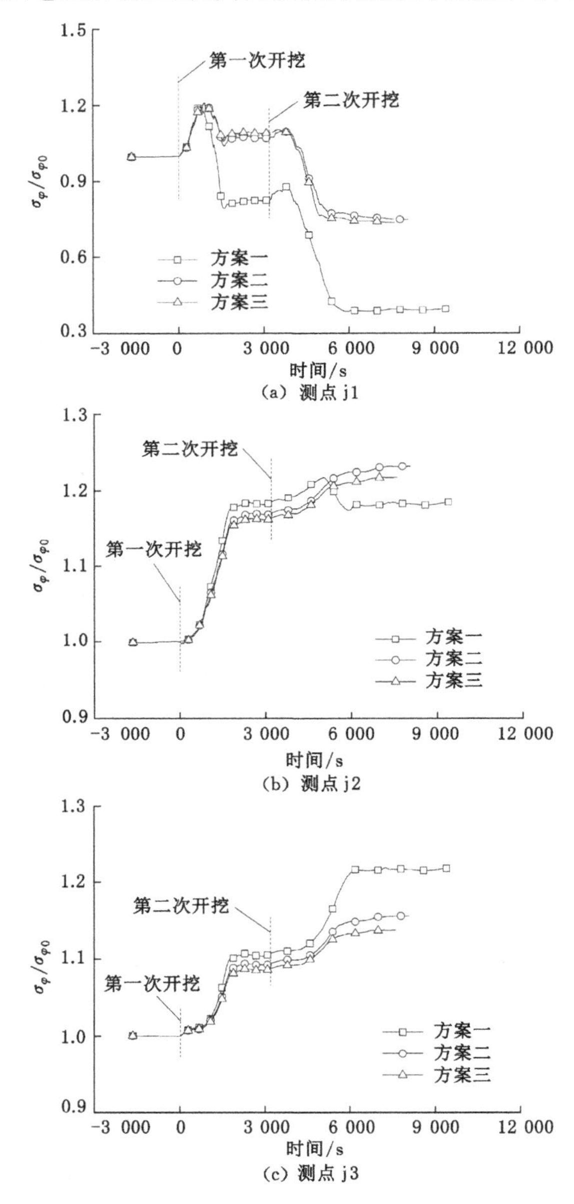

图 3-15　肩部切向应力演化规律

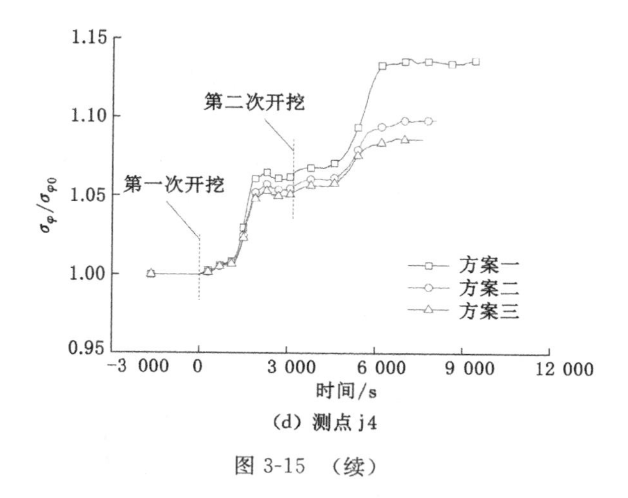

(d) 测点 j4

图 3-15 (续)

① 巷道一次开挖和二次开挖后,测点 j1 切向应力均呈现先增加再减小最后趋于稳定的变化规律,但二次开挖后 j1 切向应力增加不明显。巷道一次开挖后至二次开挖前,方案一～三径向应力分别增大到 1.198、1.204 和 1.204,较开挖前零时刻分别增加 19.8%、20.4%和 20.4%;接着随时间演化而减小并稳定在 0.828、1.073 和 1.092,较各方案最大切向应力分别减小 30.9%、10.9%和 9.3%。二次开挖后,方案一～三切向应力演化规律与一次开挖后相似,不再赘述。可见,巷道二次开挖后,不同方案时测点 j1 附近围岩承载能力均有不同程度的降低,但方案三围岩承载能力丧失最小。

② 巷道开挖后,测点 j2～j4 切向应力总体呈增加趋势(方案一测点 j2 除外),且二次开挖前同一测点各方案切向应力值基本相同,但二次开挖后差异显著。以测点 j3 为例,巷道一次开挖后、二次开挖前,方案一～三切向应力分别增加到 1.107、1.095 和 1.088,较开挖前零时刻分别增加 10.7%、9.5%和 8.8%;二次开挖后后,方案一切向应力最大、其次为方案二、方案三切向应力最小,分别约为 1.219、1.156 和 1.138,较开挖前零时刻分别增大 21.9%、15.6%和 13.8%,方案一与方案二、方案三切向应力差值分别达到 0.063 和 0.081。二次开挖后,方案一测点 j3、j4 切向应力最大、方案二的次之、方案三的最小,其原因与顶板出现该现象的相同,不再赘述。

此外,巷道二次开挖后围岩浅部切向应力均小于开挖前零时刻的切向应力,而围岩深部一定范围内切向应力均大于开挖前零时刻切向应力。这表明,巷道开挖后围岩浅部已被破坏,承载能力丧失严重;而围岩深部形成了压力拱,承载能力较好。因此,有必要分析不同方案时围岩成拱特性。

3.5 围岩变形破坏特征与承载结构分析

为掌握不同方案时巷道围岩稳定性控制情况及含软弱夹层巷道围岩承载结构特性，对不同方案时围岩破坏情况、成拱特性进行分析。

3.5.1 围岩破坏特征

不同方案时，围岩变形破坏情况如图 3-16 所示。其中，图 3-16(a)、(b)是将巷道内垮落岩体清理后拍摄的照片。

(a) 方案一

(b) 方案二

(c) 方案三

图 3-16　围岩变形破坏特征

由图 3-16 可知，无支护时(方案一)，巷道顶板垮落严重，不仅软弱夹层及其下部硬岩层完全垮落，而且其上部硬岩层也发生了垮落，顶板总垮落高度达到约 2.5 m；且由于顶板垮落严重，巷道顶板轮廓难以辨识。此外，无支护时顶板裂隙向围岩深部发展，最大裂隙深度超过 4 m。分析认为，软弱夹层强度低，与其上、下侧硬岩层接触黏结力均较低，当其下侧硬岩层开始垮落时，软弱夹层与硬岩层之间极易发生脱落，导致巷道围岩垮落加剧。这与前述围岩切向应力分析结果相一致，即软弱夹层是巷道围岩变形破坏的薄弱部位。无支护时，由于顶板大范围垮落，巷道安全隐患增加且失去使用功能。

锚杆支护时(方案二)，巷道围岩破坏情况较无支护时有所改善，但依然出现了严重的顶板垮落现象，软弱夹层下部硬岩层基本全部垮落，根据垮落趋势分析知顶板将进一步垮落到达并贯穿软弱夹层，使锚杆部分或完全失去支护作用。可见，锚杆长度和支护能力有限，不能调动巷道深部围岩的承载能力，也难以有效维护软弱夹层以下围岩的稳定，导致巷道顶板垮落严重，威胁巷道的安全使用。方案三由于采用了锚杆、锚索和工字钢梁联合支护，支护强度较方案一、二明显增强，对顶板支护约束强度增加，因此方案三仅在顶板出现一些裂隙，但没有出现明显垮落，基本不影响巷道安全和正常使用。

上述试验结果与锚固体试验结果相吻合，即软弱夹层由于受到硬岩层的夹层作用，处于三向受力状态，在其强度较低时，裂隙主要位于硬岩层内，且硬岩层是主要的承载结构。这为巷道围岩稳定性分析和支护设计提供了重要依据。

由上述分析及2.5.2节试验结果还可知，对于顶板含软弱夹层巷道，若能通过注浆增加软弱夹层强度和承载能力，并采用高强锚杆索梁支护使软弱夹层及其上、下位硬岩层之间协同耦合承载，将对提高围岩承载能力有利。因此，对于千米深巷含软弱夹层围岩，可采用高强恒阻让压锚杆索＋工字钢梁＋复合注浆的协同耦合支护技术体系，控制软弱夹层不利作用的影响，保证巷道围岩稳定。

3.5.2　围岩承载结构梁拱演化机理分析

试验过程中，通过数字照相对巷道围岩变形破坏过程进行监测。结果分析显示，矩形巷道顶板承载结构由组合梁逐渐转变压力拱，如图3-17所示。

(a) 组合梁承载

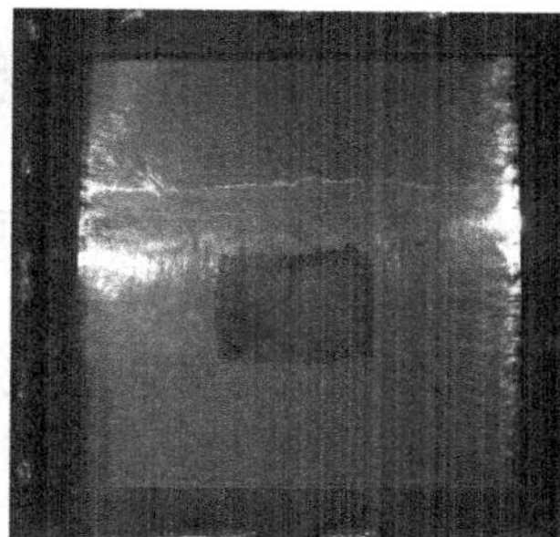

(b) 组合梁破坏

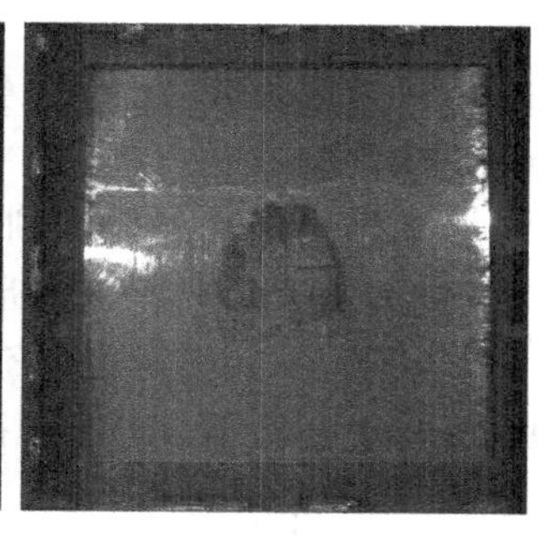

(c) 压力拱承载

图3-17　矩形巷道顶板梁-拱模型

结合图3-17知，对于含软弱夹层矩形巷道，在其顶板破坏前[图3-17(a)]，顶板承载结构为组合梁，可以用组合梁理论对其稳定性、极限承载能力进行分析。随着应力调整加剧，当顶板应力超过其强度后，顶板开始破坏，也即组合梁底部开始破坏[图3-17(b)]，组合梁承载结构开始转变。随着应力进一步调整和顶板浅部围岩破坏并逐渐垮落，形成坍落拱[图3-17(c)]，相应的承载结构也由组合梁变为压力拱。但是，就无支护含软弱夹层矩形巷道而言，顶板承载结构由组合梁转变为压力拱的过程也是其破坏垮落过程。由此可见，为保证含软弱夹层矩形巷道围岩的稳定，首先应保证作为巷道顶板初次承载结构的组合梁的稳定。组合梁破坏失稳后，则应保证压力拱的稳定，以减小顶板垮落高度。此外，由上述分析不难发现，组合梁是含软弱夹层巷道围岩的初次承载结构，而压力拱是围岩的二次承载结构。

为进一步了解含软弱夹层巷道变形破坏后的成拱特性，基于试验实测数据，对围岩成拱特性进行分析。

3.5.3 围岩成拱特性分析

巷道开挖后，距巷道表面一定范围内围岩切向应力升高，形成压力拱（承载拱）。分析巷道开挖后不同时刻切向应力 σ_θ 与 $\sigma_{\theta 0}$（零时刻切向应力）的大小关系，可考察压力拱成拱特性与分布范围。由于试验过程数据采集点较多，对于一次开挖和二次开挖期间，选取距二次开挖时间最近的数据点；而二次开挖后则选取距二次开挖时间最远的数据点。为方便分析，称第一个数据点为二次开挖前，第二个数据点为二次开挖后并定义切向应力集中系数，如式(3-11)所示。

$$k=\frac{\sigma_\theta}{\sigma_{\theta 0}} \tag{3-11}$$

式中，k 为切向应力集中系数；$\sigma_{\theta 0}$、σ_θ 分别为巷道开挖前零时刻和开挖后不同时刻围岩内切向应力。

因此，分析 k 从巷表到围岩深部的分布规律，可了解围岩成拱特性。

(1) 顶板成拱特性分析

不同方案时，二次开挖前、二次开挖后 k 沿顶板分布规律如图 3-18 所示。由该图知，k 沿顶板分布规律为：

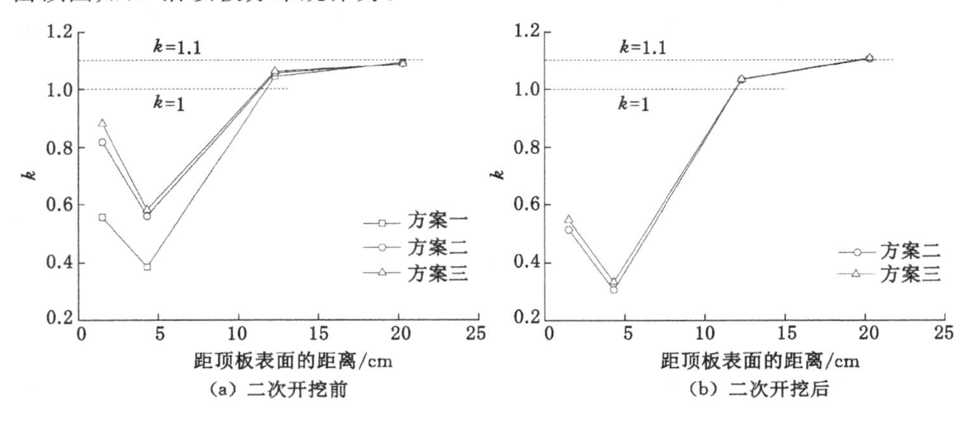

图 3-18　k 沿顶板分布规律

① 二次开挖前，不同方案顶板测点 d1、d2 处 k 均小于 1，d3、d4 处 k 均大于 1，按照线性插值的方法得到方案一～三 $k=1$ 点距顶板表面的距离分别为

11.77 cm、11.41 cm 和 11.28 cm。此外，二次开挖前，不同方案时顶板各测点 k 均小于 1.1。

② 第二次开挖后，由于方案一测点 d3 应变砖损坏，只有方案二、三的数据。两个方案中，测点 d3、d4 处 k 均大于 1，但仅测点 d4 处 k 大于 1.1。按照相同的方法可以得到方案二、三 $k=1$ 点距顶板表面的距离分别为 11.94 cm 和 11.91 cm，较第二次开挖前 $k=1$ 的位置向顶板围岩深部移动。这是因为二次开挖后围岩应力集中程度进一步增加，导致 $k=1$ 点距顶板表面的距离较二次开挖向顶板围岩深部移动。此外，二次开挖后，按照线性插值方法得到方案二、三 $k=1.1$ 点距顶板表面的距离分别为 19.79 cm 和 19.56 cm。

(2) 帮部成拱特性分析

不同方案时，巷道二次开挖前、二次开挖后 k 沿帮部分布规律如图 3-19 所示。由该图知，k 沿帮部围岩分布规律为：

① 二次开挖前，除测点 b1 外，不同方案时测点 b2、b3、b4 处切向应力集中系数 k 均大于 1，采用线性插值法可以得到方案一～三 $k=1$ 点距巷帮表面的距离分别为 6.80 cm、6.12 cm 和 6.34 cm。测点 b2 附近围岩中 k 大于 1.1，方案一～三 k 大于 1.1 的范围距帮部表面的距离分别为 8.48～16.69 cm、8.07～16.85 cm 和 8.17～17.15 cm。可见，方案三时 $k \geqslant 1.1$ 的范围也最大。

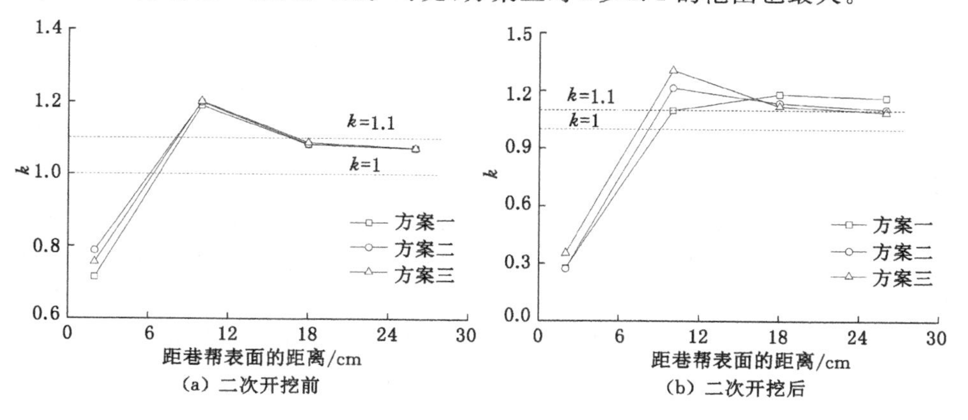

图 3-19　k 沿帮部分布规律

② 二次开挖后，不同方案时测点 b2、b3、b4 处 k 均大于 1，采用线性插值法可以得到方案一～三 $k=1$ 点距巷帮表面的距离分别为 9.03 cm、8.18 cm 和 7.43 cm。$k \geqslant 1.1$ 主要位于 b2、b3 测点附近，不同方案时 $k \geqslant 1.1$ 的范围距帮部表面的距离分别为 10.06～55.46 cm、9.03～27.48 cm 和 8.27～23.60 cm，且方案三测点 b2 处 k 值最大，达到 1.31。测点 b4 处 k 均大于 1，但仅有方案一、

二 k 大于 1.1，而方案三 k 为 1.09，接近 1.1。可见，二次开挖后方案三能够提高围岩浅部的应力集中系数并同时调动围岩深部的承载能力，降低切向应力集中程度，使应力集中区内应力分布相对均匀。

（3）肩部成拱特性分析

不同方案时，巷道二次开挖前、二次开挖后 k 沿肩部分布规律如图 3-20 所示。

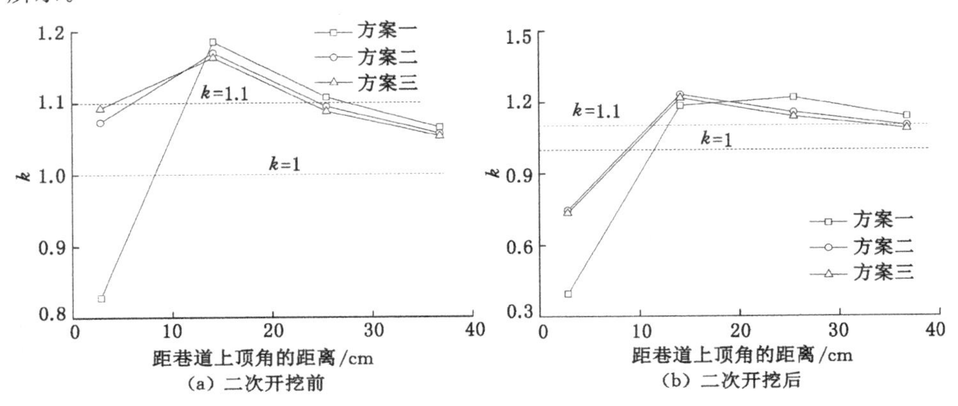

图 3-20　k 沿肩部分布规律

由图 3-20 知，k 沿肩部围岩分布规律为：

① 巷道二次开挖前，除方案一测点 j1 外，其他测点 k 均大于 1。方案一测点 j2、j3 附近围岩 k 大于 1.1，k 最大值达到 1.19；方案二测点 j2、j3 附近围岩 k 均大于或接近 1.1，而方案三测点 j1、j2、j3 附近围岩 k 接近或大于 1.1。

② 巷道二次开挖后，不同方案测点 j1 处 k 均小于 1，方案一～三测点 j1 附近围岩 k 分别约为 0.40、0.75 和 0.74；而测点 j2～j4 附近围岩 k 均大于 1，各方案测点 j2、j3 附近围岩 k 均大于 1.1，方案一～三测点 j4 附近围岩 k 分别约为 1.22、1.14 和 1.09。可见，方案三围岩深部切向应力集中系数降低。

综合上述分析可知，巷道开挖后，不同方案时围岩浅部均出现分布范围不同的切向应力卸压区和集中区。其中，顶板切向应力卸压区深度最大、其次为帮部、肩部切向应力卸压区深度最小；而巷道顶板、帮部和肩部围岩中的切向应力集中区形成压力拱。三个方案中，方案三能够同时降低巷道浅部围岩承载能力损失程度和调动深部围岩承载能力，降低围岩切向应力集中系数，对围岩稳定最为有利。

3.6 本章小结

(1) 分析了巷道开挖后径向应力、切向应力演化规律和切向应力集中系数沿围岩分布规律，顶板切向应力卸压区深度最大，其次为帮部，肩部切向应力卸压区深度最小；切向应力在围岩中集中形成压应力集中区；根据切向应力集中系数分布规律探讨了巷道围岩成拱特性。

(2) 含软弱夹层巷道围岩承载结构具有梁-拱转化特性。组合梁是含软弱夹层矩形顶板的初次承载结构，随着顶板浅部围岩破坏，顶板承载结构由组合梁逐渐变为压力拱，形成二次承载结构。组合梁稳定是巷道围岩稳定的保证，而确保压力拱下部围岩稳定可以减小巷道顶板垮落高度。

(3) 软弱夹层是巷道围岩失稳的重要诱因之一。巷道开挖后，软弱夹层成为巷道围岩应力的卸压区和承载的薄弱部位，软弱夹层与其下部围岩之间黏结力低，导致其下部围岩垮落严重和帮部围岩裂隙发育明显。有、无支护及不同支护时围岩变形破坏特征表明，锚杆索梁支护能同时调动巷道浅部和深部围岩协同耦合承载，支护效果最佳。

4　含软弱夹层巷道围岩成拱特性数值模拟研究

4.1　引　　言

压力拱是围岩内应力集中和传递路线发生改变的拱形区域[126]，最早可以追溯到1907年俄国科学家提出的松散体普氏压力拱[5]。随着工程实践和研究的进步，瑞士科学院Kovari[127]提出了隧道开挖后围岩中的拱效应现象，文献[128]认为巷道开挖后围岩中都能形成压力拱，而Huang等[129-130]对压力拱成拱判据进行了初步探讨。He等[131]采用DDA验证了节理围岩中压力拱的存在并对其破坏失稳模式进行了探讨分析，Li[132]采用压力拱概念进行了锚杆参数设计。

本书第3章通过地质力学模型试验研究发现，含软弱夹层巷道围岩中存在压力拱，且及时保证压力拱稳定可以减小顶板垮落范围；但是，受物理模拟试验条件限制，难以开展大规模的研究。为此，本章借鉴已有研究成果并结合本书第2、3章研究结论，提出巷道围岩成拱判据并将其嵌入$FLAC^{3D}$中，数值模拟研究软弱夹层位置、厚度、强度及支护参数等对围岩压力拱的影响，为该类巷道围岩稳定性控制提供参考。

压力拱是巷道开挖后围岩中形成的应力集中区，而围岩破裂后难以再出现压应力集中区，也即压力拱主要分布在弹塑性区内，因此可以采用$FLAC^{3D}$进行数值模拟研究。

4.2　压力拱成拱判据

虽然压力拱概念的提出已有较长的时间，但是关于压力拱成拱判据，也即压力拱内、外边界判别方法并不统一[133-135]。如有学者以主应力大小、方向变化作为压力拱判别标准。Yang等[133]提出分别以$e=10\%$[e计算方法见式(4-1)]和σ_1的极值点作为压力拱的内、外边界判别标准，以与水平线夹角为β的倾斜线作为压力拱的两侧边界，如图4-1所示。Wang等[136]据此研究了双跨连拱隧道开挖后压力拱演化特征。与此相类似，梁晓丹等[137]也把巷道开挖后围岩中σ_1

(最大主应力)极值点作为压力拱的下边界,而将巷道开挖前后 σ_3 的变化量作为压力拱外边界的判断标准,但仅认为 σ_3 变化量较大时即为压力拱外边界,这增加了判断压力拱上边界的主观性。

$$e = \frac{\sigma_1 - \sigma_3}{\sigma_1} \times 100\% \tag{4-1}$$

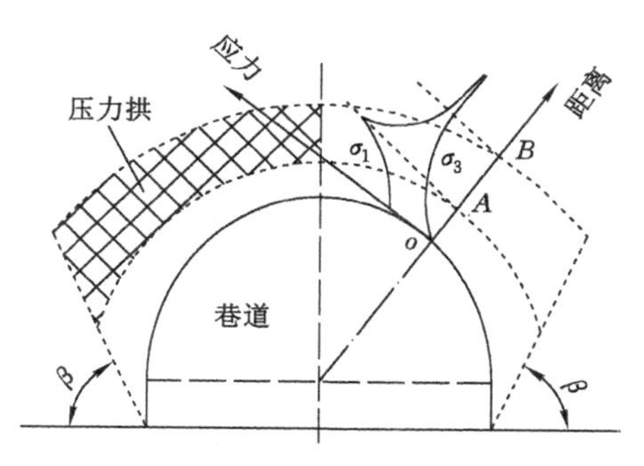

图 4-1　压力拱及其边界[133]

有学者以切向应力集中程度变化作为标准[134],认为开挖后围岩切向应力超过原岩切向应力即形成压力拱。还有学者分别以切向应力和 σ_3 受拉为判据[135]。文献[138]根据巷道开挖后围岩处于弹性状态时径向应力降低、切向应力升高的特点,认为当巷道开挖后切向应力高于原岩切向应力后即形成压力拱,杜晓丽[134]、台启民等[139]结合该成拱判据计算分析了地下采矿围岩压力拱演化规律。此外,文献[140-142]也分别给出了围岩压力拱内、外边界确定方法。需要说明的是,不同的判据,得出的压力拱范围必然不同,也必然影响对巷道围岩稳定性的判断;因此,有必要对成拱判据深进行入研究。

本书基于物理模拟试验研究结论并借鉴已有研究成果[138],给出如式(4-2)所示的成拱判据:

$$k_a = \frac{\sigma_\theta}{|\sigma_{\theta 0}|} \tag{4-2}$$

式中,k_a 为成拱系数;$\sigma_{\theta 0}$、σ_θ 分别为巷道开挖前、后围岩切向应力。

考虑到压力拱是承载结构,因此取 $k_a = 1.1$ 时作为压力拱成拱判据。又 σ_θ 以拉应力为负、压应力为正,因此式(4-2)又可以判断围岩切向拉、压应力受力状态,且物理意义明确、简单实用。

为考察软弱夹层及其与硬岩层之间接触面强度和支护对围岩成拱特性的影响,通过 FISH 语言编程,将该成拱判据嵌入 FLAC^{3D} 中,进行数值模拟研究。该判据嵌入 FLAC^{3D} 中的过程为:

首先，模型原岩应力场计算完成后，将所有单元 6 个应力分量分别提取出来，根据式(3-10)计算得到各单元切向应力，并以单元 id 号为顺序存储到数组 S1 中。

其次，进行巷道开挖(有支护时巷道开挖后立即支护)，模型计算平衡后，再次将所有单元 6 个应力分量分别提取出来，同样根据式(3-10)计算得到巷道开挖平衡后各单元的切向应力，并以单元 id 号为顺序存储到数组 S2 中。

最后，从数组中将各单元切向应力提取出来，并根据式(4-2)计算模型各单元(围岩)成拱系数 k_a，确定压力拱范围并绘制压力拱分布形态图。

4.3 数值模拟软件选取与本构模型

4.3.1 软件选取与本构模型

随着计算机技术的发展，岩土工程数值计算软件也越来越多，根据其原理，可以分为有限元、有限差分、离散元和颗粒流等，代表性软件有 ANSYS、FLAC/FLAC^{3D}、UDEC/3DEC、PFC/PFC^{3D} 等。FLAC^{3D} 作为一款大型、成熟的数值计算软件，在矿山巷道等工程围岩的稳定性分析中得到广泛应用。FLAC^{3D} 是专门针对岩土力学开发的大型有限差分计算软件，内置丰富的弹、塑性材料本构模型，如莫尔-库仑(Mohr-Coulomb)模型、霍克-布朗(Hoek-Brown)模型、应变软件/硬化塑性(Strain-Softening/Hardening)模型等模型或准则，有静力、动力、渗流和流变等多种分析模式，且可以通过各种模式间的耦合模拟各种复杂的工程力学行为[143]，为巷道等地下工程围岩稳定性分析提供参考。

此外，FLAC^{3D} 可以模拟锚杆、锚索和衬砌等多种支护结构形式，采用 Interface 模拟节理和软弱夹层等软弱结构面。为此，本书采用 FLAC^{3D} 数值模型研究软弱夹层位置、厚度、弹性模量、黏聚力、内摩擦角及其与硬岩之间的黏结、摩擦特性和不同的支护结构与形式等对巷道围岩压力拱厚度、内外边界等的影响，为该类巷道稳定性控制提供参考。

本构模型采用莫尔-库仑模型，如式(4-3)所示。

$$|\tau| = c + \sigma \tan \varphi \tag{4-3}$$

式中，τ 为抗剪强度，MPa；c 为黏聚力，MPa；φ 为内摩擦角，(°)。

4.3.2 有限差分计算原理

FLAC^{3D} 采用有限差分方法求解以偏微分方程形式表示的岩土工程平衡方程、几何方程、物理方程和边界条件。其计算原理及过程可以从有限差分法、混合离散元、求解过程三方面进行描述。

(1) 有限差分法

FLAC^3D^ 有限差分法的基本步骤为：首先，将区域离散化，如图 4-2 所示；其次将每一个格点的导数用有限差分方程代替；最后，采用插值多项式及其微分方程代替偏微分方程进行逼近求解。

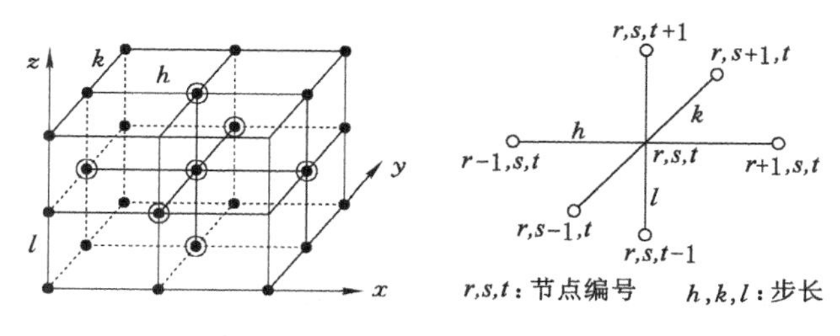

图 4-2　标准三维有限差分网格

(2) 混合离散元

在三维常应变单元中，四面体具有不产生沙漏变形的优点；但是，四面体单元法无法满足单元在某些特殊情况下只产生单独变形而不产生体积变形这一要求。因此，FLAC^3D^ 采用了“混合离散化法”[144]。混合离散元的基本原理是通过适当调整四面体应变率张量中的第一不变量，以赋予单元体积变形方面更多的灵活性[143]。为此，FLAC^3D^ 首先将区域离散为常应变多面体单元；其次在计算过程中将每一个多面体进一步离散化为以该多面体顶点为顶点的常应变四面体，并在四面体上对所有变量进行计算；最后，以多面体内四面体应力、应变的加权平均值作为多面体单元的应力、应变值。在这一过程中，四面体的体积保持不变。FLAC^3D^ 混合离散化如图 4-3 所示。

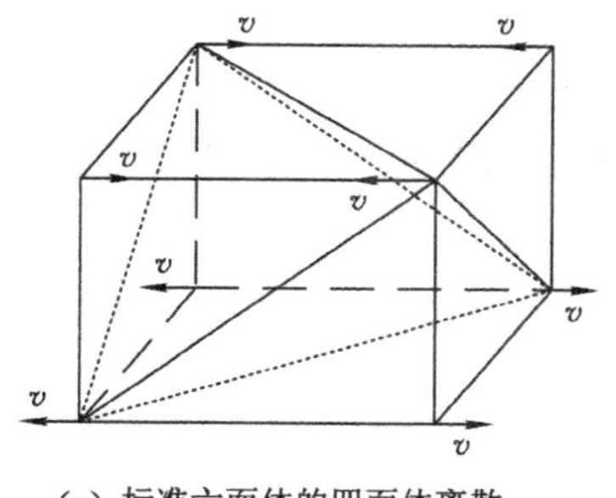

(a) 标准六面体的四面体离散

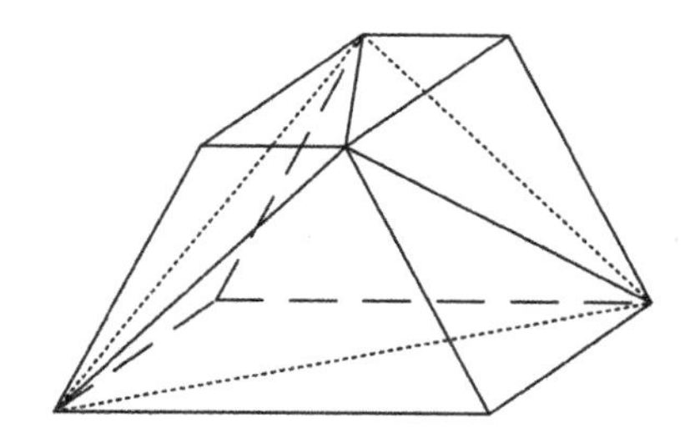

(b) 多面体的四面体离散

图 4-3　计算区域的四面体离散

(3) 求解过程

FLAC^3D^ 所有的求解均在四面体的面上进行，假定第 n 面（与节点 n 相对的面)内任一点的速率分量为 v_i，则根据高斯公式，得：

$$\int_V v_{i,j}\,\mathrm{d}V = \int_S v_i n_j\,\mathrm{d}S \tag{4-4}$$

式中：V 为四面体的体积；S 为四面体的外表面；n_j 为外表面的单位法向量的分量。

当单元上应变为常数时，v_i 按线性分布，则在每个面上 n_j 均为常量，则式(4-4)变为：

$$v_{i,j} = -\frac{1}{3V}\sum_{i=1}^{4} v_i^l n_j^{(l)} S^{(l)} \tag{4-5}$$

式中，l 表示节点的变量；(l)表示面 l 的变量。

对于每一个四面体，FLAC^{3D} 以节点为计算对象，然后通过运动方程进行求解，FLAC^{3D} 运动方程如式(4-6)所示。

$$\frac{\partial v_i^l}{\partial t} = \frac{F_i^l(t)}{m^l} \tag{4-6}$$

式中，$F_i^l(t)$ 为在 t 时刻节点 l 在方向 i 的不平衡力分量，可由虚功原理导出；m^l 为节点的集中质量，分析静态问题时采用虚拟质量，分析动态问题时采用实际的集中质量。

将式(4-6)左边用中心差分来近似，则有：

$$v_t^l\left(t+\frac{\Delta t}{2}\right) = v_t^l\left(t-\frac{\Delta t}{2}\right) + \frac{F_i^l(t)}{m^l}\Delta t \tag{4-7}$$

对于某一时步的单元应变增量 Δe_{ij}，FLAC^{3D} 通过速率求解，如下式所示：

$$\Delta e_{ij} = \frac{1}{2}(v_{i,j} + v_{j,i})\Delta t \tag{4-8}$$

式中，$v_{i,j}$ 可根据式(4-7)近似求出。

根据式(4-8)并结合本构方程，即可求出应力增量。

此外，对于静态问题，为使系统的振动逐渐衰减并最终达到平衡，在不平衡力中加入非黏性阻尼，则式(4-6)变为：

$$\frac{\partial v_i^l}{\partial t} = \frac{F_i^l(t) + f_i^l(t)}{m^l} \tag{4-9}$$

式中，$f_i^l(t)$ 为阻尼力，可根据式(4-10)求解。

$$f_i^l(t) = -\xi\,|F_i^l(t)|\,\mathrm{sign}(v_i^l) \tag{4-10}$$

式中，ξ 为阻尼系数，默认值为 0.8。

$$\mathrm{sign}(y) = \begin{cases} +1 & (y>0) \\ -1 & (y<0) \\ 0 & (y=0) \end{cases} \tag{4-11}$$

据此，可得 FLAC^{3D} 迭代求解过程，如图 4-4 所示。

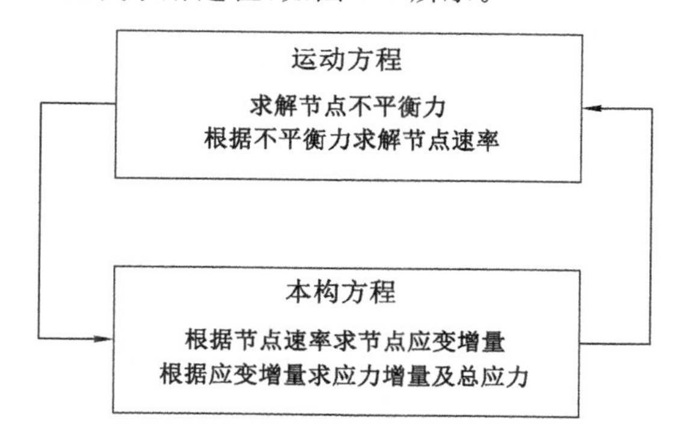

图 4-4 FLAC^{3D} 迭代计算过程

4.4 数值计算模型与方案

4.4.1 几何模型与边界条件

数值计算研究的巷道尺寸宽×高＝4.8 m×3.6 m，几何模型尺寸按“模拟范围至少应为开挖空间尺寸 3～5 倍”的要求确定，同时为数值计算模型范围选取方便，确定无支护时模型尺寸宽×高×厚（沿巷道轴向）＝80 m×75 m×0.5 m，支护时模型沿巷道轴向取 3 m，模型在巷道底板以上取 40 m，底板以下取 35 m。其中，无支护时模型有 98 362 个网格和 48 208 个单元，有支护时模型有 295 086 个网格和 241 040 个单元。软弱夹层厚度为 0.6 m，距巷道表面的距离为 1 m 时，数值计算几何模型如图 4-5 所示。

模型边界条件如图 4-5 所示，在模型上部施加垂直荷载 σ_z 以模拟上覆岩层的重量，模型左右两侧和前后两侧（前后两侧指沿巷道轴向）为滚轴边界，模型底部为固定位移边界条件。模型垂直应力、水平应力分别取式（3-2）、式（3-3）中的最大值。

数值模拟研究软弱夹层等对巷道围岩压力拱的影响时，首先通过计算获得原岩应力场，并将该计算过程中模型产生的位移、变形全部清零；其次在巷道原岩应力场中开挖巷道并进行计算，直到计算平衡；最后根据本书提出的成拱判据获取围岩压力拱相关信息。

数值计算模型硬岩层、软弱夹层物理力学参数如表 2-1 所示。

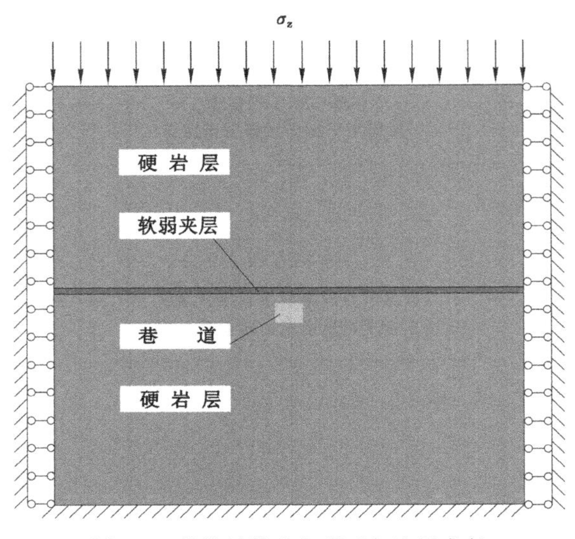

图 4-5　数值计算几何模型与边界条件

4.4.2　数值计算方案

采用数值模拟方法研究软弱夹层位置(距顶板表面的距离)、厚度、弹性模量、黏聚力、内摩擦角和软弱夹层与硬岩层之间接触面黏聚力、摩擦角以及不同的支护结构与形式对围岩压力拱的影响,数值模拟研究方案如表 4-1 所示,共 46 个模型。

表 4-1　数值模拟研究方案

影响因素	取值水平										
位置/ m	0.6	1.0	1.4	1.8	2.4	3.0	3.6	4.2	4.8	5.4	6.0
厚度/m	0		0.2		0.4		0.6		0.8		
弹性模量/GPa	2.03		4.05		6.08		8.10		10.13		
黏聚力/MPa	0.30		0.60		0.90		1.20		1.50		
影响因素	取值水平										
内摩擦角/(°)	3.58		7.17		10.75		14.34		17.92		

表 4-1(续)

接触面黏聚力/MPa	0	0.30	0.60	0.90	1.20	1.50
接触面摩擦角/(°)	0	3.58	7.17	10.75	14.34	17.92
支护方案	方案一	方案二	方案三	方案四		

表 4-1 中软弱夹层弹性模量、黏聚力和内摩擦角分别为硬岩相应物理量的10%～50%(取值间隔为 10%)；考虑软弱夹层与硬岩层之间无黏聚力和摩擦的理想情况，软弱夹层与硬岩层之间接触面黏聚力、摩擦角分别取为硬岩黏聚力、内摩擦角的 0～50%(取值间隔为 10%)。其中，上述方案中，当某一个参数变化时，其他参数均取为初始值。软弱夹层距巷道顶板表面的距离、厚度的初值分别为 1 m 和 0.6 m(取最大值)；软弱夹层、硬岩层其他物理力学参数初值见表 2-1，并考虑最不利因素，均取最小值作为初值。软弱夹层厚度为 0 时实质上为无软弱夹层。研究软弱夹层及其与硬岩层之间接触面影响时，均为无支护巷道。各方案具体支护形式及参数见 4.7.1 节。

4.5 软弱夹层影响分析

本节主要研究软弱夹层位置、厚度、弹性模量、黏聚力、内摩擦角以及软弱夹层与硬岩层之间接触面黏聚力和摩擦角对围岩压力拱分布形态、厚度和内边界的影响。

4.5.1 软弱夹层位置影响分析

关于软弱夹层位置的影响，考虑软弱夹层位于锚杆(长度按 2.5 m 考虑)锚固范围内、锚杆锚固范围外和锚索(按长度 6 m 考虑)锚固范围内。软弱夹层厚度 0.6 m，分析其底边界距巷道顶板表面的距离(用 P 表示)分别为 0.6 m、1.0 m、1.4 m、1.8 m、2.4 m、3.0 m、3.6 m、4.2 m、4.8 m、5.4 m、6.0 m 时对压力拱分布形态及厚度、内边界的影响。为方便对比，分析了无软弱夹层时围岩压力拱分布形态；而对于无软弱夹层，相当于软弱夹层在巷道开挖影响范围之外。

4.5.1.1 对压力拱分布形态的影响

软弱夹层位于上述位置时，压力拱分布形态如图 4-6 所示。由该图知，软弱夹层及其位置变化对压力拱分布形态影响显著：

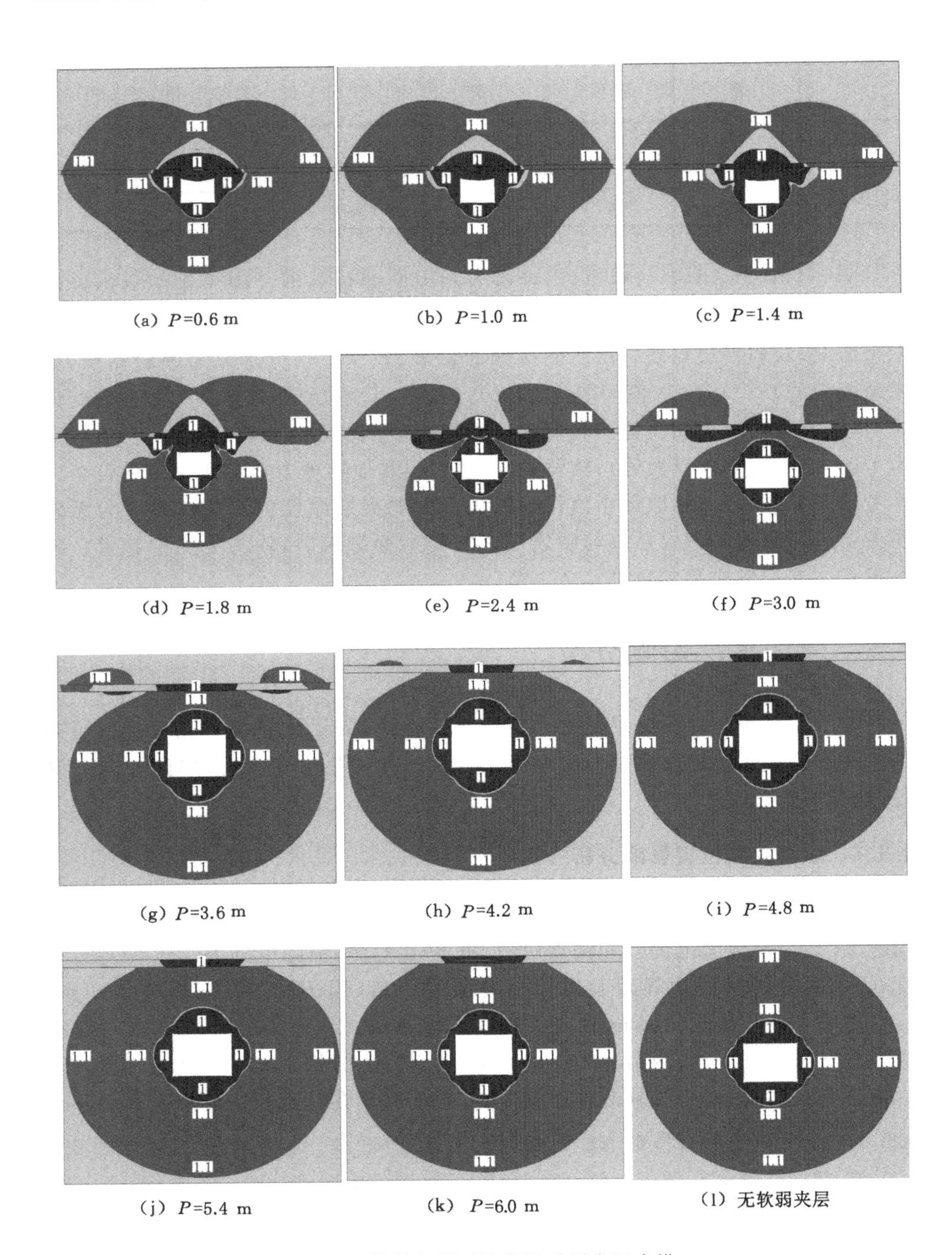

(a) P=0.6 m　(b) P=1.0 m　(c) P=1.4 m

(d) P=1.8 m　(e) P=2.4 m　(f) P=3.0 m

(g) P=3.6 m　(h) P=4.2 m　(i) P=4.8 m

(j) P=5.4 m　(k) P=6.0 m　(l) 无软弱夹层

图 4-6　软弱夹层不同位置时围岩压力拱

(1) 软弱夹层位置影响压力拱形状。无软弱夹层时，围岩压力拱近似为椭圆形，顶底板、两帮压力拱外边界的距离分别为 11.96 m 和 14.75 m；软弱夹层距顶板表面距离为 0.6～1.4 m 时，压力拱近似呈唇形；软弱夹层距顶板表面距离为 1.8～2.4 m 时，压力拱形状不规则；软弱夹层距顶板表面距离为 3.0～6.0 m 时，软弱夹层下部形成近椭圆形压力拱，但在顶板受到软弱夹层的切割。

(2) 软弱夹层位置变化对顶板压力拱影响最为显著，其次为肩部和帮部压力拱，底板压力拱受影响最弱。软弱夹层距顶板表面距离为 0.6～1.4 m 时，顶板压力拱呈下凹形；软弱夹层距顶板表面距离为 1.8～2.4 m 时，顶板没有形成闭合的压力拱；软弱夹层距顶板表面距离为 3.0～6.0 m 时，顶板压力拱位于软弱夹层下部围岩中。在软弱夹层位置上述变化过程中，帮部压力拱形状变化明显，肩部压力拱仅在软弱夹层距顶板表面距离为 1.8～2.4 m 时出现间断，而底板均形成了圆弧形压力拱。

(3) 根据压力拱分布形态，可以将其分为 3 种类型。软弱夹层距顶板表面距离为 0.6～1.4 m 时的压力拱为第一类，其特征为：压力拱闭合，分布于软弱夹层及其两侧硬岩层内。软弱夹层距顶板表面距离为 1.8～2.4 m 时的压力拱为第二类，其特征为：压力拱不闭合，分布于软弱夹层及其上下两侧硬岩层中。软弱夹层距顶板表面距离为 3.0～6.0 m 时的压力拱为第三类，压力拱均位于软弱夹层下部的硬岩层中。

4.5.1.2　对压力拱厚度与内边界的影响

围岩压力拱内外边界、厚度表示方法如图 4-7 所示。以巷道顶板表面中点为起点，建立测线 1(测线 1 为铅垂线)，分别与压力拱相较于点 A、B、C，则线段 AB 的长度即为压力拱内边界，线段 BC 的长度为压力拱厚度。测线 2 用于监测肩部压力拱厚度，起点位于巷道上顶角，与水平线的夹角为 45°；测线 3 为水平线，起点位于帮部 1/2 高度处，用于监测帮部压力拱厚度和内边界；测线 4 为铅垂线，起点位于底板中点，用于监测底板压力拱厚度和内边界。

随着软弱夹层位置变化，巷道顶板、肩部、帮部和底板测线上压力拱厚度、内边界变化规律分别如图 4-8 和图 4-9 所示。

由图 4-8 可知，受软弱夹层位置变化影响，压力拱厚度、内边界变化规律如下：

(1) 顶板、帮部和肩部压力拱厚度总体上按增大→减小的规律变化。以顶板压力拱厚度为例，软弱夹层距顶板表面 0.6 m 时，压力拱厚度为 3.23 m；软弱夹层距顶板表面 2.4 m 时，顶板没有形成压力拱。软弱夹层距顶板表面的距离由 2.4 m 增加到 6 m 时，压力拱厚度由 0 m 增加到 4.42 m；但是当软弱夹层距顶板表面的距离≥3 m 后，顶板压力拱位于软弱夹层与顶板表面之间的硬岩层中。

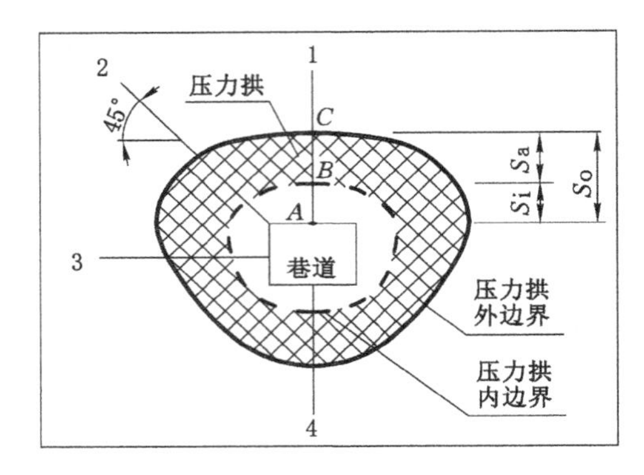

图 4-7　压力拱参数示意图

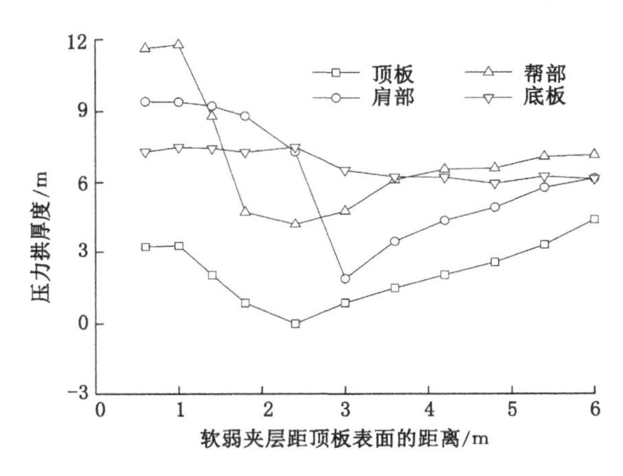

图 4-8　压力拱厚度随软弱夹层位置变化规律

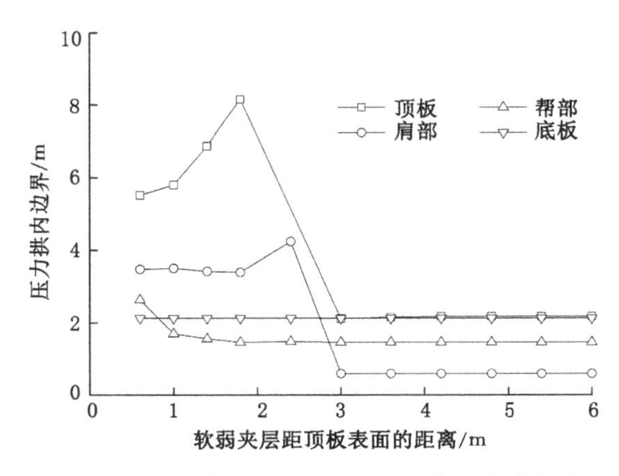

图 4-9　压力拱内边界随软弱夹层位置变化规律

此外，软弱夹层距顶板表面的距离 2.4 m 时为顶板、帮部压力拱厚度变化的拐点，软弱夹层距顶板表面的距离 3 m 时为肩部压力拱厚度变化的拐点。

(2) 底板压力拱厚度总体上按增大→减小→增大的规律变化。软弱夹层距顶板表面的距离由 0.6 m 增加到 1.0 m 时，底板压力拱厚度由 7.32 m 增大到 7.84 m，增大 7.1%；软弱夹层距顶板表面的距离由 1.0 m 增大到 4.8 m 时，底板压力拱厚度由 7.84 m 减小到 5.95 m，减小 24.1%；随着软弱夹层距顶板表面距离的继续增加，底板压力拱厚度开始增加。

(3) 顶板压力拱内边界总体上按增大→减小→稳定的规律变化，肩部压力拱内边界按减小→增大→稳定的规律变化，帮部压力拱内边界先减小而后趋于稳定，底板压力拱厚度基本稳定在 2.13 m 左右。以顶板为例进行分析，软弱夹层距顶板表面的距离由 0.6 m 增加到 1.8 m 时，顶板压力拱内边界由 5.52 m 增加到 7.74 m，增加 40.2%；而软弱夹层距顶板表面 2.4 m 时，顶板围岩中没有形成压力拱；软弱夹层距顶板表面的距离由 1.8 m 增加到 3.0 m 时，压力拱内边界由 7.74 m 减小到 2.12 m，减小 72.6%；软弱夹层距顶板表面的距离≥3.0 m 后，压力拱内边界基本不再变化，稳定在 2.12～2.18 m。

综合上述分析知，在本书围岩强度和地应力条件下，当软弱夹层距顶板表面的距离≥3.0 m 后对围岩变形破坏的影响趋于稳定；当其距顶板表面的距离为 1.8～2.4 m 时，围岩中没有形成闭合压力拱。

软弱夹层位置变化不仅对巷道围岩压力拱厚度和内边界有显著影响，对压力拱内应力集中系数极值 k_{amax} 也有影响。

随着软弱夹层位置变化，k_{amax} 变化规律如图 4-10 所示。

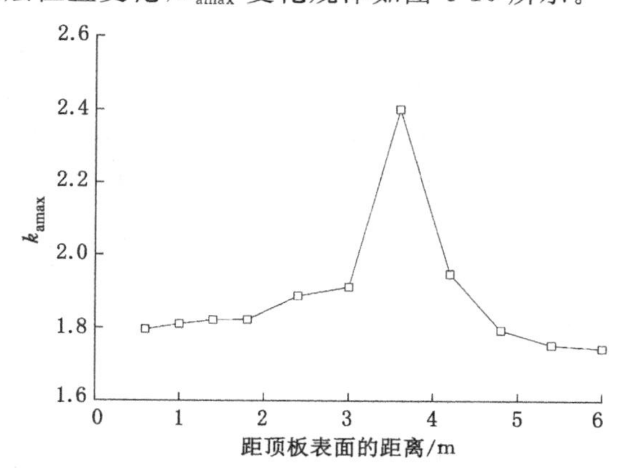

图 4-10 软弱夹层位置不同时 k_{amax} 变化规律

由图 4-10 可知，随着软弱夹层距巷道表面距离的增加，k_{amax} 总体上先增大再减小。软弱夹层距巷道顶板表面的距离为 0.6～3.6 m 时，k_{amax} 随软弱夹层距巷道表面距离的增大而增大，由 1.80 增加到 2.40，增加约 33.3%；软弱夹层距巷道顶板表面的距离为 3.6～6.0 m 时，k_{amax} 随软弱夹层距巷道表面距离的增大而减小，由 2.40 减小到 1.74，减小 27.5%。可见，软弱夹层距顶板表面 3.6 m 时，围岩中切向应力集中程度最严重。

4.5.2 软弱夹层厚度影响分析

(1) 对压力拱分布形态的影响

软弱夹层距顶板表面的距离为 1 m，厚度（用 t_w 表示）分别为 0.2 m、0.4 m、0.6 m 和 0.8 m 时，围岩压力拱分布形态如图 4-11 所示。

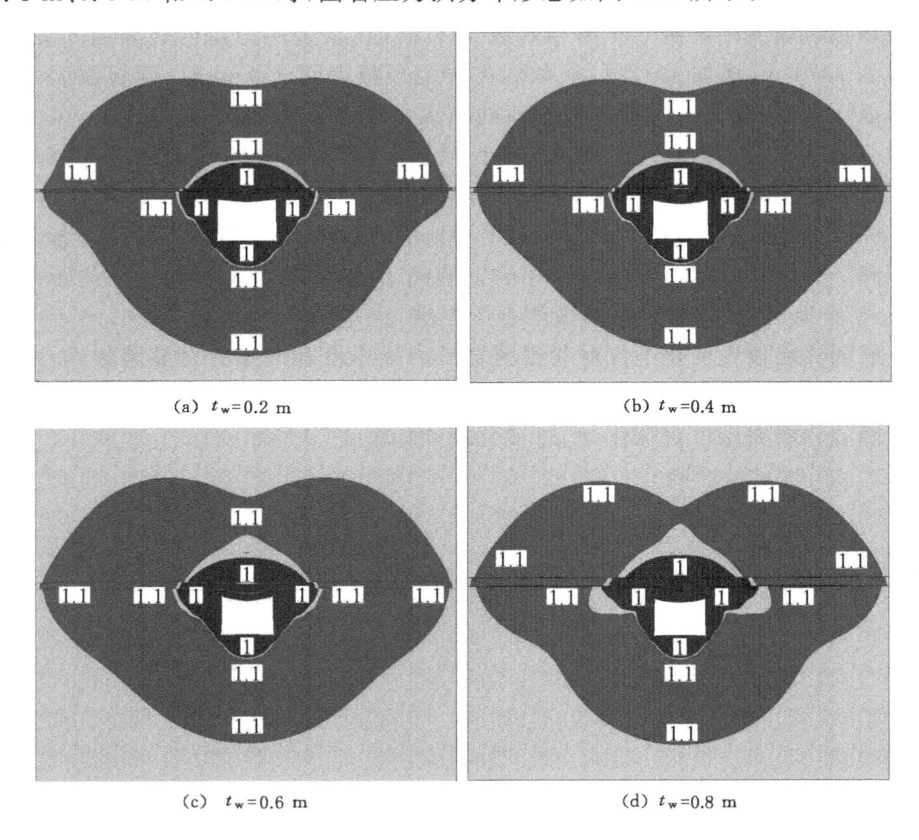

(a) t_w=0.2 m　(b) t_w=0.4 m　(c) t_w=0.6 m　(d) t_w=0.8 m

图 4-11　软弱夹层厚度不同时围岩压力拱

由图 4-11 知，软弱夹层厚度变化对围岩压力拱分布形态影响显著。软弱夹层厚度为 0.2～0.8 m 时，围岩中均形成第一类压力拱，即为闭合型压力拱，分布于软弱夹层及其上下两侧硬岩层内。但是，随着软弱夹层厚度增加，顶板压力拱厚度显著减小，也即软弱夹层厚度越厚，对围岩稳定性影响越显著。这与锚固体试验研究结论相一致。

为此，工程中应关注软弱夹层厚度增加的影响，当其厚度增加时，应采取加强支护等措施，如注浆、增加锚杆索密度等。

(2) 对压力拱厚度及内边界的影响

软弱夹层厚度从 0 m 增加到 0.8 m 时(间隔为 0.2 m)，围岩压力拱厚度、内边界变化规律分别如图 4-12 和图 4-13 所示。

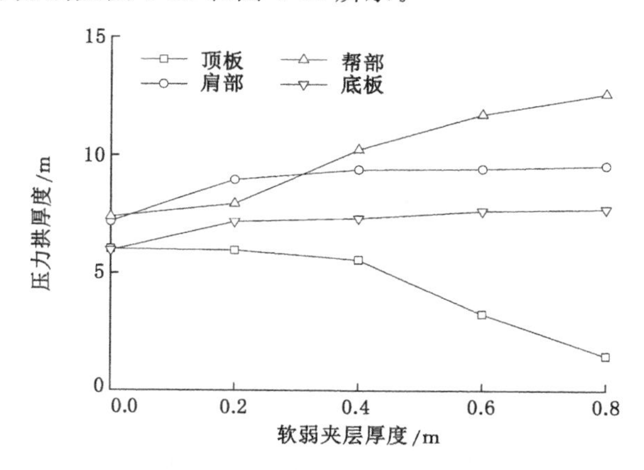

图 4-12 压力拱厚度随软弱夹层厚度变化规律

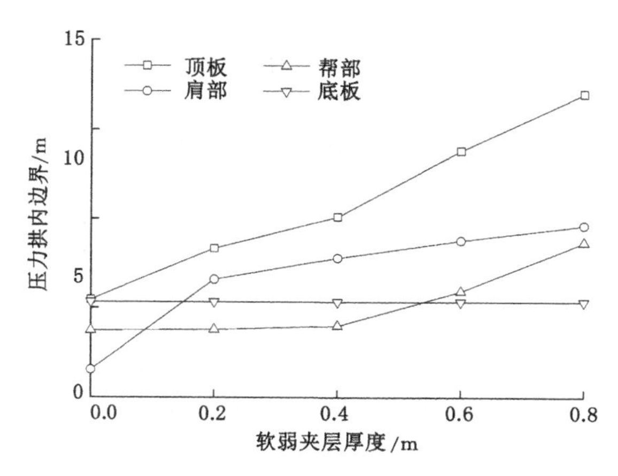

图 4-13 软弱夹层厚度对压力拱内边界的影响

由图 4-12 可见，受软弱夹层厚度增加的影响，顶板压力拱厚度单调减小，肩部、帮部和底板拱厚度单调增加。以顶板、帮部压力拱厚度变化为例进行分析，软弱夹层厚度由0 m增加到0.4 m时，压力拱厚度由6.08 m减小到5.56 m，减小8.6%；软弱夹层厚度由0.4 m增加到0.6 m时，压力拱厚度由5.56 m减小到3.23 m，减小41.9%；软弱夹层厚度由0.6 m增加到0.8 m时，压力拱厚度由3.23 m减小到1.47 m，减小54.5%。

对于帮部压力拱，软弱夹层厚度由0 m增加到0.4 m时，压力拱厚度由7.38 m增加到10.26 m，增加39.0%；软弱夹层厚度由0.4 m增加到0.6 m时，压力拱厚度由10.26 m增加到11.75 m，增加14.52%；软弱夹层厚度由0.6 m增加到0.8 m时，压力拱厚度由11.75 m增加到12.63 m，增加7.5%。

可见，随着软弱夹层厚度增加，顶板围岩整体承载能力降低，压力拱厚度减小，压力向帮部转移，导致帮部压力拱厚度增加。

此外，无软弱夹层时（软弱夹层厚度为0 m），顶板与底板压力拱厚度基本相同，肩部与帮部压力拱厚度差值也较小，且顶板、帮部压力拱厚度差为1.36 m，约为顶板压力拱厚度的20.6%。而软弱夹层厚度达到0.8 m时，顶板与帮部、肩部、底板压力拱厚度差值分别达到11.16 m、8.12 m和6.25 m。可见，随着软弱夹层厚度增加，压力拱形状也发生显著变化。

由图4-13可见，随着软弱夹层厚度增加，顶板、肩部及帮部压力拱内边界均增加，而底板压力拱厚度基本不变，其中尤以顶板压力拱厚度变化最为显著。以顶板为例，随着软弱夹层厚度由0 m增加到0.8 m，压力拱内边界由2.18 m增加到6.81 m，增加2.12倍。由此可知，随着软弱夹层厚度增加，围岩整体承载能力降低，特别是巷道浅部围岩承载能力丧失明显，导致应力向巷道深部围岩转移，压力拱内边界也随之增大。这与第2章研究结论相一致，即随着软弱夹层厚度增加，围岩（或锚固体）承载能力降低。

综合上述分析知，软弱夹层越厚，其对巷道围岩承载能力弱化作用越显著，围岩稳定性也越差。

此外，软弱夹层厚度变化对压力拱内切向应力集中系数极值k_{amax}也有显著影响，如图4-14所示。

由图4-14可知，k_{amax}随软弱夹层厚度增加而增加。软弱夹层厚度由0 m增加到0.8 m时，k_{amax}由1.70增加到1.82，增加7.1%。可见，软弱夹层厚度增加不仅使压力拱向巷道深部围岩转移，而且导致围岩应力集中程度增加，对巷道围岩稳定性控制不利。

4.5.3 软弱夹层弹性模量影响分析

软弱夹层弹性模量E_w（初值为4.04 GPa）分别为硬岩弹性模量

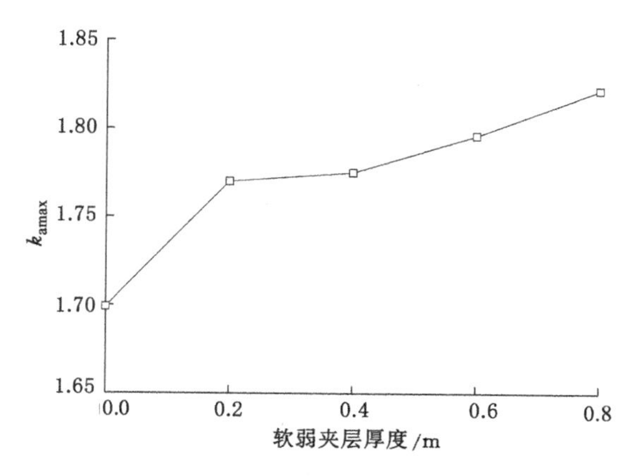

图 4-14 软弱夹层厚度不同时 k_{amax} 变化规律

E_h(20.26 GPa)的 10%～50%时（间隔为 10%），压力拱厚度、内边界变化规律分别如图 4-15、图 4-16 所示。

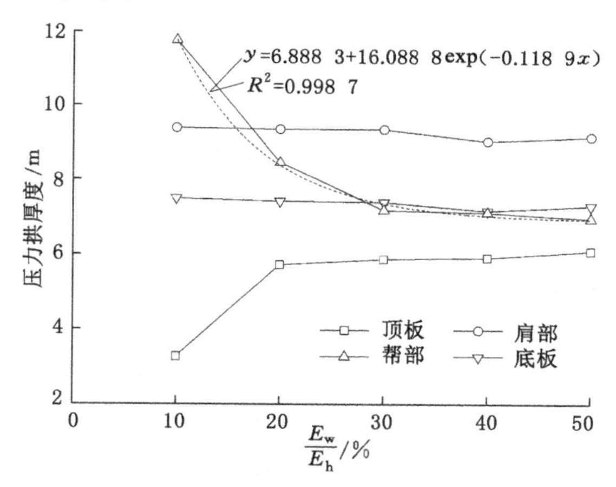

图 4-15 软弱夹层弹性模量对压力拱厚度的影响

由图 4-15、图 4-16 可知：

(1) 随着软弱夹层弹性模量增加，顶板压力拱厚度增大，而底板、帮部、肩部压力拱厚度减小。分别以顶板、帮部压力拱厚度变化规律为例进行分析。软弱夹层弹性模量由 2.03 GPa 增大到 10.13 GPa 时，顶板压力拱厚度由 3.27 m 增加到 6.09 m，增大 86.2%。其中，弹性模量由 2.03 GPa 增大到 4.05 GPa 时，顶板压力拱厚度增加最为显著，由 3.27 m 增大到 5.72 m，增加率为 1.40 m/GPa；弹性模量由 4.05 GPa 增大到 10.13 GPa 时，顶板压力拱厚度缓慢

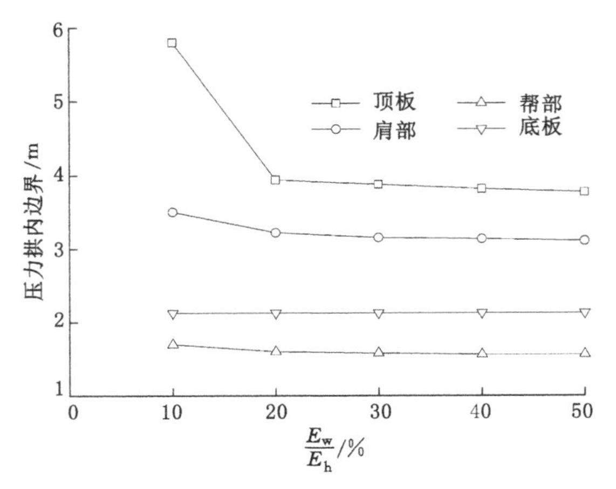

图 4-16 软弱夹层弹性模量对压力拱内边界的影响

增加,由 5.72 m 增大到 6.09 m,增加率仅为 0.07 m/GPa。随着软弱夹层弹性模量增加,帮部压力拱厚度按指数函数规律减小,软弱夹层弹性模量由 2.03 GPa 增加到 10.13 GPa 时,帮部压力拱厚度由 11.78 m 减小到 6.95 m,减小 41.0%。

(2) 顶板、肩部及帮部压力拱内边界随软弱夹层弹性模量增大而减小,底板压力拱厚度则基本不受影响,稳定在 2.11～2.13 m。以顶板和肩部压力拱厚度为例进行分析,软弱夹层弹性模量由 2.03 GPa 增大到 10.13 GPa 时,顶板、肩部压力拱内边界分别由 5.8 m、3.51 m 减小到 3.76 m 和 3.14 m,分别减小 35.17%和 10.54%。

由上述分析知,软弱夹层弹性模量增加对顶板、帮部压力拱厚度、内边界影响最显著,其次为肩部,再次为底板压力拱厚度、内边界。

图 4-17 为软弱夹层弹性模量变化影响下压力拱内切应力集中系数极值 k_{amax} 的变化规律。

由图 4-17 可知,随着软弱夹层弹性模量增加,k_{amax} 按如式(4-12)所示的指数函数规律减小。软弱夹层弹性模量由 2.03 GPa 增加到 10.13 GPa 时,k_{amax} 由 1.804 减小到 1.79,减小 0.78%。可见,随软弱夹层弹性模量增加,围岩切向应力集中程度降低。

$$y = 1.792\,0 + 0.028\,9\exp(-0.042\,4x) \tag{4-12}$$

综合上述分析可知,随着软弱夹层弹性模量增加,顶板浅部围岩承载能力和抗变形能力增加,压力拱厚度增加并向巷道表面移动,压力拱内边界减小,围岩内切向应力集中程度降低。同时,由于顶板承载能力增加,帮部稳定需要的压力

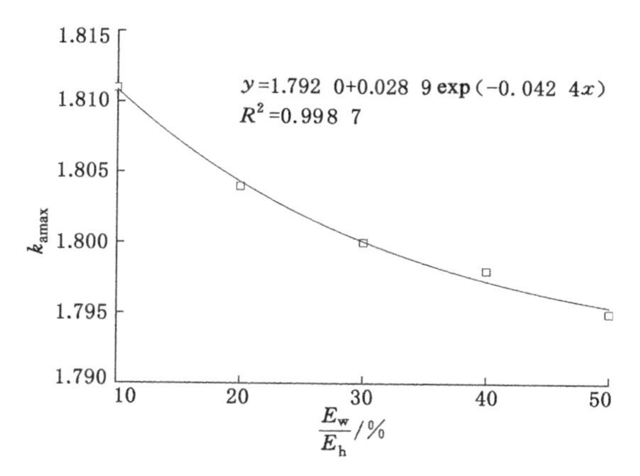

图 4-17 k_{amax} 随软弱夹层弹性模量变化规律

拱厚度减小，压力拱向帮部表面移动，表现为帮部压力拱内边界随软弱夹层弹性模量增加而减小。

4.5.4 软弱夹层黏聚力影响分析

软弱夹层黏聚力 c_w（初值为 1.20 MPa）分别为硬岩黏聚力 c_h（3.0 MPa）的 10%～50%（即 0.30～1.5 MPa，间隔为 10%）时，压力拱厚度、内边界变化规律分别如图 4-18、图 4-19 所示。

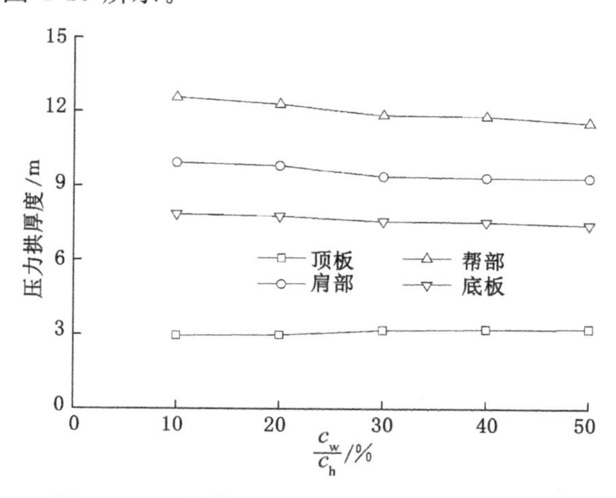

图 4-18 压力拱厚度与软弱夹层黏聚力的关系

由图 4-18、图 4-19 可知，软弱夹层黏聚力变化影响下，巷道围岩压力拱厚度、内边界变化规律为：

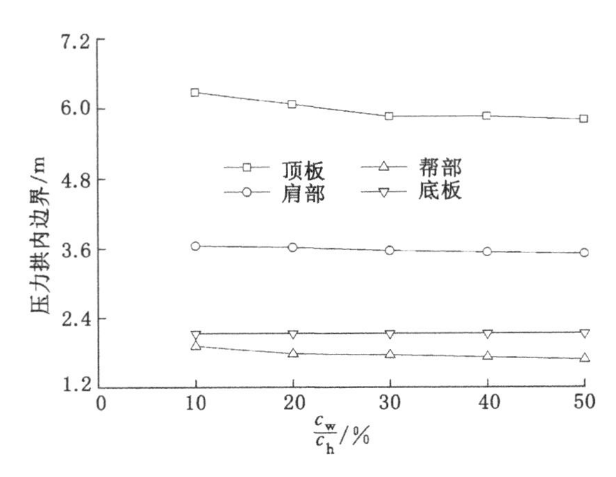

图 4-19　压力拱内边界与软弱夹层黏聚力的关系

(1) 随着软弱夹层黏聚力增加,顶板压力拱厚度单调增加,而肩部、帮部和底板压力拱厚度则单调减小。软弱夹层黏聚力由 0.30 MPa 增大到 1.50 MPa 时,顶板压力拱厚度由 2.95 m 增大到 3.24 m,增大 9.8%;肩部、帮部和底板压力拱厚度则分别由 9.94 m、12.55 m 和 7.83 m 减小到 9.33 m、11.56 m 和 7.43 m,分别减小 6.14%、7.89%和 5.11%。

(2) 随着软弱夹层黏聚力增加,顶板、肩部和帮部压力拱内边界均减小,底板压力拱内边界保持不变。软弱夹层黏聚力由 0.3 MPa 增加到 1.5 MPa 时,顶板、肩部、帮部压力拱内边界分别由 6.28 m、3.65 m、1.92 m 减小到 5.44 m、3.37 m 和 1.64 m,分别减小 13.38%、3.87%和 12.50%,而底板压力拱内边界稳定在 2.10～2.13 m。可见,软弱夹层黏聚力变化对压力拱厚度、内边界影响均不明显。

随着软弱夹层黏聚力变化,切向应力集中系数极值 k_{amax} 变化规律如图 4-20 所示。

由图 4-20 可知,随着软弱夹层黏聚力增大,切向应力集中系数极值 k_{amax} 线性减小。软弱夹层黏聚力由 0.3 MPa 增加到 1.5 MPa 时,k_{amax} 由 1.819 减小到 1.809,减小 0.55%。分析认为,软弱夹层黏聚力增加在一定程度上提高了软弱夹层承载能力,塑性区减小,进而引起 k_{amax} 减小。

4.5.5　软弱夹层内摩擦角影响分析

软弱夹层内摩擦角 φ_w 分别为硬岩内摩擦角 φ_h(35.84°)的 10%～50%时(3.58°～17.92°,间隔为 10%)时,压力拱厚度、内边界变化规律分别如图 4-21、图 4-22 所示。

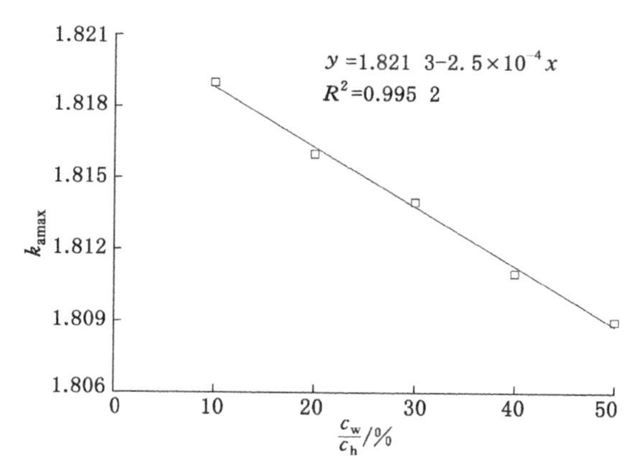

图 4-20 k_{amax} 随软弱夹层黏聚力变化规律

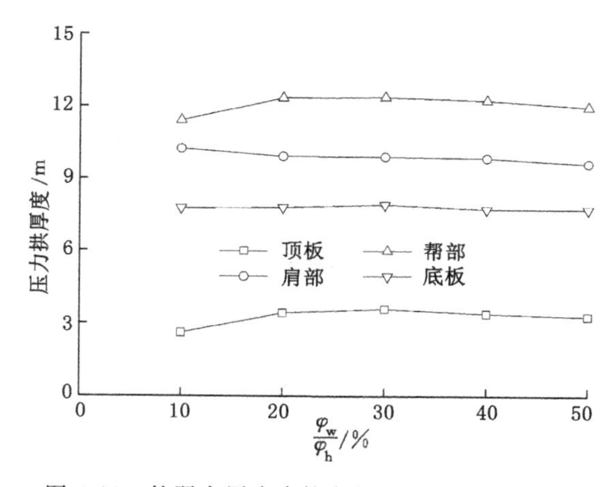

图 4-21 软弱夹层内摩擦角与压力拱厚度的关系

由图 4-21、图 4-22 可知，随着软弱夹层内摩擦角增加，巷道围岩压力拱厚度及内边界变化规律为：

(1) 随着软弱夹层内摩擦角增加，肩部压力拱厚度单调减小，顶板、帮部、底板压力拱厚度则先增加再减小。软弱夹层内摩擦角由 3.58°增加到 17.92°时，肩部压力拱厚度由 10.23 m 减小到 9.63 m，减小 5.9%。软弱夹层内摩擦角由 3.58°增加到 10.75°时，顶板、底板、帮部压力拱厚度分别由 2.61 m、7.76 m、11.42 m 增加到 3.57 m、7.90 m 和 12.39 m，分别增加 36.8%、1.8%和 8.5%。软弱夹层内摩擦角由 10.75°增加到 17.92°时，顶板、底板和帮部压力拱厚度分别由 3.57 m、7.90 m 和 12.39 m 减小到 3.27 m、7.72 m 和 11.99 m，分别减小

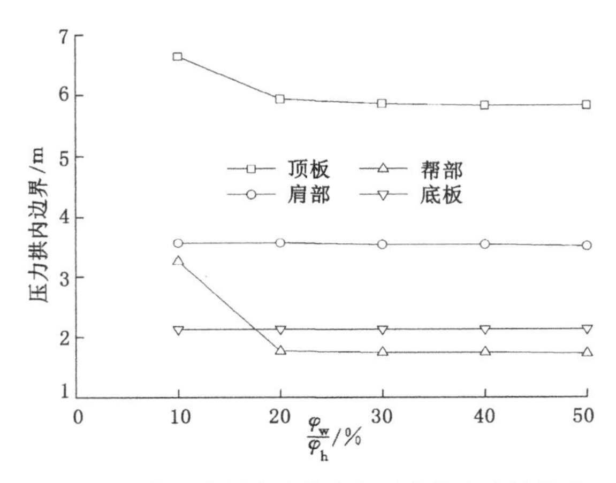

图 4-22 软弱夹层内摩擦角与压力拱内边界关系

8.4%、2.3%和 3.2%。由此可见,软弱夹层内摩擦角变化对顶板压力拱厚度影响最显著,其次为帮部、肩部压力拱厚度,再次为底板压力拱厚度。

(2) 软弱夹层内摩擦角增加影响下,顶板、帮部压力拱内边界减小,底板、肩部压力拱内边界基本不变。软弱夹层内摩擦角由 3.58°增加到 10.75°时,顶板、帮部压力拱内边界分别由 6.64 m、3.26 m 减小到 5.83 m 和 1.72 m,分别减小 12.2%和 47.2%,而底板、肩部压力拱内边界分别稳定在 2.13 m 和 3.56～3.51 m。可见,帮部压力拱内边界受内摩擦角变化影响最显著,其次为顶板压力拱内边界,再次为底板、肩部压力拱内边界。

随着软弱夹层内摩擦角变化,切向应力集中系数极值 k_{amax} 变化规律如图 4-23 所示。

由图 4-23 可知,随着软弱夹层内摩擦角由 3.58°增加到 17.92°,k_{amax} 先增加再减小。软弱夹层内摩擦角由 3.58°增加到 7.17°时,k_{amax} 由 1.812 1 增加到 1.813 3,增加 0.07%;软弱夹层内摩擦角由 7.17°增加到 10.75°时,k_{amax} 由 1.813 3 减小到 1.811 3,减小 0.11%。可见,总体上,内摩擦角变化对 k_{amax} 变化影响不显著。

综合上述分析知,软弱夹层厚度、位置对围岩应力厚度、内边界影响最显著,其次为弹性模量,黏聚力和内摩擦角影响最弱。而就巷道围岩不同部位而言,顶板压力拱厚度、内边界受软弱夹层影响最显著,肩部、帮部的次之,底板受的影响最弱。

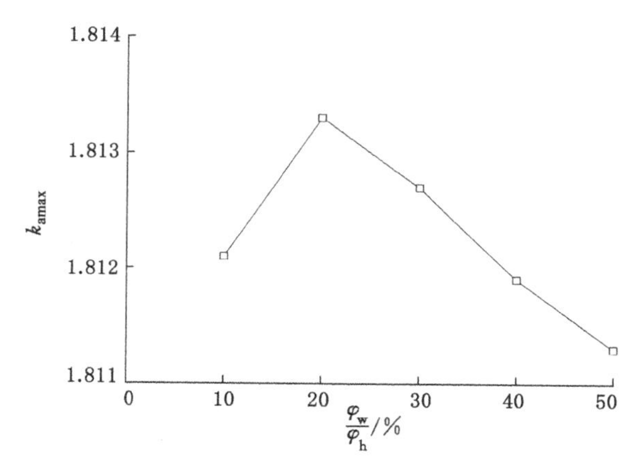

图 4-23 k_{amax} 随软弱夹层内摩擦角变化规律

4.6 软弱夹层与硬岩层之间接触面强度影响分析

FLAC^{3D} 中的接触面可以用以模拟岩层之间的接触强度，因此采用接触面模拟分析软弱夹层与硬岩层之间黏结强度和摩擦特性对围岩压力拱厚度、内边界的影响。

4.6.1 接触面本构模型

软弱夹层与硬岩层之间的接触面为结构面的一种，属于原生节理[23]，可以采用 FLAC^{3D} 中的接触面(Interface)模拟。FLAC^{3D} 中接触面的本构模型[143]如图 4-24 所示。

接触面建立应遵循的原则为[143]：首先，使用 Attach 命令连接的两个表面之间不应再建接触面；其次，接触面单元尺寸不能超过相连的目标面的尺寸；再次，如果相邻网格的密度不同，则接触面应建立在密度大的区域上；最后，大小不同的表面连接时，应在小的表面上建立接触面。

本书采用 Coulomb 滑动接触面单元，其存在两种状态：相互接触和相互滑动。不考虑孔压时，根据 Coulomb 强度准则可以得到接触面发生相对滑动时所需要的切向力 F_{smax} 为：

$$F_{smax}=c_jA_i+F_n\tan\varphi_j \tag{4-13}$$

式中，A_i 为接触面节点代表的面积；F_n 为接触面上的法向力；c_j、φ_j 分别为接触面黏聚力和摩擦角。

当接触面上的切向应力小于最大切向应力，即 $|F_s|<F_{smax}$ 时，接触面处于

弹性状态；当接触面上的切向应力等于最大切向应力，即$|F_s|=F_{smax}$时，接触面进入塑性阶段。在接触面滑动过程中，剪切力保持不变，即$|F_s|=F_{smax}$，但剪切位移会导致有效法向应力增加，如式(4-14)所示：

$$\sigma'_n=\sigma_n+\frac{|F_s|_o-F_{smax}}{A_i k_s}\tan\psi k_n \tag{4-14}$$

式中，σ'_n为有效法向应力；ψ为接触面剪胀角；$|F_s|_o$为修正前的剪力。

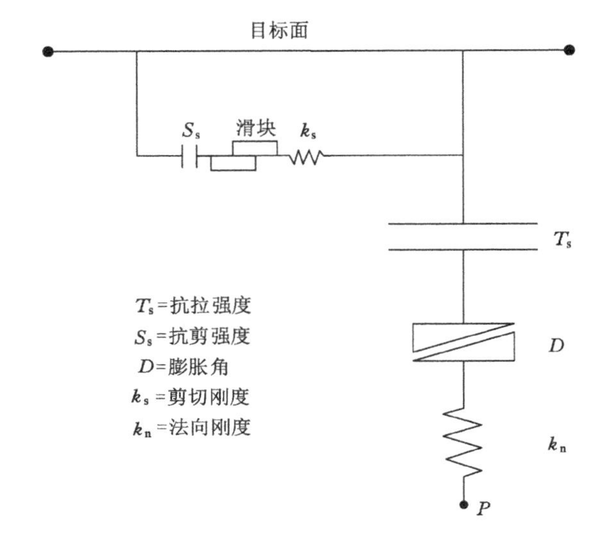

图 4-24　接触面单元原理示意图[143]

此外，当接触面上的拉应力超过其抗拉强度时，接触面就会破坏，切向应力和法向应力减小为 0 MPa。

4.6.2　接触面黏聚力影响分析

软弱夹层厚度为 0.6 m，距巷道顶板表面的距离为 1.0 m，接触面黏聚力c_j(初值 1.20 MPa)分别为硬岩黏聚力c_h(3.0 MPa)的 0～50%(0～2.7 MPa，间隔为 10%)时，巷道围岩压力拱厚度、内边界变化规律分别如图 4-25、图 4-26 所示。

由图 4-25、图 4-26 可知，随软弱夹层与硬岩层之间接触面黏聚力的变化，压力拱厚度、内边界变化规律为：

(1) 随着接触面黏聚力增加，顶板压力拱厚度逐渐增加，肩部、帮部和底板压力拱厚度则逐渐减小。接触面黏聚力由 0 增加到 1.5 MPa 时，顶板压力拱厚度由 1.96 m 增加到 5.07 m，增加约 1.6 倍。其中，接触面黏聚力由 0 MPa 增加到 0.3 MPa 时，顶板压力拱厚度急剧增加，由 1.96 m 增加到 4.29 m，增加约 1.2 倍，增加率为 7.77 m/MPa；接触面黏聚力由 0.3 MPa 增加到 1.5 MPa 时，顶板压力拱厚度增加变缓，由 4.29 m 增加到 5.07 m，增加率降低到 0.65 m/MPa。接触面黏聚力上述变化过程中，肩部、帮部、底板压力拱厚度逐渐减小，分别由 9.70 m、12.09 m、7.70 m 减小到 9.04 m、10.65 m 和 7.28 m，分别减少 6.80%、11.91%和 5.45%。

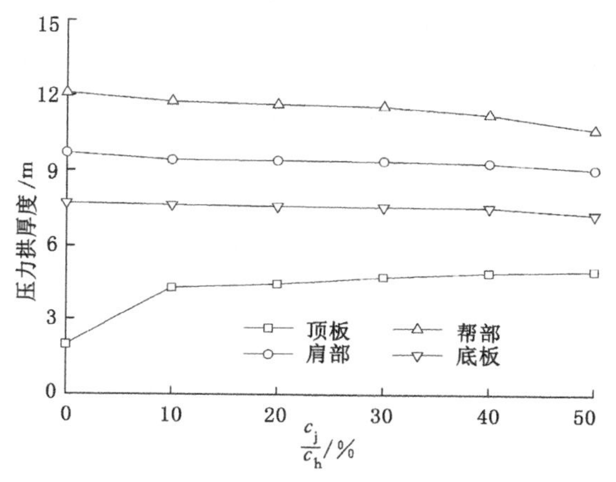

图 4-25　压力拱厚度与接触面黏聚力的关系

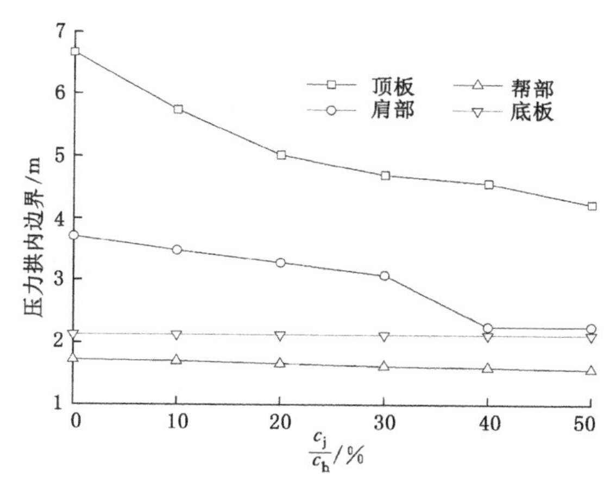

图 4-26　压力拱内边界与接触面黏聚力的关系

(2) 随着接触面黏聚力增大，顶板、帮部压力拱内边界均逐渐减小，肩部压力拱内边界先减小后趋于稳定，底板压力拱内边界基本不变。分别以顶板、肩部压力拱内边界为例进行分析。接触面黏聚力由 0 MPa 增加到 1.5 MPa 时，顶板压力拱内边界由 6.67 m 减小到 4.24 m，减小 36.43%。接触面黏聚力由 0 MPa 增加到 1.2 MPa 时，肩部压力拱内边界逐渐减小，由 3.71 m 减小到 2.62 m，减小 29.38%；接触面黏聚力大于等于 1.2 MPa 时，肩部压力拱内边界稳定在 2.62 m 左右。其中，接触面黏聚力由 0 MPa 增加到 0.9 MPa 时，肩部压力拱内边界减小率为 0.70 m/MPa；接触面黏聚力由 0.9 MPa 增加到 1.2 MPa 时，肩部压力拱内边界减小率增加到 1.53 m/MPa。

由上述分析可知，接触面黏聚力对顶板压力拱厚度、内边界影响最为显著，其次为肩部、帮部压力拱厚度和内边界，对底板压力拱厚度和内边界影响最弱。

随着接触面黏聚力增加，切向应力集中系数极值 k_{amax} 变化规律如图 4-27 所示。

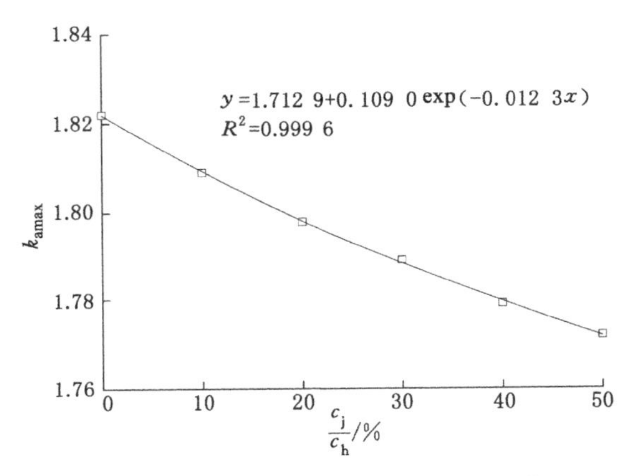

图 4-27 k_{amax} 随接触面黏聚力变化规律

由图 4-27 可知，随着接触面黏聚力增加，压力拱内切应力集中系数极值 k_{amax} 按负指数函数规律减小。接触面黏聚力由 0 MPa 增加到 1.5 MPa 时，k_{amax} 由 1.822 减小到 1.772，减小 2.74%。k_{amax} 上述变化规律表明，随着接触面黏聚力增大，软弱夹层、硬岩层之间相互作用增强，协同承载能力增加，顶板承载能力和压力拱厚度均增加，应力集中程度降低。

4.6.3 接触面摩擦角影响分析

接触面摩擦角 φ_j 分别为硬岩内摩擦角 φ_h(35.84°)的 0～50%时(间隔为 10%)，压力拱厚度、内边界变化规律分别如图 4-28、图 4-29 所示。

由图 4-28、图 4-29 可知，随着接触面摩擦角增加，压力拱厚度、内边界变化规律为：

(1) 随着接触面摩擦角增加，顶板、帮部压力拱厚度先增大再减小，肩部、底

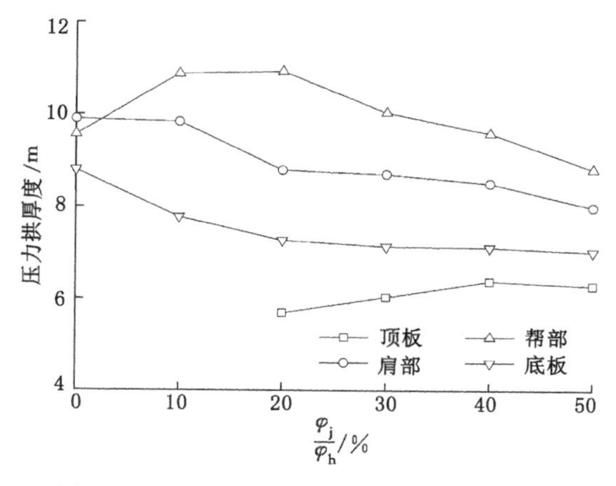

图 4-28 压力拱厚度与接触面摩擦角的关系

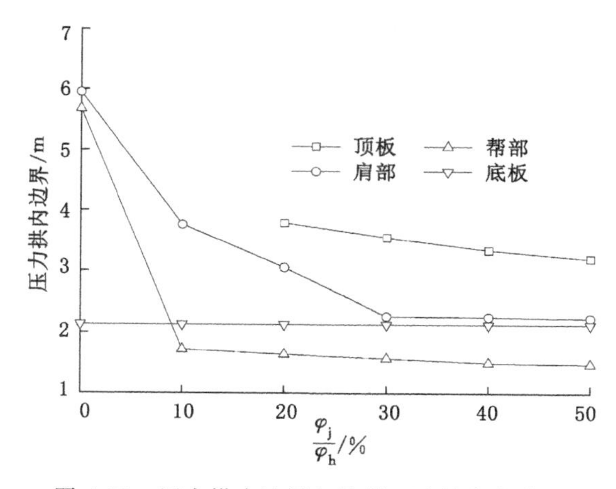

图 4-29 压力拱内边界与接触面摩擦角的关系

板压力拱厚度单调减小。以顶板、肩部压力拱厚度变化规律为例进行分析。接触面摩擦角为 0°、3.58°时，顶板没有形成压力拱，也即压力拱厚度为 0 m；接触面摩擦角为 7.17°～14.34°时，顶板压力拱厚度随接触面摩擦角的增大而增加，由 5.70 m 增加到 6.34 m，增加 11.23%；接触面摩擦角为 14.34°～19.2°时，顶板压力拱厚度随接触面摩擦角的增大而减小，由 6.39 m 减小到 6.29 m，减小 1.56%。接触面摩擦角由 0°增加到 19.2°时，肩部压力拱厚度由 9.90 m 减小到 8.00 m，减小 19.19%。

由此可见，接触面摩擦角在 0°～19.2°范围内变化时，顶板、帮部压力拱厚度受影响最显著，而肩部、底板压力拱厚度所受影响次之。

(2) 接触面摩擦角由 0°增加到 19.2°时，顶板压力拱内边界单调减小，肩部、帮部压力拱内边界先减小后趋于稳定，底板压力拱内边界基本不变(稳定在 2.11～2.13 m)。仍然以顶板、肩部压力拱内边界变化规律为例进行分析。接触面摩擦角由 7.17°增加到 19.2°时，顶板压力拱内边界由 3.79 m 减小到 3.20 m，减小 15.57%。接触面摩擦角由 0°增大到 10.75°时，肩部压力拱厚度由 5.95 m 减小到 2.26 m，减小 62.02%；接触面摩擦角由 10.75°增加到 19.2°时，压力拱内边界趋于稳定，为 2.23～2.26 m。

综合上述分析知，接触面摩擦角变化对顶板压力拱影响最为显著，其次为帮部、肩部压力拱，对底板压力拱影响最弱。

随着接触面摩擦角的变化，切向应力集中系数极值 k_{amax} 变化规律如图 4-30 所示。

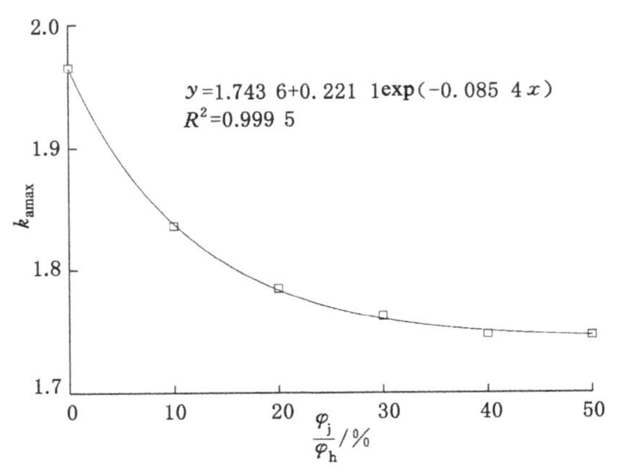

图 4-30 k_{amax} 随接触面摩擦角变化规律

由图 4-30 可知，接触面摩擦角由 0°增加到 19.2°时，压力拱内切向应力集中系数极值 k_{amax} 按负指数函数规律变化。接触面摩擦角由 0°增加到 19.2°时，k_{amax} 按指数函数规律由 1.822 减小到 1.772，减小 2.74%。此外，由该图还可以看出，接触面摩擦角越大，其增加引起的 k_{amax} 减小幅度越低：接触面摩擦角由 0°增加到 3.58°时，k_{amax} 由 1.822 减小到 1.809，减小幅度为 0.013；而接触面摩擦角由 14.34°增大到时 19.2°时，k_{amax} 由 1.779 减小到 1.772，减小幅度仅为 0.007。进一步分析曲线走势知，随着接触面摩擦角进一步增加，k_{amax} 将最终趋于稳定。这是因为，随着触面摩擦角增加，当接触面抗剪强度达到或超过软弱夹层抗剪强度时，其对围岩压力拱变化将基本不再产生影响。

这表明，随着接触面摩擦角增加，软弱夹层、硬岩之间相互作用增强，围岩协同性和承载能力增加,使 k_{amax} 减小。在工程现场,可以通过注浆等技术措施,提高软弱夹层及其与硬岩层之间的接触强度和协同承载能力,以增强围岩整体承载能力和稳定性。

4.7 支护结构与参数影响分析

4.7.1 各方案支护结构与参数

顶板软弱夹层对巷道围岩稳定性影响显著,且其位置与锚杆锚固段的相对位置关系对支护效果有显著影响[13]。

(1) 锚杆合理长度

结合实际工况知,软弱夹层距底边和顶板表面 1 m,厚度约为 0.6 m。取顶板锚杆长度分别为 2 m、2.5 m 和 3.0 m,锚固方式为加长锚(锚固长度超过 500 mm 或者孔深的 1/3,但是小于孔深的 90%)[115],如图 4-31 所示。

结合图 4-31 知,锚杆长度为 2 m 时,即使锚固长度为 1 m,锚杆内锚固段仍然有 60 cm 锚固在软弱夹层中,占锚固总长度的 60%。结合中性点理论[145]知,在锚杆预紧力作用下,中性点与孔底之间的围岩受拉应力作用,且压应力主要集中在锚固段端头约 1/3 范围内[146]。由此可知,锚杆长度为 2 m 时,预紧力在围岩中产生的拉应力主要由软弱夹层承担,不仅对其自身稳定不利,也不利于锚杆锚固。锚杆长度为 2.5 m 时,在锚固长度为 1.2 m 情况下,尚有 0.3 m 锚固在软弱夹层内,锚杆施加预紧力后,软弱夹层仍需承担锚杆预紧力产生的拉应力,对软弱夹层及锚固稳定性均不利。若将锚杆长度加长到 3.0 m,则在锚固长度为 1.2 m 情况下,锚固段均处在软弱夹层以上的硬岩层中,锚固预紧力在软弱夹层中产生压应力,对软弱夹层及锚杆锚固稳定性均有利。因此,确定锚杆长度为 3 m。

(2) 各方案支护参数

在确定锚杆长度的基础上,数值模拟研究的支护方案如表 4-2 所示。

表 4-2 数值模拟研究的支护方案

方案名称	支护结构与形式
方案一	锚杆支护
方案二	锚杆+锚索支护
方案三	锚杆+锚索+矿用 I12a 工字钢梁
方案四	锚杆+锚索+矿用 I12a 工字钢梁+注浆

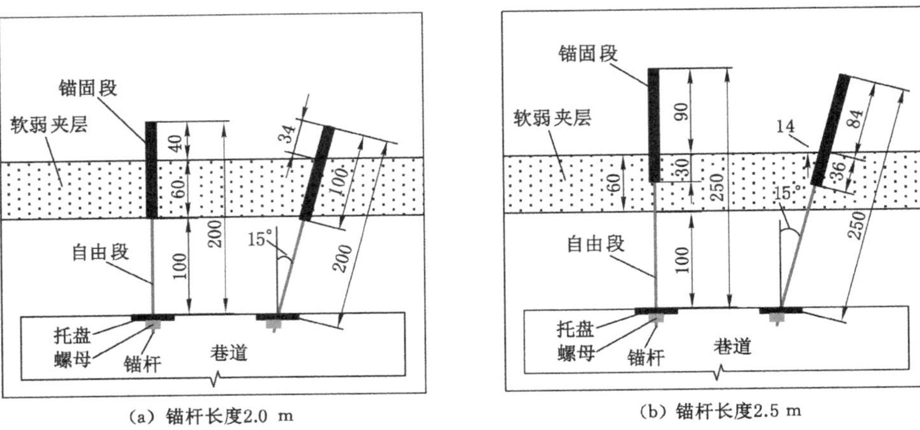

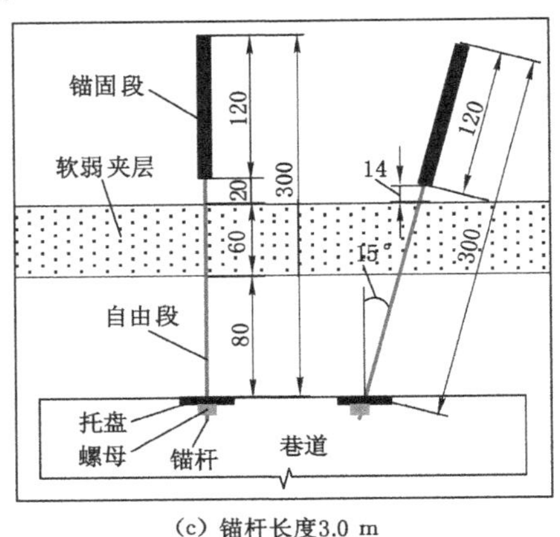

图 4-31　软弱夹层与锚杆锚固段位置关系（单位：cm）

表 4-2 所列方案支护构件具体参数如下：

顶板锚杆、帮部锚杆除长度外，其他参数均相同。顶板、帮部锚杆分别为 ϕ22 mm×3 000 mm、ϕ22 mm×2 500 mm 的高强钢锚杆，屈服强度为 500 MPa，间排距为 700 mm×700 mm，锚固长度为 1.2 m，锚固力为 150 kN，预紧力为 80 kN。锚索为 ϕ22 mm×6 000 mm 的 1×19 股钢绞线，屈服强度为 1 680 MPa，排距为 1 400 mm，间距为 2 000 mm；锚固长度不小于 2 m，锚固力为 300 kN，预紧力为 150 kN。工字钢梁为国产矿用 I12a 工字钢，排距为 700 mm。注浆的作用在于提高围岩强度，因此采用提高注浆范围内围岩黏结力和内摩擦角的方法模拟注浆。

4.7.2 支护对围岩压力拱的影响

不同方案支护时围岩压力拱厚度、内边界变化规律如图 4-32、图 4-33 所示。

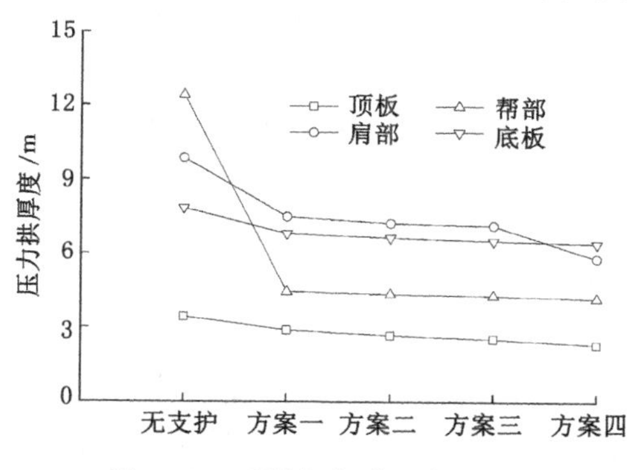

图 4-32 不同方案时压力拱厚度

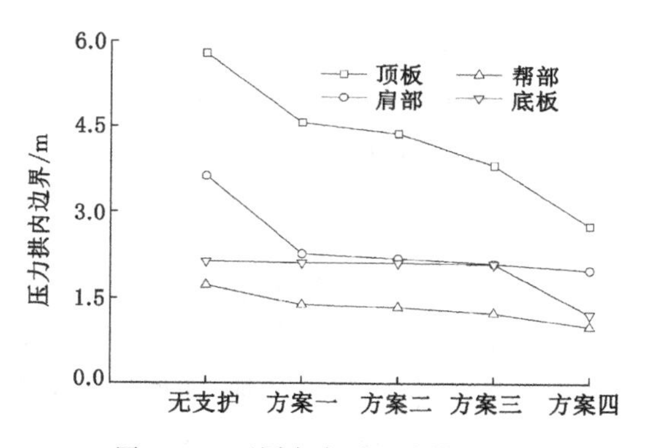

图 4-33 不同方案时压力拱内边界

由图 4-32、图 4-33 可知：

(1) 随着支护强度增加，围岩压力拱厚度逐渐减小。无支护时，围岩稳定需要的顶板、肩部、帮部和底板压力拱厚度分别为 3.42 m、9.87 m、12.42 m 和 7.84 m；方案一时，相应的压力拱厚度分别减小到 2.88 m、7.49 m、4.45 m 和 6.81 m，分别减小 15.79%、24.11%、64.17%和 13.14%；方案四支护时顶板、肩部、帮部和底板压力拱厚度进一步分别减小到 2.32 m、5.81 m、4.17 m 和 6.42 m，较方案一支护时分别减小 19.44%、22.43%、6.29%和 5.73%。由此可见，随着支护强度增加，围岩稳定需要的压力拱厚度逐渐减小。

(2) 随着支护强度增加，压力拱内边界总体上逐渐减小。无支护时，巷道围岩顶板、肩部、帮部和顶板压力拱内边界分别为 5.80 m、3.64 m、1.72 m 和

2.13 m，方案一支护时对应部分压力拱内边界分别减小到 4.56 m、2.26 m、1.38 m 和 2.10 m，分别减小 21.38%、37.91%、19.77%和 1.41%；方案四支护时围岩顶板、肩部、帮部和底板压力拱内边界分别为 2.75 m、1.98 m、1.00 m 和 1.22 m，较方案一时分别减小 39.69%、12.39%、27.54%和 41.90%。这表明，随着支护强度增加，特别是注浆后，软弱夹层强度提高，与硬岩层之间协同耦合承载能力增强，围岩塑性区范围减小，围岩浅部区域承载能力增加，压力拱内边界减小。

4.8 本章小结

(1) 基于物理模拟试验并借鉴已有研究成果，提出了物理意义明确、简单实用的巷道围岩成拱判据；将该判据嵌入 $FLAC^{3D}$ 中，数值模拟研究了软弱夹层位置、厚度、弹性模量、黏聚力、内摩擦角及其与硬岩层之间接触面黏聚力和摩擦角以及不同支护结构与形式等对围岩压力拱厚度、内边界的影响。

(2) 数值计算结果表明，软弱夹层位置、厚度对围岩压力拱厚度、内边界和切向应力集中系数极值影响最显著，其次为软弱夹层弹性模量，黏聚力和内摩擦角影响最弱；对于巷道不同部位，顶板压力拱受软弱夹层影响最显著，其次为帮部和肩部压力拱，底板压力拱受影响最弱。软弱夹层距顶板表面的距离大于或等于 3 m 后影响趋于稳定。

(3) 接触面摩擦角对围岩压力拱厚度、内边界的影响较黏聚力显著，且顶板受接触面黏聚力、摩擦角变化影响最显著，其次为肩部和帮部压力拱，底板压力拱受影响最弱；随着接触面黏聚力、摩擦角增加，切向应力集中系数极值均按指数函数规律减小。支护对围岩压力拱有显著影响，随着支护强度增加，巷道浅部围岩承载能力增加，压力拱内边界逐渐减小。

5 含软弱夹层巷道围岩组合梁(拱)稳定性理论分析

5.1 引 言

由第 2 章锚固体试验研究知,软弱夹层厚度、强度变化对锚固体峰值强度影响显著;而第 3 章地质力学模型试验研究表明,含软弱夹层矩形巷道顶板承载结构存在梁-拱转化特征,且组合梁稳定是巷道围岩稳定的前提和保证。

在前述试验研究基础上,本章进一步采用理论方法从机理上分析软弱夹层对岩体强度和顶板组合梁、压力拱承载能力及破坏模式的影响规律,并建立不同破坏模式下的稳定性判据,分析锚杆、锚索和工字钢梁支护对组合梁内力及承载能力的影响,为巷道围岩稳定性控制及支护方案设计提供指导。

为此,首先采用均质化理论方法[147-149]建立含软弱夹层岩体等效均质体力学模型,进而分析软弱夹层对等效均质体力学特性的影响。关于均质化理论方法,众多学者采用该方法对复合岩体力学特性进行了分析,如尹光志等[150]采用该方法对层状复合岩体的抗剪强度及破坏准则进行了研究,而 Huang 等[151]采用该方法分析了含煤夹层岩体的等效弹性模量。

其次,分析软弱夹层及支护对组合梁、压力拱承载能力和破坏模式的影响。为此,将含软弱夹层组合梁、压力拱视为等效均质体并建立相应的力学模型;给出组合梁、压力拱内力表达式;根据内力分布特征分析软弱夹层及支护的影响。将巷道围岩简化为组合梁、压力拱也是常用的巷道围岩稳定性分析方法。杨建辉等[6]、Shabanimashcool 等[152]采用组合梁理论对层状巷道顶板稳定性进行了分析。徐恩虎[153]通过将平顶巷道顶板简化为组合梁,分析了其稳定性。孟波[88]将破裂围岩等效为压力拱分析了其稳定性。张顶立等[121]分析了均质围岩圆形巷道压力拱演化特征和稳定性。

5.2 软弱夹层对等效均质体力学参数影响分析

含软弱夹层顶板本质上是层状岩体,为解决层状岩体强度和承载力问题,通常的做法是将其作为等效均质体处理[154]。

5.2.1 等效力学参数确定

Voigt 和 Reuss 在等效连续体方面进行了开创性研究，而 Salamon 的研究也非常有价值[154]。为获得含软弱夹层岩体等效强度参数，做如下假设[148-150]：

① 含软弱夹层岩体各分层均为各向同性介质；

② 软弱夹层及硬岩层破坏均服从莫尔-库仑强度准则；

③ 不考虑软弱夹层及硬岩层之间界面效应对整体强度的影响；

④ 软弱夹层、硬岩层内部应力和位移分布具有连续性。

在上述假设基础上，为获得软弱夹层对顶板稳定性的影响机理，利用等效化理论方法[150]，将含软弱夹层岩体等效为均质岩体并建立如图 5-1 所示的坐标系。假设巷道开挖影响范围内顶板岩层总厚度为 h，影响范围内硬岩层的厚度分别为 h_{h1} 和 h_{h2}，软弱夹层的厚度为 h_w，软弱夹层厚度占总岩层厚度的比例为 λ_w，则有：

$$\lambda_w = \frac{h_w}{h} \tag{5-1}$$

式中，h 为巷道开挖影响范围顶板岩层总厚度，m；h_w 为软弱夹层的厚度，m；λ_w 为软弱夹层厚度占岩层总厚度的比例。

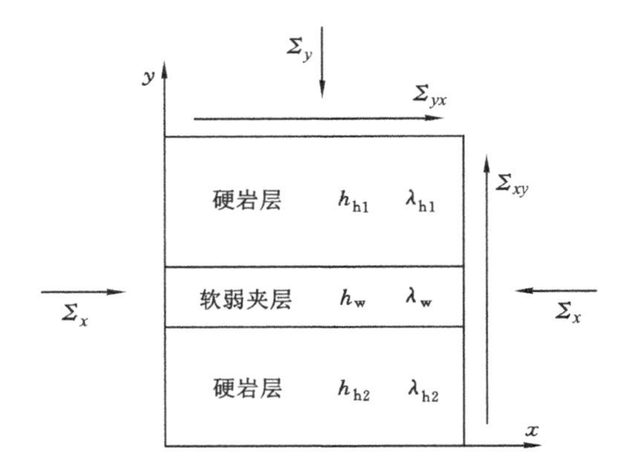

图 5-1 含软弱夹层岩体示意图

由此，得：

$$\lambda_{h1} + \lambda_w + \lambda_{h2} = 1 \tag{5-2}$$

定义含软弱夹层岩体内部的应力状态为[150]：

$$\sum = \lambda_{h1}\boldsymbol{\sigma}^{(1)} + \lambda_w\boldsymbol{\sigma}^{(2)} + \lambda_{h2}\boldsymbol{\sigma}^{(3)} \tag{5-3}$$

式中，$\boldsymbol{\sigma}^{(1)}$、$\boldsymbol{\sigma}^{(2)}$、$\boldsymbol{\sigma}^{(3)}$分别为各层岩石的应力张量(软弱夹层下、上岩层分别为第1、3层岩石，软弱夹层为第2层岩石)；Σ 为连续函数。

当含软弱夹层岩体各分层在(Σ_y,Σ_{xy})平面上破坏时，则有[147,155]：

$$\Sigma_y = \sigma_y^{(1)} = \sigma_y^{(2)} = \sigma_y^{(3)} \tag{5-4}$$

$$\Sigma_x = \lambda_{h1}\sigma_x^{(1)} + \lambda_w\sigma_x^{(2)} + \lambda_{h2}\sigma_x^{(3)} \tag{5-5}$$

$$\Sigma_{xy} = \tau_{xy}^{(1)} = \tau_{xy}^{(2)} = \tau_{xy}^{(3)} \tag{5-6}$$

根据莫尔-库仑准则，单一岩层的抗剪强度为：

$$|\tau^{(i)}| \leqslant \sigma^{(i)}\tan\varphi_i + c_i (i=1,2,3) \tag{5-7}$$

则在(x,y)平面上，根据式(5-7)，得：

$$\left(\frac{\sigma_x^{(i)} - \sigma_y^{(i)}}{2}\right)^2 + (\tau_{xy}^{(i)})^2 \leqslant \left(\frac{\sigma_x^{(i)} + \sigma_y^{(i)}}{2} + \frac{c_i}{\tan\varphi_i}\right)\frac{\tan^2\varphi_i}{1+\tan^2\varphi_i} \tag{5-8}$$

当所有岩层均发生剪切破坏时，则有：

$$\sum\left(\frac{\sigma_x^{(i)} - \sigma_y^{(i)}}{2}\right)^2 + \sum(\tau_{xy}^{(i)})^2 \leqslant \sum\left(\frac{\sigma_x^{(i)} + \sigma_y^{(i)}}{2} + \frac{c_i}{\tan\varphi_i}\right)\frac{\tan^2\varphi_i}{1+\tan^2\varphi_i} \tag{5-9}$$

对式(5-9)进行整理，得：

$$\left|X - \sum_{i=1}^{n}\lambda_i(\Sigma_y\tan^2\varphi_i + c_i\tan\varphi_i)\right| \leqslant \sum_{i=1}^{n}\lambda_i(1+\tan^2\varphi_i)^{0.5}\left[(\Sigma_y\tan\varphi_i + c_i)^2 - X^2\tan^2(2\alpha)\right]^{0.5} \tag{5-10}$$

式中，$X=(\Sigma_x - \Sigma_y)/2$；$\alpha$ 为最大主应力的方位角，$\cot(2\alpha)=X/Y$；$Y=\Sigma_{xy}$。

当岩体垂直岩层发生剪切破坏，即 $\alpha=90°$ 和最大主应力垂直层面方向时，$\tan^2(2\alpha)=0$，则式(5-10)可简化为：

$$\left|X - \sum_{i=1}^{n}\lambda_i(\Sigma_y\tan^2\varphi_i + c_i\tan\varphi_i)\right| = \sum_{i=1}^{n}\lambda_i(1+\tan^2\varphi_i)^{0.5}(\Sigma_y\tan\varphi_i + c_i) \tag{5-11}$$

将 $X=(\Sigma_x - \Sigma_y)/2$、$Y=\Sigma_{xy}$ 代入式(5-11)并整理，得：

$$\Sigma_{max} = A\Sigma_{min} + B \tag{5-12}$$

式中，Σ_{max} 为 Σ_y；Σ_{min} 为 Σ_x；A、B 为系数。

其中，$A = \dfrac{1}{1+2\sum\limits_{i=1}^{n}\lambda_i\tan^2\varphi_i - 2\sum\limits_{i=1}^{n}\lambda_i\tan\varphi_i(1+\tan^2\varphi_i)^{0.5}}$；

$$B = \frac{2\sum\limits_{i=1}^{n}\lambda_i c_i(1+\tan^2\varphi_i)^{0.5} - 2\sum\limits_{i=1}^{n}\lambda_i c_i\tan\varphi_i}{1+2\sum\limits_{i=1}^{n}\lambda_i\tan^2\varphi_i - 2\sum\limits_{i=1}^{n}\lambda_i\tan\varphi_i(1+\tan^2\varphi_i)^{0.5}}。$$

结合莫尔-库仑准则的主应力表达式(5-13)，得式(5-14)：

$$\sigma_1=\frac{1+\sin\varphi}{1-\sin\varphi}\sigma_3+\frac{2c\cos\varphi}{1-\sin\varphi} \tag{5-13}$$

$$\left.\begin{aligned}\frac{1+\sin\varphi}{1-\sin\varphi}&=A\\ \frac{2c\cos\varphi}{1-\sin\varphi}&=B\end{aligned}\right\} \tag{5-14}$$

求解式(5-14)，即得含软弱夹层岩体垂直岩层方向的黏聚力和内摩擦角与系数 A、B 的关系，而含软弱夹层岩体垂直岩层方向的黏聚力和内摩擦角分别为等效均质体最大黏聚力和内摩擦角[155]，由此得：

$$\left.\begin{aligned}\varphi_{\max}&=\arcsin\frac{A-1}{A+1}\\ c_{\max}&=\frac{B\left\{1-\sin\left[\arcsin\left(\frac{A-1}{A+1}\right)\right]\right\}}{2\cos\left[\arcsin\left(\frac{A-1}{A+1}\right)\right]}\end{aligned}\right\} \tag{5-15}$$

式中，$c_{\max}$、$\varphi_{\max}$ 分别为含软弱夹层岩体最大黏聚力和内摩擦角。

此外，根据已有研究[155]知，层状岩体沿层面方向的黏聚力、内摩擦角分别为其最小黏聚力、内摩擦角，即：

$$\left.\begin{aligned}\varphi_{\min}&=\varphi_{\mathrm{w}}\\ c_{\min}&=c_{\mathrm{w}}\end{aligned}\right\} \tag{5-16}$$

式中，$c_{\min}$、$\varphi_{\min}$ 分别为含软弱夹层岩体最小黏聚力和内摩擦角；c_{w}、φ_{w} 分别为软弱夹层的黏聚力和内摩擦角。

结合式(5-15)、式(5-16)并借鉴文献[155]中的方法，可得含软弱夹层岩体任一剪切面上的黏聚力和内摩擦角，如式(5-17)所示。

$$\left.\begin{aligned}c_{\mathrm{mass}}^{\theta}&=c_{\min}+(c_{\max}-c_{\min})\sin\theta\\ \varphi_{\mathrm{mass}}^{\theta}&=\varphi_{\min}+(\varphi_{\max}-\varphi_{\min})\sin\theta\end{aligned}\right\}\quad 0\leqslant\theta\leqslant\frac{\pi}{2} \tag{5-17}$$

式中，$c_{\mathrm{mass}}^{\theta}$、$\varphi_{\mathrm{mass}}^{\theta}$ 分别为含软弱夹层岩体黏聚力和内摩擦角；θ 为所求的 c、φ 值面的方向与层面的夹角[155]，如图 5-2 所示。

将式(5-16)、式(5-17)代入莫尔-库仑准则的一般形式，得：

$$\begin{aligned}|\tau|=c_{\mathrm{w}}+&\left\{\frac{B\left\{1-\sin\left[\arcsin\left(\frac{A-1}{A+1}\right)\right]\right\}}{2\cos\left[\arcsin\left(\frac{A-1}{A+1}\right)\right]}-c_{\mathrm{w}}\right\}\sin\theta+\\ &\sigma\tan\left\{\varphi_{\mathrm{w}}+\left[\arcsin\left(\frac{A-1}{A+1}\right)-\varphi_{\mathrm{w}}\right]\sin\theta\right\}\end{aligned} \tag{5-18}$$

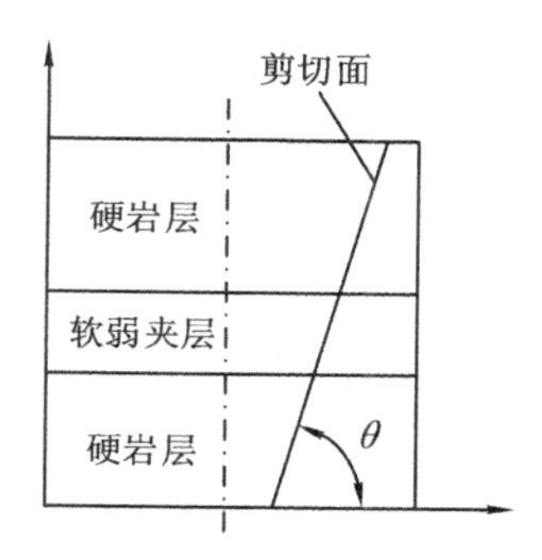

图 5-2　剪切面与岩层夹角 θ 的物理意义

由于$(c_{\max}-c_{\min})>0$和$(\varphi_{\max}-\varphi_{\min})>0$，式(5-18)为$[0,\pi/2]$上的增函数，$\theta=0$、$\pi/2$时$|\tau|$分别取得极小值和极大值。

此外，单轴压缩状态下，当σ_1平行于层理面时，根据式(5-5)，得到含软弱夹层岩体单轴抗压强度计算公式，如式(5-19)所示：

$$\sigma_{\text{cmass}}=\lambda_{\text{h1}}\sigma_x^{(1)}+\lambda_{\text{w}}\sigma_x^{(2)}+\lambda_{\text{h2}}\sigma_x^{(3)} \tag{5-19}$$

式中，σ_{cmass}为含软弱夹层岩体单轴抗压强度，MPa。

由上述分析知，采用等效方法可以获得含软弱夹层岩体等效黏聚力、内摩擦角和单轴抗压强度，为分析软弱夹层对等效体力学特性的影响提供了条件。

5.2.2　软弱夹层影响分析

结合5.2.1节，分析软弱夹层厚度、黏聚力和内摩擦角对等效体黏聚力和内摩擦角的影响。

5.2.2.1　对等效均质体 $c_{\max}$ 和 $\varphi_{\max}$ 的影响

根据实际工况，取硬岩层黏聚力和内摩擦角以及软弱夹层黏聚力、内摩擦角和厚度百分比如表5-1所示。

表 5-1　硬岩层及软弱夹层参数

岩层名称	黏聚力/MPa	内摩擦角/(°)	厚度百分比/%
硬 岩 层	5.35	35.84	—
软弱夹层	1.25	19.8	20

将表5-1中参数代入式(5-12)～式(5-15)，每次只选择一个参数作为变量，其他参数取初值，得到软弱夹层厚度、黏聚力和内摩擦角对等效岩垂直岩层方向黏聚力$c_{\max}$和内摩擦角$\varphi_{\max}$的影响，如图5-3所示。

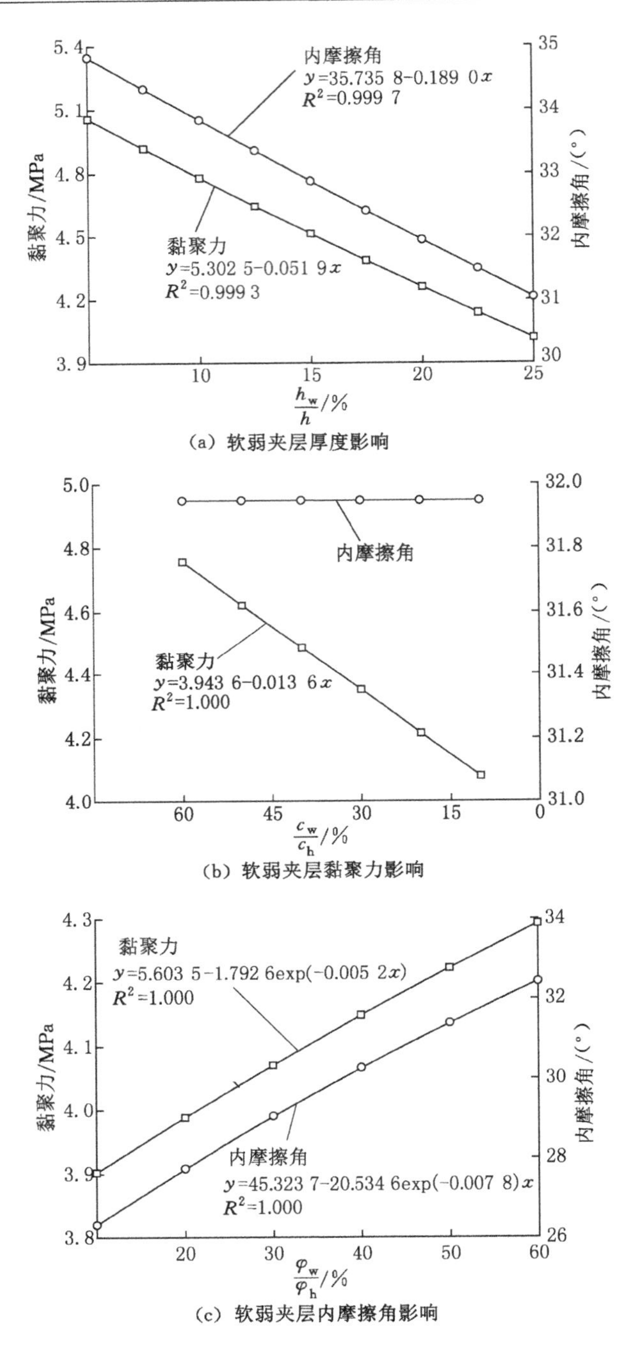

(a) 软弱夹层厚度影响

(b) 软弱夹层黏聚力影响

(c) 软弱夹层内摩擦角影响

图 5-3　软弱夹层对等效体均质体 c_{max} 和 φ_{max} 的影响

由图 5-3 可知,软弱夹层厚度、黏聚力和内摩擦角对等效均质体最大黏聚力和内摩擦角的影响规律如下:

(1) 随着软弱夹层占岩体总厚度百分比的增加,等效均质体最大黏聚力和内摩擦角均线性减小。软弱夹层厚度占比由 5%增加到 25%时,等效均质体最大黏聚力和内摩擦角分别由 5.06 MPa 和 34.82°减小到 4.02 MPa 和 31.04°,分别减小 20.6%和 10.9%。

(2) 随着软弱夹层黏聚力增大,等效均质体最大黏聚力线性增加,而内摩擦角不变。软弱夹层黏聚力由 0.54 MPa 增加到 3.21 MPa 时,等效均质体最大黏聚力由 4.08 MPa 增加到 4.76 MPa,增加 16.7%。而随着软弱夹层黏聚力增加,等效均质体最大内摩擦角不变,均为 31.95°。

(3) 随着软弱夹层内摩擦角增大,等效均质体最大黏聚力和内摩擦角均按指数函数规律增大。软弱夹层内摩擦角由 3.58°增加到 32.26°时,等效均质体最大黏聚力和内摩擦角分别由 3.90 MPa、26.32°增加到 4.29 MPa 和 32.43°,分别增大 10.0%和 23.2%。

由此可见,软弱夹层厚度对等效均质体黏聚力和内摩擦角影响最大,其次为内摩擦角,而黏聚力仅影响等效均质体黏聚力。这与软弱夹层厚度对围岩压力拱的影响较黏聚力、内摩擦角影响显著的结果一致。

5.2.2.2 对任意剪切面上 $c_{\mathrm{mass}}^{\theta}$ 和 $\varphi_{\mathrm{mass}}^{\theta}$ 的影响

采用相同的方法,将表 5-1 中数据代入式(5-17)得到软弱夹层厚度、黏聚力和内摩擦角对岩体不同的剪切面上黏聚力和内摩擦角的影响,如图 5-4 所示。

由图 5-4 知,软弱夹层厚度、黏聚力和内摩擦角对等效体不同剪切面上 $c_{\mathrm{mass}}^{\theta}$ 和 $\varphi_{\mathrm{mass}}^{\theta}$ 的影响规律为:

(1) 随着软弱夹层厚度增加,等效体黏聚力 $c_{\mathrm{mass}}^{\theta}$ 和内摩擦角 $\varphi_{\mathrm{mass}}^{\theta}$ 均线性减小,且随着剪切面与岩层之间夹角 θ 的增大,软弱夹层厚度影响增强。$\theta=15°$,软弱夹层厚度占比由 5%增加到 25%时,等效均质体黏聚力和内摩擦角分别由 2.24 MPa 和 23.69°减小到 1.97 MPa 和 22.71°,分别减小 12.1%和 4.1%。$\theta=75°$,软弱夹层厚度占比由 5%增加到 25%时,等效均质体黏聚力和内摩擦角分别由 2.82 MPa 和 34.31°减小到 2.38 MPa 和 30.66°,分别减小 15.6%和 10.6%。

(2) 随着软弱夹层黏聚力减小,等效均质体黏聚力线性减小,且随着 θ 的增大软弱夹层黏聚力影响程度减弱。$\theta=15°$,软弱夹层黏聚力由 3.21 MPa 增加到 0.54 MPa 时,等效均质体黏聚力由 3.61 MPa 减小到 1.45 MPa,减小 59.8%。$\theta=75°$时,软弱夹层内摩擦角上述变化过程中,等效均质体黏聚力由 4.70 MPa 减小到 3.96 MPa,减小 15.7%。

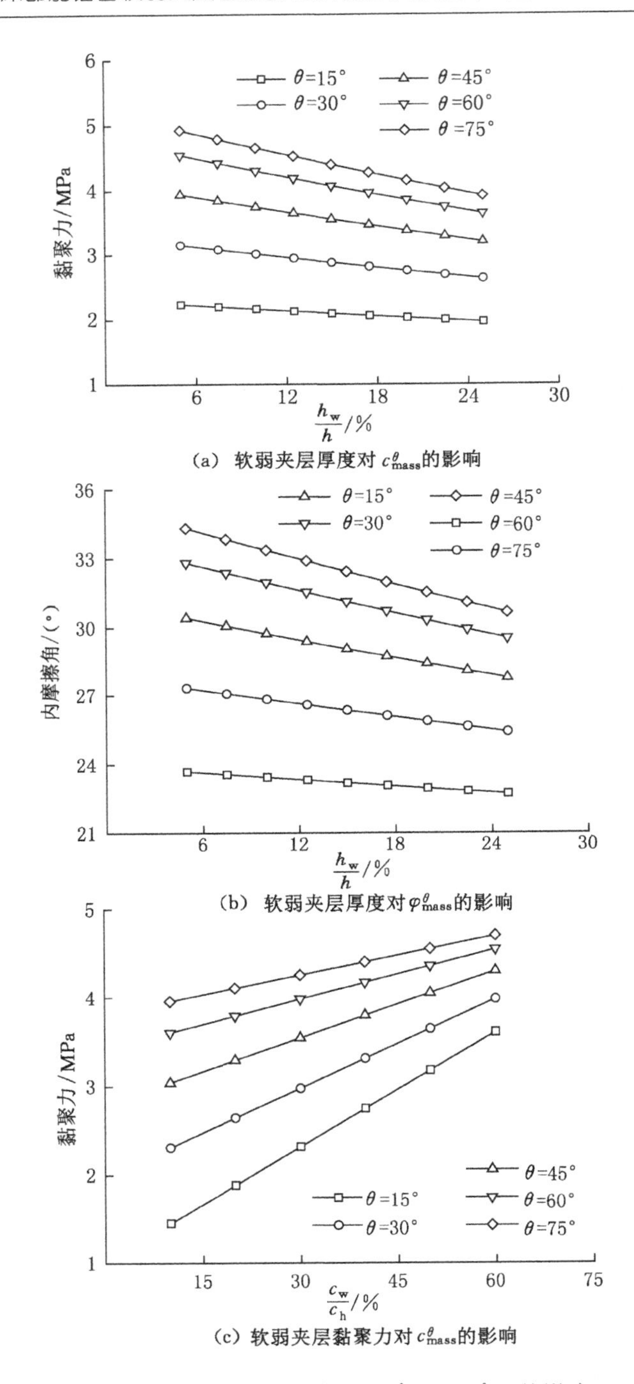

图 5-4　软弱夹层对不同剪切面 c_{mass}^{θ} 和 φ_{mass}^{θ} 的影响

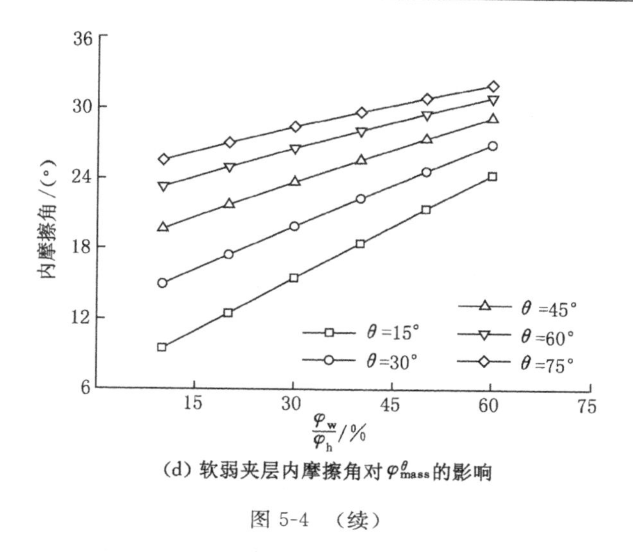

(d) 软弱夹层内摩擦角对 φ_{mass}^{θ} 的影响

图 5-4 (续)

(3) 随着软弱夹层内摩擦角减小,等效均质体内摩擦角线性减小,且随着 θ 的增大软弱夹层内摩擦角影响程度逐渐减弱。$\theta=15°$,软弱夹层内摩擦角由 21.50°减小到 3.58°时,等效均质体内摩擦角由 24.33°减小到 9.47°,减小 61.1%。$\theta=75°$时,软弱夹层内摩擦角上述变化过程中,等效均质体内摩擦角由 32.06°减小到 25.55°,减小 20.3%。

综合上述分析知,软弱夹层对等效均质体黏聚力、内摩擦角弱化作用显著。

5.3 软弱夹层对顶板组合梁承载能力影响分析

由第 3 章研究知,含软弱夹层矩形巷道顶板初次承载结构为组合梁,且组合梁稳定是巷道围岩稳定的前提和保证。因此,本节采用理论分析方法研究软弱夹层对组合梁破坏模式、极限承载能力的影响,并进一步分析锚杆(索)等支护参数对含软弱夹层组合梁的稳定控制作用。

5.3.1 组合梁力学模型

在巷道顶板稳定性分析中,将其简化为梁模型并结合一定的边界条件进行分析是一种常用的方法[153,156]。为此,采用与前述相同的均质化方法,将含软弱夹层顶板等效为连续、均质体,并假定其在弹性范围内变形微小、完全弹性。将如图 5-5 所示的虚线框内部分从巷道顶板分离出来简化为梁模型进行分析。组合梁顶面受垂直荷载作用,两端受水平荷载和支座反力作用。假定上覆荷载、水平荷载均为均布荷载并将其分别线性化为 q、λq，其中 λ 为侧压系数。据此得到如图 5-6 所示的含软弱夹层顶板组合梁力学模型。

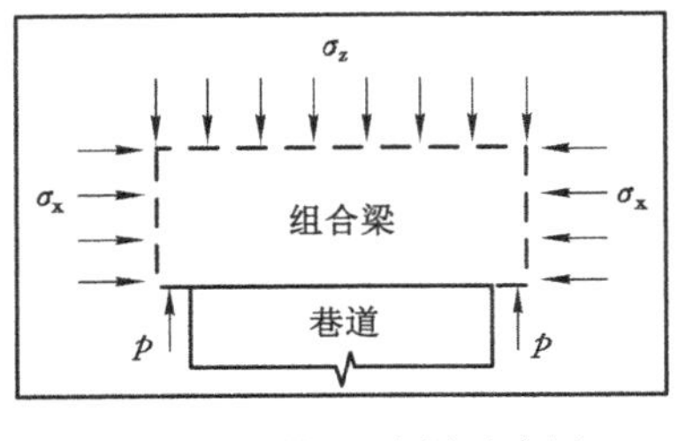

图 5-5　顶板组合梁示意图

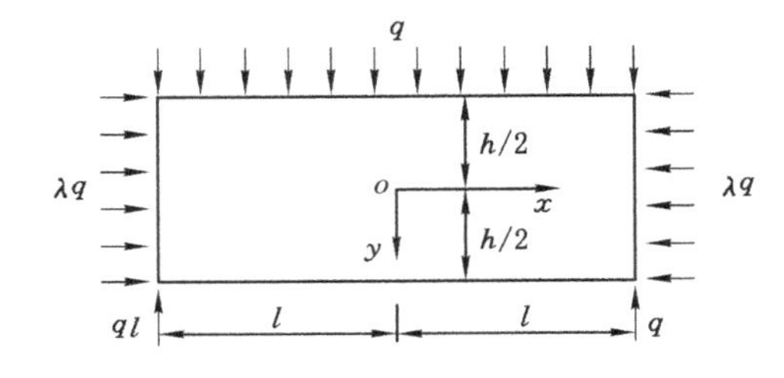

图 5-6　组合梁力学模型

为分析该组合梁内力分布特征，将其分解为简支梁模型和仅在两端受水平力的模型，如图 5-7 所示。

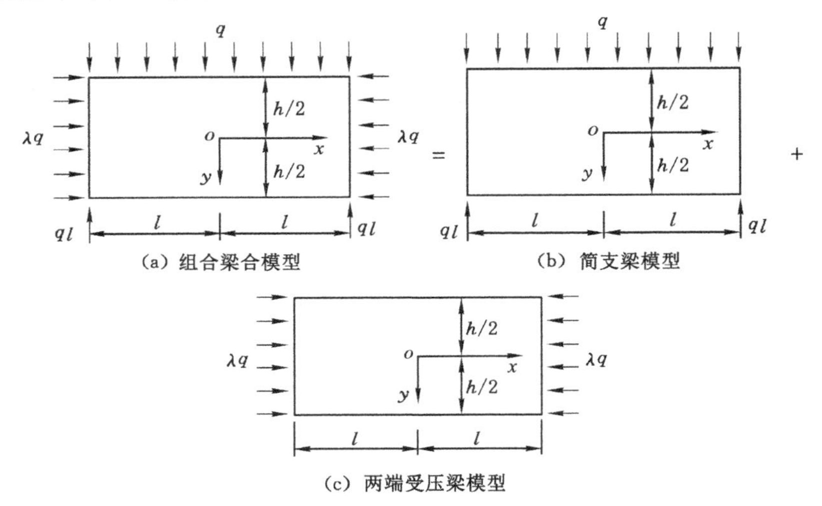

(a) 组合梁合模型

(b) 简支梁模型

(c) 两端受压梁模型

图 5-7　组合梁力学模型分解

对于简支梁模型，根据弹性力学[125]可得其内力分布表达式，如式(5-20)所示：

$$\left.\begin{aligned}\sigma_x^{(1)} &= \frac{6q}{h^3}(l^2 - x^2)\,y + q\,\frac{y}{h}\left(4\,\frac{y^2}{h^2} - \frac{3}{5}\right)\\ \sigma_y^{(1)} &= -\frac{q}{2}\left(1 + \frac{y}{h}\right)\left(1 - \frac{2y}{h}\right)^2\\ \tau_{xy}^{(1)} &= -\frac{6q}{h^3}x\left(\frac{h^2}{4} - y^2\right)\end{aligned}\right\}\tag{5-20}$$

而对于如图 5-7(c)所示的力学模型，取应力函数：

$$U = ax^2 + bxy + cy^2 \tag{5-21}$$

显然，式(5-21)满足双调和方程[式(5-22)]，对该式求导，可得梁仅两端受压时的应力表达式，如式(5-23)所示。

$$\nabla^2\nabla^2 U = \frac{\partial^4 U}{\partial x^4} + 2\frac{\partial^4 U}{\partial x^2 y^2} + \frac{\partial^4 U}{\partial y^4} = 0 \tag{5-22}$$

$$\left.\begin{aligned} \sigma_x^{(2)} &= \frac{\partial^2 U}{\partial y^2} = 2c \\ \sigma_y^{(2)} &= \frac{\partial^2 U}{\partial x^2} = 2a \\ \tau_{xy}^{(2)} &= -\frac{\partial^2 U}{\partial x \partial y} = -2b \end{aligned}\right\} \tag{5-23}$$

根据边界条件，得：

$$\left.\begin{aligned} (\sigma_x^{(2)})_{x=l} &= 2c = -\lambda q \\ (\sigma_y^{(2)})_{y=\mp h/2} &= 2a = 0 \\ (\tau_{xy}^{(2)})_{y=\mp h/2} &= 2b = 0 \end{aligned}\right\} \tag{5-24}$$

据此，得：

$$\left.\begin{aligned} \sigma_x^{(2)} &= -\lambda q \\ \sigma_y^{(2)} &= 0 \\ \tau_{xy}^{(2)} &= 0 \end{aligned}\right\} \tag{5-25}$$

式(5-20)＋式(5-25)，得该组合梁模型的应力表达式：

$$\left.\begin{aligned} \sigma_x &= \frac{6q}{h^3}(l^2 - x^2)y + q\frac{y}{h}\left(4\frac{y^2}{h^2} - \frac{3}{5}\right) - \lambda q \\ \sigma_y &= -\frac{q}{2}\left(1 + \frac{y}{h}\right)\left(1 - \frac{2y}{h}\right)^2 \\ \tau_{xy} &= -\frac{6q}{h^3}x\left(\frac{h^2}{4} - y^2\right) \end{aligned}\right\} \tag{5-26}$$

组合梁力学模型和应力表达式的建立，为分析其破坏模式和稳定判据提供了基础。由式(5-26)知，水平应力小于某一值时能够减小组合梁拉应力，对其稳定有利。

5.3.2 破坏模式及稳定性判据

结合式(5-26)，对组合梁破坏模式进行分析，并提出相应的稳定性判据。

5.3.2.1 拉破坏

(1) 顶板跨中拉破坏。由式(5-26)第二式知，沿巷道顶板表面($y=h/2$)，水平拉应力呈抛物线形式分布，如图 5-8 所示。

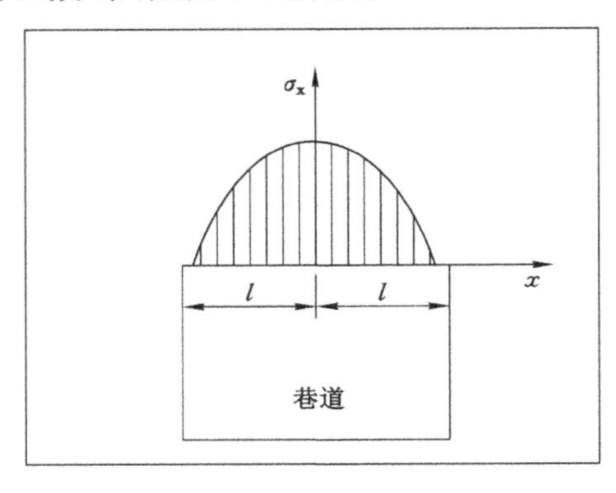

图 5-8 顶板表面水平应力分布示意图

显然，在顶板表面中点，也即 $x=0$、$y=h/2$ 处水平拉应力 σ_x 最大，将 $x=0$、$y=h/2$ 代入式(5-26)第一式，得：

$$\sigma_{x\max}=\frac{3ql^2}{h^2}+\frac{q}{5}-\lambda q \tag{5-27}$$

式中，$\sigma_{x\max}$ 为顶板组合梁最大拉应力，MPa；l 为巷道跨度的一半，m。

显然，为保证巷道不发生拉破坏，$\sigma_{x\max}$ 应小于顶板硬岩层的抗拉强度并有一定的安全储备，即：

$$k_s\sigma_{x\max}<[\sigma_t] \tag{5-28}$$

式中，$[\sigma_t]$为顶板硬岩层抗拉强度；k_s 为抗拉安全系数。

此外，若以顶板拉破坏作为其承载结构由组合梁向组合拱转变的起点，则可以得到梁-拱转化判据，如式(5-29)所示。

$$\sigma_{x\max}<[\sigma_t] \tag{5-29}$$

(2) 层间拉破坏。σ_y 即为组合梁层面间拉(压)应力，假定层间黏结力为软弱夹层黏聚力，则组合梁不发生层间拉破坏的条件为：

$$\sigma_y=-\frac{q}{2}\left(1+\frac{y}{h}\right)\left(1-\frac{2y}{h}\right)^2<c_w \tag{5-30}$$

分析知，弹性范围内在层面间 σ_y 为压应力，所以组合梁在达到弹性极限时层面间不会发生拉破坏。

5.3.2.2 剪切破坏

结合前述分析知，等效均质体抗剪强度与剪切面和岩层的夹角有 θ 关，因此主要考虑剪切面垂直于岩层、平行于岩层和与岩层斜交时的情况。

(1) 剪切面垂直于岩层。由式(5-26)第三式知,梁两端($x=\pm l$)即支座处,组合梁受最大剪力 ql 作用,有:

$$\left.\begin{aligned}(\sigma_x)_{y=h/2}^{x=l}&=\left(\frac{1}{5}-\lambda\right)q\\(\sigma_x)_{y=-\frac{h}{2}}^{x=l}&=\left(-\frac{1}{5}-\lambda\right)q\end{aligned}\right\}\tag{5-31}$$

且当 $\lambda\geqslant1$ 时,$(\sigma_x)_{y=-\frac{h}{2}}^{x=l}=\left(\frac{1}{5}-\lambda\right)q$、$(\sigma_x)_{y=h/2}^{x=l}=\left(-\frac{1}{5}-\lambda\right)q$ 均为压应力,可以用莫尔-库仑准则判断组合梁是否发生切落失稳。

假定 ql 沿梁高均匀分布,取 c、φ 分别为 $c_{\max}$ 和 $\varphi_{\max}$,组合梁取单位宽度,则有:

$$\frac{ql}{h\times1}<c_{\max}+\int\sigma_x\tan\varphi_{\max}\tag{5-32}$$

偏安全考虑,取 $\sigma_x=(\sigma_x)_{y=h/2}^{x=l}=\left(\frac{1}{5}-\lambda\right)q$,并取压应力为正,则得组合梁切落失稳极限承载能力:

$$q=\frac{c_{\max}}{\frac{l}{h}-\left|\lambda-\frac{1}{5}\right|\tan\varphi_{\max}}\tag{5-33}$$

(2) 剪切面平行于岩层。当 y 一定时,剪应力 τ_{xy} 为 x 的增函数,同时考虑到对称性,取 $x=l$ 时进行分析。剪切面平行于岩层方向时,组合梁抗剪强度即为软弱夹层抗剪强度。假设软弱夹层与 $\tau_{xy\max}$ 的距离为 d_1,如图 5-9 所示,此时 $y=d_1$。将 $y=d_1$ 时 σ_y 和 τ_{yx} 代入式(5-33),得软弱夹层与 $\tau_{xy\max}$ 距离为 d_1 时组合梁不发生顺层剪切破坏的极限条件:

$$q=\frac{2c_{\mathrm{w}}}{\frac{12l}{h^3}\left(\frac{h^2}{4}-d_1^2\right)-\left(1+\frac{d_1}{h}\right)\left(1-\frac{2d_1}{h}\right)^2\tan\varphi_{\mathrm{w}}}\quad(0<d_1<h/2)\tag{5-34}$$

需要指出的是,根据 2.5 节及 3.5.1 节物理模拟试验结果,软弱夹层由于强度低和受到硬岩层的夹层作用,内部裂隙发育不明显,而硬岩层是主要的承载结构,所以进行稳定性分析和支护参数设计时,应重点考虑硬岩层的稳定。

(3) 剪切面与岩层斜交。为方便分析,称剪切面既不平行也不垂直于岩层方向时为斜剪破坏。由于对称性,仅考虑 $0°<\theta<90°$ 的情况,组合梁不发生斜剪破坏的条件为:

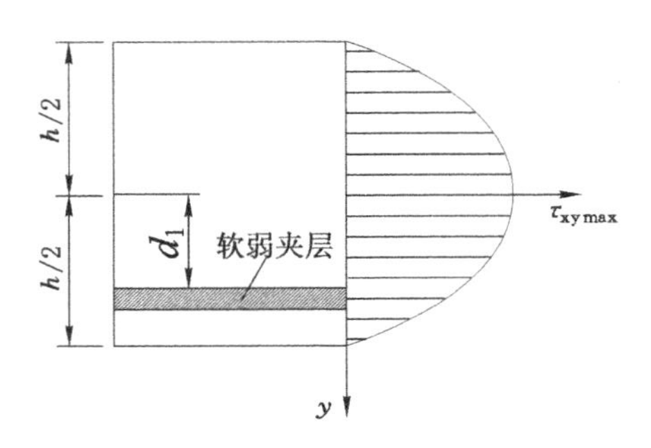

图 5-9 软弱夹层与 $\tau_{xy\max}$ 位置关系示意图

$$\tau_n^\theta < c_{\text{mass}}^\theta + \sigma_n^\theta \tan \varphi_{\text{mass}}^\theta \tag{5-35}$$

式中：σ_n^θ 为剪切面正应力，$\sigma_n^\theta = \sin^2\theta\sigma_x + \cos^2\theta\sigma_y + 2\sin\theta\cos\theta\tau_{xy}$（取压应力）；$\tau_n^\theta$ 为剪切面剪应力，$\tau_n^\theta = (\sigma_x - \sigma_y)\sin\theta\cos\theta + (\sin^2\theta - \cos^2\theta)\tau_{xy}$。

对式(5-35)取等号，得 0°<θ<90°时围岩极限承载能力表达式：

$$q = \frac{c_{\text{mass}}^\theta}{(A_\theta - B_\theta \tan \varphi_{\text{mass}}^\theta)} \tag{5-36}$$

式中：

$$A_\theta = -\sin\theta\cos\theta\left[\frac{1}{2}(1+\frac{y}{h})(1-\frac{2y}{h})^2 + \frac{6}{h^3}(l^2 - x^2)y + \frac{y}{h}(4\frac{y^2}{h^2} - \frac{3}{5}) - \lambda\right] - (\sin^2\theta - \cos^2\theta)\frac{6}{h^3}x\left(\frac{h^2}{4} - y^2\right)$$

$$B_\theta = \sin^2\theta\left[\frac{6}{h^3}(l^2 - x^2)y + \frac{y}{h}\left(4\frac{y^2}{h^2} - \frac{3}{5}\right) - \lambda\right] - \cos^2\theta\left[\frac{1}{2}\left(1+\frac{y}{h}\right)\left(1-\frac{2y}{h}\right)\right] - 2\sin\theta\cos\theta\left[\frac{1}{h^3}x\left(\frac{h^2}{4} - y^2\right)\right]$$

可见，为保证顶板组合梁的稳定，应保证其不发生跨中拉破坏、支座处的整体切落失稳和斜剪破坏。

5.3.3 支护作用力学模型

在目前技术条件下，巷道主要支护构件为锚杆、锚索和工字钢梁（或 U 型钢），因此本节主要建立上述支护构件力学模型。

（1）锚杆轴向支护作用力学模型

由第 2 章研究知，在锚杆轴力压缩作用下，锚固体沿锚杆轴向按弧形线延展，且越靠近锚固体边缘，压力拱延展线与锚固体自由面越趋于平行。可见，随着远离锚固体自由面,锚杆对锚固体的作用力逐渐趋于均匀分布。因此,以锚杆锚固范围内岩体为对象,建立组合梁模型。由于锚杆全部在组合梁内,因此可首先将锚杆对围岩表面的压力及其内锚固段对组合梁的作用力简化为集中力作用在锚杆两端的组合梁上,如图 5-10(a)所示。其次,根据锚固体试验结果并参考已有研究成果[153,157],将锚杆集中力作用视为均布力作用在组合梁顶面和底面,如图 5-10(b)所示。

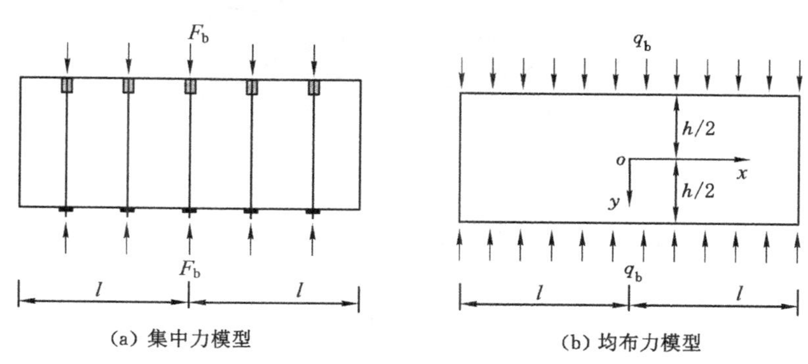

图 5-10 锚杆作用力学模型

结合式(5-24)、式(5-25)知,q_b 仅对组合梁层间挤压应力 σ_y 有影响,而对 σ_x 和 τ_{xy} 没有影响,因此有:

$$\sigma_y^b = -q_b \tag{5-37}$$

式中,q_b 为锚杆支护在顶板产生的均布作用力,可通过式(5-38)计算。

$$q_b = \frac{F_b}{l_{ba} l_{bs}} \tag{5-38}$$

式中,F_b 为单根锚杆对顶板产生的集中作用力;l_{bs}、l_{ba} 分别为锚杆间距和排距。

组合梁沿巷道取单位长度时,则可将 q_b 视为线荷载。

(2) 锚杆横向支护作用

锚杆横向支护作用主要通过其抗剪能力实现,图 5-11 为本书通过第 2 章锚固体试验观察到的锚杆受剪弯曲现象。

研究表明,锚杆发挥横向抗剪作用时,对锚固体黏聚力影响显著,而对锚固体内摩擦角影响并不明显[158]。单根锚杆提供的附加黏聚力可以通过式(5-39)[159]计算。

$$c_b = F_{smax} \cos(\pi/4 - \varphi_a/2)/S_a \tag{5-39}$$

式中,c_b 为单根锚杆提供的附加黏聚力,MPa;F_{smax} 为锚杆所受最大剪应力,通

图 5-11　锚杆弯曲

过式(5-40)计算，MPa；φ_a为锚固体内摩擦角，(°)；S_a 为锚固体自由面面积，m^2。

$$F_{s\max}=\frac{F_a}{\sqrt{3}} \tag{5-40}$$

式中，F_a 为锚杆极限锚固力，MN。

根据式(5-39)和式(5-40)即可计算锚杆支护对围岩黏聚力的影响。

(3) 工字钢梁支护作用分析力学模型

由于工字钢梁支撑在巷道底板上，因此对组合梁的作用力是外力。假定工字钢梁受均布力作用，则可得到如图 5-12 所示的工字钢梁对顶板作用力学模型(仅考虑工字钢梁作用)。为求解该力学模型，结合图 5-7(b)，将上覆岩层作用 q 分解为 q_u 和 $q-q_u$，把 q_u 作用到图 5-12 上，得到如图 5-13 所示的力学模型。

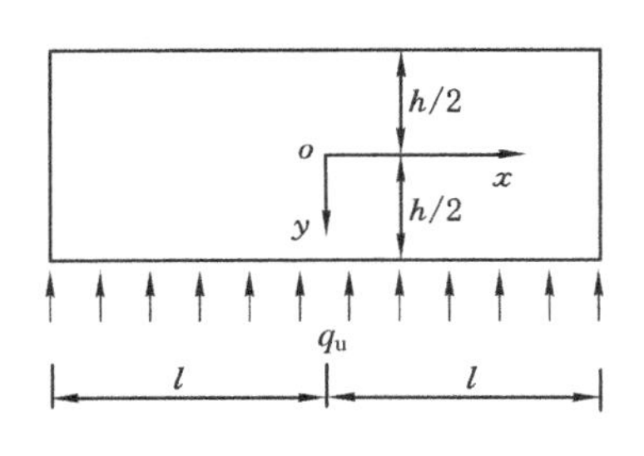

图 5-12　工字钢梁对顶板作用力学模型

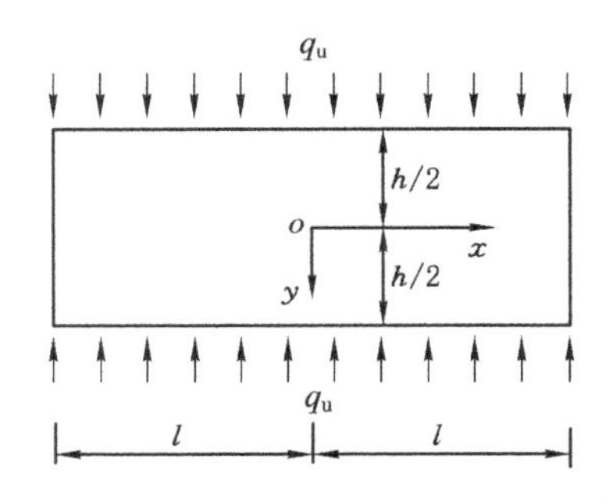

图 5-13　工字钢梁与等效上覆荷载力学模型

由此，可得工字钢梁支护在顶板组合梁中产生的层间压应力：

$$\sigma_y^u=-q_u \tag{5-41}$$

式中，q_u 为单榀工字钢在单位长度巷道(沿巷道轴向)顶板的作用力。

由于工字钢梁与棚腿之间为刚性连接，若以拉破坏作为其极限承载能力判断的标准，则可得 q_u 的计算公式，如式(5-42)所示。

$$q_u = \frac{3W_u[\sigma_{tu}]}{l^2 l_{ua}} \tag{5-42}$$

式中，W_u、$[\sigma_{tu}]$、l_{ua} 分别为工字钢截面系数、抗拉强度和排距。

将式(5-20)中的 q 替换为 $q-q_u$，并结合式(5-25)、式(5-37)和式(5-41)，得锚杆、工字钢梁共同支护作用下组合梁内应力表达式：

$$\left.\begin{aligned}
\sigma_x &= \frac{6(q-q_u)}{h^3}(l^2-x^2)y + (q-q_u)\frac{y}{h}\left(4\frac{y^2}{h^2}-\frac{3}{5}\right)-\lambda q \\
\sigma_y &= -\frac{(q-q_u)}{2}\left(1+\frac{y}{h}\right)\left(1-\frac{2y}{h}\right)^2 - q_b \\
\tau_{xy} &= -\frac{6(q-q_u)}{h^3}x\left(\frac{h^2}{4}-y^2\right)
\end{aligned}\right\} \tag{5-43}$$

(4) 锚索作用分析

锚索由于锚固在围岩深部稳定岩层上，不仅对锚杆支护形成的组合梁具有减跨作用，而且使顶板组合梁高度增加，由于位于锚索自由段范围内的围岩均受到锚索轴力压缩作用，据此认为锚索支护后顶板组合梁高度为锚索自由段长度。考虑两种情况：① 顶板中部施加锚索；② 顶板中部不施加锚索。组合梁沿巷道轴向取单位宽度，假定锚索以巷道跨中为轴线对称布置，间距为 l_s，排距为 l_a，对顶板的作用力为 F_c，且 F_c 在锚索排距内均匀分布[157]，有：

显然，在集中荷载和均布荷载组合作用下，用弹性力学知识难以求解，为此用结构力学的方法进行求解，并将顶板组合梁视为简支梁。对于拉应力，由于最大拉应力、最大剪应力分别位于跨中和梁端，因此仅考虑锚索减跨作用对跨中弯矩和梁端剪应力的影响。

对于图 5-14(a)，有：

$$(M)_{x=0}^{a} = \frac{1}{2}(q-q_u)l^2 + \frac{F_c}{2l_a}(2l_s-3l) \tag{5-44}$$

$$(\tau_{xy})_{x=l}^{a} = \frac{3}{2hl_a}F_c - \frac{(q-q_u)l}{h} \tag{5-45}$$

对于图 5-14(b)，有：

$$(M)_{x=0}^{b} = \frac{1}{2}(q-q_u)l^2 + \frac{F_c}{2l_a}(l_s-2l) \tag{5-46}$$

$$(\tau_{xy})_{x=l}^{b} = \frac{1}{hl_a}F_c - \frac{(q-q_u)l}{h} \tag{5-47}$$

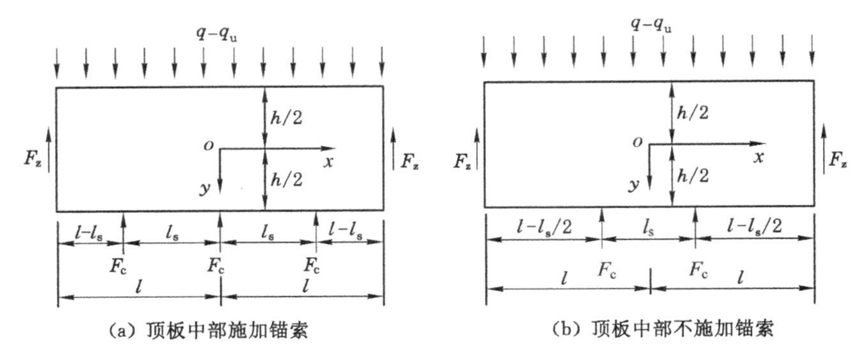

图 5-14　锚索支护作用力学模型

令 $q-q_u=0$，并将其及 $I=h^3/12$、$y=h/2$ 代入式(5-44)、式(5-46)，有：

$$\left.\begin{aligned}(\sigma_x)_{x=0}^{a}=\frac{3F_c}{h^2l_a}(2l_s-3l),(\tau_{xy})_{x=l}^{a}=\frac{3}{2hl_a}F_c\\(\sigma_x)_{x=0}^{b}=\frac{3F_c}{h^2l_a}(l_s-2l),(\tau_{xy})_{x=l}^{b}=\frac{1}{hl_a}F_c\end{aligned}\right\}\tag{5-48}$$

由此，根据式(5-43)、式(5-48)即可计算锚杆等支护对顶板组合梁内力的影响。

由上述关于支护对组合梁承载能力的影响分析知，锚杆、锚索和工字钢梁协同作用时，支护效果最佳；因此，工程现场应通过一定的技术措施，保证三者协同耦合作用以及支护与围岩协同耦合承载。

5.3.4　软弱夹层影响分析

根据上述力学模型，分析软弱夹层厚度、黏聚力、内摩擦角及位置对组合梁极限承载能力的影响，以上述参数对组合梁切落失稳、顺层剪切破坏极限承载能力的影响为例进行分析。软弱夹层厚度和位置(距顶板表面的距离)、巷道跨度、梁高度等参数如表 5-2 所示。

表 5-2　组合梁及软弱夹层参数

软弱夹层厚度/m	软弱夹层位置/m	梁跨度/m	梁高度/m	梁宽度
0.6	1	4.8	3	单位宽度

表 5-2 中梁跨度即为巷道宽度，有 $2l=4.8$ m；梁高度根据文献[153]的方法取值，取软弱夹层厚度、位置(距顶板表面的距离)分别为 0.6 m 和 1 m，取$\lambda=1.2$。

5.3.4.1 组合梁切落失稳极限承载能力

将表 5-1 中参数代入式(5-33)、式(5-15)，计算得到软弱夹层厚度、黏聚力和内摩擦角与组合梁切落失稳极限承载能力的关系，如图 5-15 所示。

由图 5-15 知，软弱夹层厚度、黏聚力和内摩擦角对组合梁切落失稳极限承载能力的影响规律为：

(1) 随着软弱夹层厚度增加，组合梁切落失稳极限承载能力按指数函数规律减小。无软弱夹层时，组合梁切落失稳极限承载能力为 68.84 MN/m；软弱夹层厚度由 0 m 增加到 0.3 m 时，组合梁切落失稳极限承载能力由 68.84 MN/m 降低到 48.45 MN/m，降低 29.62%；软弱夹层厚度由 0.3 m ($h_w/h=10\%$)增大到 0.75 m 时，组合梁切落失稳极限承载能力进一步降低，由 48.45 MN/m 降低到 20.28 MN/m，降低 58.14%。可见，软弱夹层厚度增加对组合梁切落失稳极限能力弱化作用显著。

(2) 随着软弱夹层黏聚力减小，组合梁切落失稳极限承载能力线性减小。软弱夹层黏聚力由 3.21 MPa 减小到 0.54 MPa 时，组合梁切落失稳极限承载能力由 26.97 MN/m 减小到 23.12 MN/m，减小 14.28%。

(3) 随着软弱夹层内摩擦角减小，组合梁切落失稳极限承载能力按指数函数规律减小。软弱夹层内摩擦角由 21.50°减小到 3.58°时，组合梁切落失稳极限承载能力由 26.08 MN/m 减小到 12.78 MN/m，减小 51.00%。

由此可见，软弱夹层厚度、黏聚力和内摩擦角均对组合梁切落失稳极限承载能力影响显著，其中软弱夹层厚度影响最显著，其次为内摩擦角，黏聚力影响最弱。

5.3.4.2 顺层剪切破坏极限承载能力

将表 5-1 中参数代入式(5-36)，计算得到软弱夹层与 τ_{xymax} 位置不重合时，d_1、c_w 和 φ_w 对组合梁顺层剪切破坏极限承载能力的影响，如图 5-16 所示。

由图 5-16 知，软弱夹层与 τ_{xymax} 的距离 d_1、c_w 和 φ_w 对组合梁顺层剪切破坏极限承载能力的影响规律为：

(1) 在组合梁结构承载条件下，组合梁顺层剪切破坏极限承载能力随 d_1 的变化按抛物线规律变化。$d_1=0.2$ m 为软弱夹层最不利位置，组合梁顺层剪切破解极限承载能力最小，约为 1.21 MN/m。需要说明的是，该规律是表 5-1 参数约束条件下得到的，而随着软弱夹层黏聚力和内摩擦角以及梁高度的变化，d_1 拐点位置也必然发生变化。

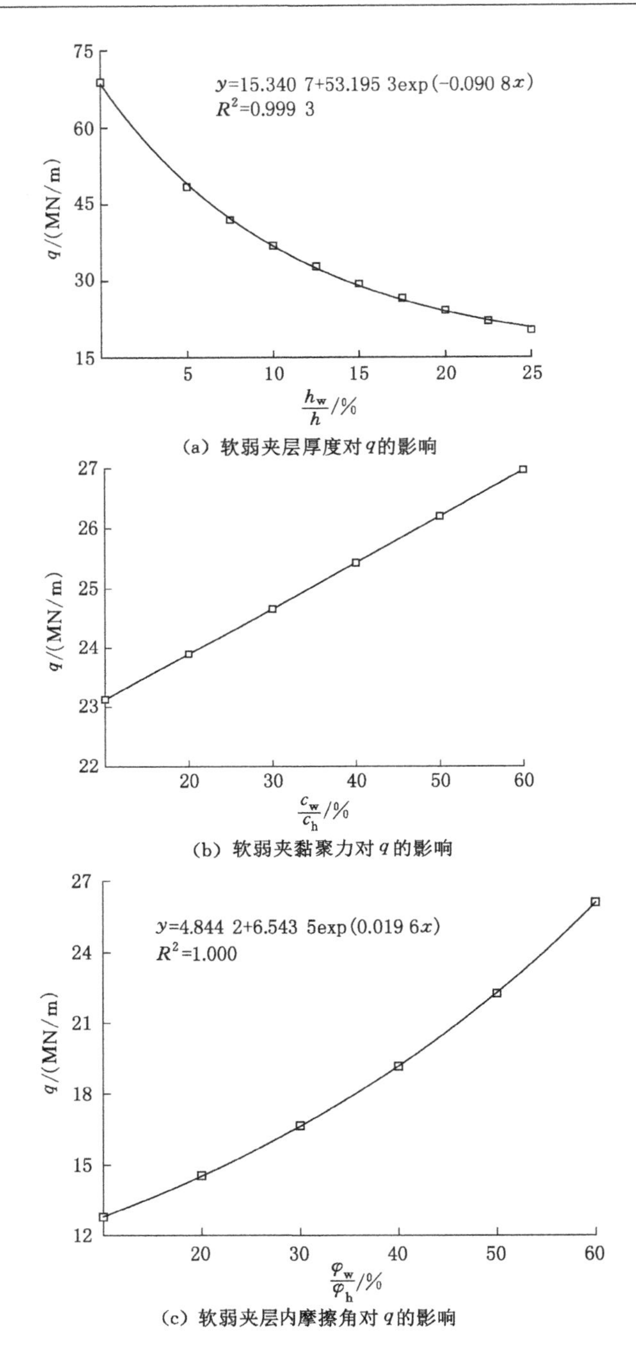

(a) 软弱夹层厚度对 q 的影响

(b) 软弱夹黏聚力对 q 的影响

(c) 软弱夹层内摩擦角对 q 的影响

图 5-15 软弱夹层组合梁切落失稳极限承载能力的影响

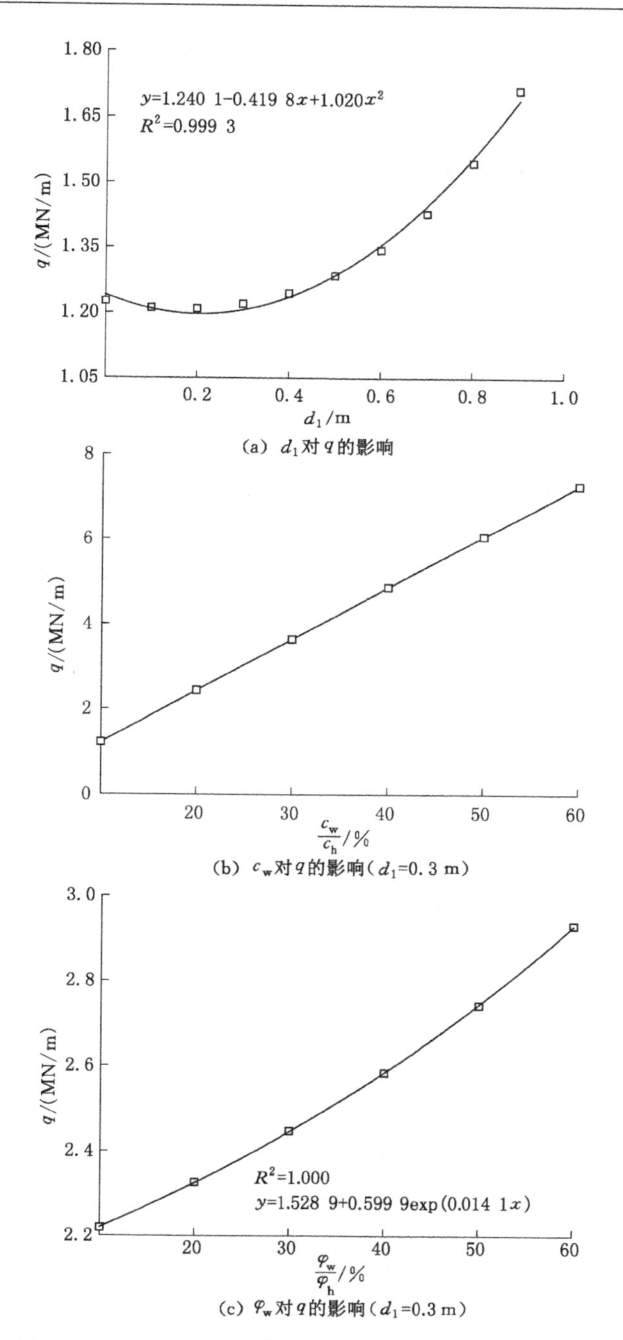

(a) d_1对q的影响

(b) c_w对q的影响(d_1=0.3 m)

(c) φ_w对q的影响(d_1=0.3 m)

图 5-16　d_1、c_w 和 φ_w 对组合梁顺层剪切破坏极限承载能力的影响

(2) 随着软弱夹层黏聚力减小,组合梁顺层剪切破坏极限承载能力线性减小,软弱夹层黏聚力由 3.21 MPa 减小到 0.54 MPa 时,组合梁顺层剪切破坏极限承载能力由 7.29 MN/m 减小到 1.21 MN/m,减小 83.40%。

(3) 随着软弱夹层内摩擦角减小,组合梁顺层剪切破坏极限承载能力按指数函数规律减小。软弱夹层内摩擦角由 21.5°减小到 3.58°时,组合梁顺层剪切极限承载能力由 2.93 MN/m 减小到 2.18 MN/m,减小 25.60%。反之,软弱夹层黏聚力、内摩擦角增大则对组合梁顺层剪切极限承载能力强化作用显著。

根据物理试验结果,软弱夹层由于受到硬岩层的夹持作用,裂隙不发育,支护参数设计时在保证硬岩层稳定的情况下,可不考虑其顺层剪切破坏。

5.4 软弱夹层对顶板压力拱承载能力影响分析

在一定假设基础上,将巷道顶板简化为拱模型也是分析巷道顶板稳定性的重要方法之一[141,160,161],外众多学者采用压力拱理论和方法对巷道顶板稳定性进行了分析[140,142,162];但是关于软弱夹层对顶板压力拱承载能力和稳定性影响的研究还比较少。为掌握软弱夹层对顶板压力拱承载能力和稳定性的影响,本书在已有研究基础上,对该问题进行分析。

5.4.1 压力拱力学模型

由物理模拟试验结果(图 5-17)知,巷道顶板垮落后,拱顶附近围岩破坏形成铰接结构,同时两帮起拱线附近围岩也发生破坏,形成铰支座,也即顶板垮落拱形成三铰拱结构。

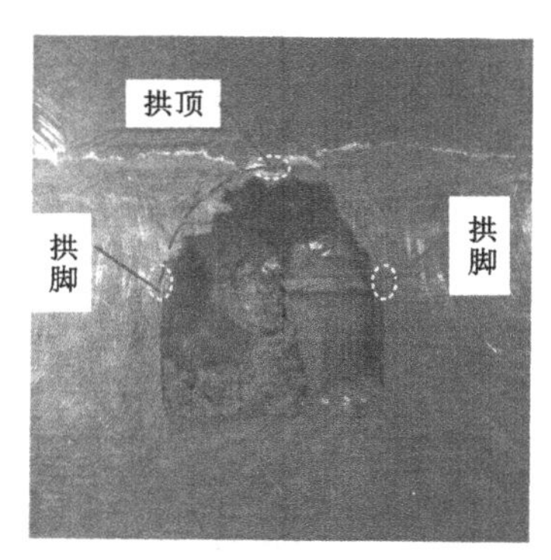

图 5-17　顶板塌落拱

假定模型边界荷载仍然为均布力作用在塌落拱上，则可得到如图 5-18 所示的三铰拱力学模型。该三铰拱在上侧受线性化的均布荷载 q 作用，左右两侧受均布荷载 λq 作用，在拱脚处 A、B 点则分别受反力 F_{AH}、F_{AV} 和 F_{BH}、F_{BV} 的作用。拱矢高和跨度分别为 f 和 $2l$。为方便分析，建立如图 5-18 所示的 xoy 坐标系和 $x'o'y'$ 坐标系，其中 o' 点与支座 A 重合，y' 轴与 y 轴的距离为 l，x' 轴与 x 轴重合，即：

$$\left.\begin{aligned} y' &= y \\ x' &= x + l \end{aligned}\right\} \tag{5-49}$$

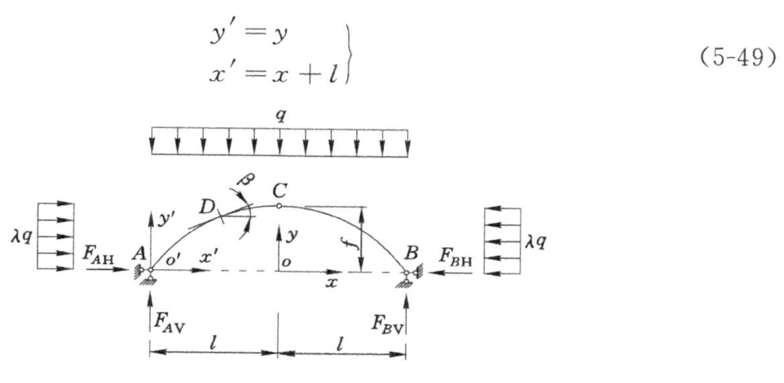

图 5-18 顶板塌落拱力学模型

首先，考虑三铰拱系统的整体平衡，由 $\sum M_B = 0$、$\sum M_A = 0$ 可求得垂直方向支座反力，即：

$$F_{AV} = \frac{\sum M_B}{2l} = \frac{2ql^2}{2l} = ql \tag{5-50}$$

$$F_{BV} = \frac{\sum M_A}{2l} = \frac{2ql^2}{2l} = ql \tag{5-51}$$

式中，$\sum M_A$、$\sum M_B$ 分别为 A 点、B 点弯矩和。

其次，由 $\sum F_{x'} = 0$，得：

$$F_{AH} = F_{BH} \tag{5-52}$$

再次，取隔离体 AC 段进行分析并对 C 点取矩，由 $\sum M_C = 0$，得：

$$F_{AH} = \frac{F_{AV}l - \frac{1}{2}ql^2 - \frac{1}{2}\lambda q f^2}{f} = \frac{q(l^2 - \lambda f^2)}{2f} \tag{5-53}$$

接着，计算三铰拱内力轴力 $F_N(x)$、剪力 $F_S(x)$ 和弯矩 $M(x)$。为此，在拱上任取一截面 D(位置如图 5-18 所示)，D 点轴力、剪力和弯矩如图 5-19 所示，取隔离体 AD 进行分析。

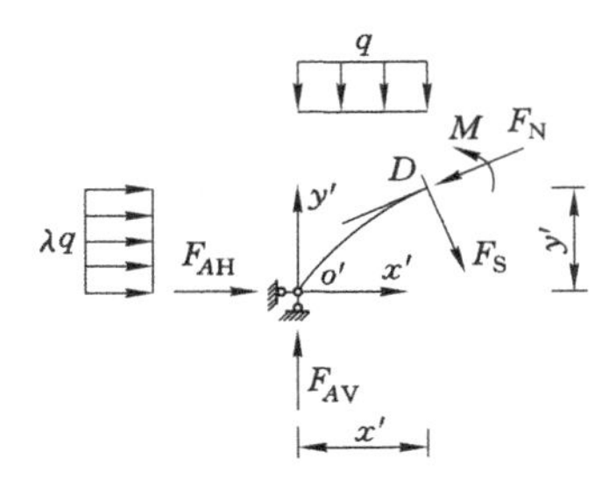

图 5-19　三铰拱 AD 部分隔离体

则有：

$$\left.\begin{aligned}&F_N(x',y')-F_{AV}\sin\beta+qx'\sin\beta-\lambda qy'\cos\beta-F_{AH}\cos\beta=0\\&F_S(x',y')-F_{AV}\cos\beta+qx'\cos\beta+\lambda qy'\sin\beta+F_{AH}\sin\beta=0\\&M(x',y')+\frac{1}{2}qx'^2+\frac{1}{2}\lambda qy'^2+F_{AH}y'-F_{AV}x'=0\end{aligned}\right\}\tag{5-54}$$

式中，β 为塌落拱任一点的切向与水平线所成的锐角，左半拱为正，右半拱为负。

将式(5-50)、式(5-53)代入式(5-54)，得：

$$\left.\begin{aligned}&F_N(x',y')=q(l-x')\sin\beta+q\left(\lambda y'+\frac{l^2-\lambda f^2}{2f}\right)\cos\beta\\&F_S(x',y')=q(l-x')\cos\beta-q\left(\lambda y'+\frac{l^2-\lambda f^2}{2f}\right)\sin\beta\\&M(x',y')=q\left(-\frac{1}{2}x'^2+lx'-\frac{1}{2}\lambda y'^2-\frac{l^2-\lambda f^2}{2f}y'\right)\end{aligned}\right\}\tag{5-55}$$

将式(5-49)代入式(5-55)，得塌落拱任一点的轴力、剪力和弯矩表达式为：

$$\left.\begin{aligned}&F_N(x,y)=-qx\sin\beta+q\left(\lambda y+\frac{l^2-\lambda f^2}{2f}\right)\cos\beta\\&F_S(x,y)=-qx\cos\beta-q\left(\lambda y+\frac{l^2-\lambda f^2}{2f}\right)\sin\beta\\&M(x,y)=-\frac{1}{2}q\left(x^2-l^2+\lambda y^2+\frac{l^2-\lambda f^2}{f}y\right)\end{aligned}\right\}\tag{5-56}$$

假定围岩塌落拱轴线为合理拱轴线，即拱上任一点弯矩 $M(x)=0$，则有：

$$\frac{x^2}{\dfrac{(l^2-\lambda f^2)^2}{4\lambda f^2}+l^2}+\frac{\left(y+\dfrac{l^2-\lambda f^2}{2\lambda f}\right)^2}{\dfrac{1}{\lambda}\left[\dfrac{(l^2-\lambda f^2)^2}{4\lambda f^2}+l^2\right]}=1\tag{5-57}$$

由式(5-57)知，塌落拱合理拱轴线为椭圆。

已有研究[163,164]表明，压力拱破坏模式主要包括压破坏和剪切破坏。为此，结合式(5-56)第一、二式分析压力拱拱顶压破坏和拱脚剪破坏，其中，拱脚处剪破坏主要由支座反力引起。

(1) 剪破坏

压力拱沿巷道轴向取单位厚度，同时考虑到对称性，仅对左半拱进行分析。结合莫尔-库仑准则知，压力拱不发生剪切失稳的条件为：

$$\left|\frac{F_{\mathrm{S}}(x,y)}{r_{\mathrm{a}}\times 1}\right| < c + \frac{F_{\mathrm{N}}(x,y)}{r_{\mathrm{a}}\times 1}\tan\varphi \tag{5-58}$$

式中，r_{a} 为压力拱厚度。

将式(5-56)第一、二式代入式(5-58)，得到压力拱抗剪极限承载能力($0<x<l$ 和 $y>0$ 时，$F_{\mathrm{S}}(x,y)$ 及 $F_{\mathrm{N}}(x,y)$ 均大于 0)：

$$q_{\mathrm{s}} = \frac{r_{\mathrm{a}}c}{(\sin\beta\tan\varphi - \cos\beta)x - \left(\lambda y + \dfrac{l^2-\lambda f^2}{2f}\right)(\cos\beta\tan\varphi + \sin\beta)} \tag{5-59}$$

式(5-59)中 c、φ 取值方法为：若剪切破坏仅发生在硬岩层或软弱夹层，则分别取为硬岩层、软弱夹层的黏聚力和内摩擦角；若剪切破坏贯穿整个岩层，则按式(5-17)取值。

在拱脚处，将式(5-50)、式(5-53)代入式(5-58)，拱脚处不发生剪切失稳的极限条件为：

$$q_{\mathrm{s}} = \frac{2fr_{\mathrm{a}}c}{2fl - (l^2-\lambda f^2)\tan\varphi} \tag{5-60}$$

(2) 压破坏

当压力拱轴力大于其围岩抗压强度时，压力拱发生压破坏[164]，即有：

$$\frac{F_{\mathrm{N}}(x,y)}{1\times r_{\mathrm{a}}} < \sigma_{\mathrm{cmass}} \tag{5-61}$$

式中，σ_{cmass} 为围岩单轴抗压强度，取值方法为：当压力拱仅位于硬岩层内时，$\sigma_{\mathrm{cmass}}=\sigma_{\mathrm{h}}$；当压力拱贯穿硬岩层和软弱夹层时，$\sigma_{\mathrm{cmass}}$ 根据式(5-19)取值。

将式(5-56)第一式代入式(5-61)，得到压力拱抗压极限承载能力：

$$q_{\mathrm{c}} = \frac{r_{\mathrm{a}}\sigma_{\mathrm{cmass}}}{-x\sin\beta + \left(\lambda y + \dfrac{l^2-\lambda f^2}{2f}\right)\cos\beta} \tag{5-62}$$

在拱顶处，即 $x=0$、$\beta=0$、$y=f$ 时，压力拱不发生压破坏的条件为：

$$q_{\mathrm{c}} = \frac{2fr_{\mathrm{a}}\sigma_{\mathrm{cmass}}}{\lambda f^2 + l^2} \tag{5-63}$$

结合式(5-59)、式(5-62),得到压力拱同时不发生压破坏和剪破坏的条件:

$$q=\min\{q_s,q_c\} \tag{5-64}$$

5.4.2 软弱夹层影响分析

由于拱脚位于硬岩层内,因此软弱夹层对拱脚剪切破坏没有影响。而拱所受最大轴力位于拱顶处,因此分析软弱夹层位于拱顶时其厚度对拱顶处抗压强度的影响。

为分析软弱夹层对压力拱抗压强度的影响,取拱跨度 $2l=4.8$ m(巷道跨度),取拱厚度为 1.4 m,轴应力沿拱横截面均匀分布(当拱轴线为合理拱轴线时,压应力沿拱断面均匀分布,否则拱受弯矩作用)。

将表 5-1 中参数及上述参数代入式(5-63),得到软弱夹层对拱顶抗压极限承载能力的影响,如图 5-20 所示。

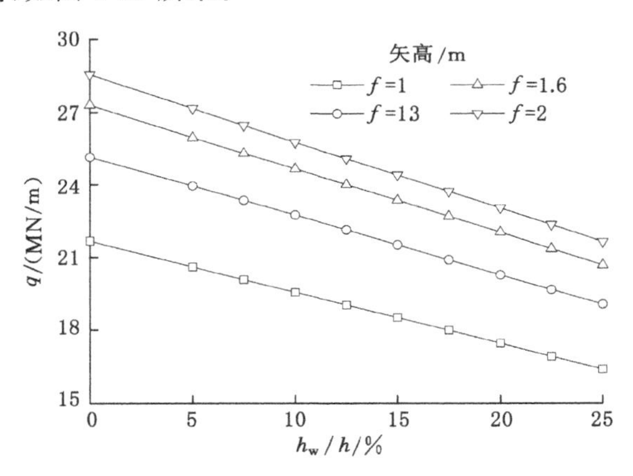

图 5-20 软弱夹层对拱顶抗压极限承载能力的影响

由图 5-20 知,相同矢高时,随着软弱夹层厚度增加,压力拱抗压极限承载能力线性减小。以 $f=1$ m 时为例,软弱夹层厚度由 0 m 增加到 0.6 m 时,压力拱抗压极限承载能力由 21.66 MN/m 减小到 17.46 MN/m,减小 19.39%。可见,软弱夹层厚度对压力拱抗压极限承载能力影响显著。

此外,由该图还可知,在一定范围内,随着矢高增加,压力拱抗压极限承载能力增加。可见,在一定的荷载条件下,随着巷道围岩应力调整,当压力拱承受的压应力大于其抗压强度后,压力拱发生压破坏,拱轴线向围岩深部转移,表现为巷道围岩的渐进性破坏特征[165]和塌落拱高度的不断增加[121],直至达到新的平衡。

5.5　含软弱夹层围岩稳定控制机理及技术

5.5.1　围岩失稳模式与机理

研究围岩失稳模式是为了有针对性地采取支护技术措施保证巷道围岩稳定[116]。本节紧紧围绕顶板含软弱夹层千米深井巷道围岩破坏失稳模式进行具体分析，并在此基础上提出针对性的围岩控制技术。

结合图 3-16 知，巷道无支护时顶板发生剪切破坏，剪切裂隙发展、延伸到软弱夹层上部硬岩层并导致顶板发生大范围垮落；巷道采用锚杆支护时，软弱夹层下部硬岩层发生斜剪切破坏[剪切面与岩层夹角 $\theta\in(0°,90°)$]。分析认为，软弱夹层存在导致巷道顶板整体抗剪强度降低(见图 5-3、图 5-4)，在围岩应力作用下，顶板发生剪切破坏，并最终导致无支护巷道丧失使用功能。而且，由于软弱夹层强度低、承载能力差，在软弱夹层-硬岩层结构中，硬岩层是主要的承载结构，裂隙发育。

结合式(5-26)及 5.3.2 节分析还可知，作为顶板初次承载结构的组合梁内软弱夹层、硬岩层之间存在层间剪应力，导致顶板容易沿软弱夹层发生顺层剪切破坏。顺层剪切破坏不会导致顶板组合梁立即垮落失稳，但引起剪切破坏部位软弱夹层与硬岩层之间逐渐丧失协同耦合承载能力，协同承载系数 ζ[如式(2-6)所示]逐渐降低，当 ζ 降到 0 时，硬岩层与软弱夹层之间完全丧失协同承载能力，顶板承载结构由组合梁变为叠合梁，承载能力显著降低。但若要保证不发生沿软弱夹层的顺层剪切破坏，支护强度和成本将非常高，而结合物理试验和理论分析知，保证软弱夹层下部硬岩层不发生剪切破坏，以及组合梁不发生切落失稳和跨中拉破坏，即可保证巷道围岩的稳定。因此，通过采取支护等技术措施，保证软弱夹层、硬岩层之间协同、耦合承载，以提高顶板的承载能力和稳定性。

5.5.2　围岩承载结构稳定性

根据前述分析，含软弱夹层顶板巷道初次承载结构为组合梁，且组合梁稳定是巷道围岩整体稳定的前提和保证。为此，重点讨论组合梁的稳定性。

由 5.3.2 节分析知，要保证巷道围岩的稳定，必须保证作为其初次承载结构的组合梁不发生切落失稳、斜剪失稳和跨中拉破坏。为此，结合不同失稳模式下组合梁极限承载能力判据，分析承载结构的稳定性。

(1) 组合梁不发生切落失稳。根据组合梁切落失稳极限承载能力[见式(5-33)]，增加组合梁支座处稳定的措施包括：① 减小直接作用在组合梁上的上覆荷载；② 适度增加组合梁高度；③ 减小组合梁跨度，也即减少巷道跨度；④ 适度增加组合梁水平荷载；⑤ 增加组合梁垂直岩层方向的黏聚力和内摩擦角。

措施①、④相当于卸压措施，可采取打卸压孔、爆破卸压和巷旁开卸压巷等措施实现，但是应根据锚杆索注支护效果决定是否采取卸压措施和需要采取的卸压措施。结合式(5-43)知，增加工字钢梁护表相当于减小了直接作用在组合梁上的垂直荷载。此外，采用高强恒阻让压锚杆索，允许围岩产生一定的变形，也可起到卸压作用。

对于措施②，一方面，增加锚杆长度、直径和预紧力等可以使顶板更深范围内的岩体形成组合梁；另一方面，采取一定的技术措施使锚索与锚杆协同耦合作用，保证锚索自由段范围内的围岩与锚杆锚固范围的围岩协同耦合承载，形成组合梁。这可适度增加组合梁的高度。

对于措施③，一方面减小巷道宽度即可减小组合梁跨度，但应保证巷道使用功能和满足预留变形量的要求；另一方面增加锚索可起到减跨作用。而采用高强注浆浆液对软弱夹层进行注浆，可提高组合梁黏聚力和内摩擦角，且注浆后软弱夹层与硬岩层之间的协同耦合承载能力增强。此外，结合式(5-40)知，锚杆还具有横向支护作用，可增加锚固体黏聚力，且增加程度与锚杆直径、屈服强度、锚固力正相关。

由此可见，为保证组合梁不发生整体切落失稳，应基于“协同耦合”原理和思想，采取锚索梁注综合性支护技术措施，使各支护构件之间、支护与围岩之间、硬岩层与软弱夹层之间实现协同耦合承载，提高巷道围岩整体稳定性。

(2) 组合梁不发生斜剪切失稳。结合式(5-17)、式(5-35)及上述分析知，减小组合梁跨度、增加组合梁高度和围岩黏聚力、内摩擦角，可提高组合梁稳定性。各项技术措施与提高组合梁支座处的相同，不再赘述。

(3) 组合梁不发生跨中拉破坏。结合式(5-27)、式(5-28)知，若要增加组合梁跨中抗拉稳定性，可采取的措施包括①②③④和增加硬岩层抗拉强度。措施①②③④与上述相同，不再赘述。而在增加硬岩层抗拉强度方面，可采取增加钢筋梯、钢筋网和喷混凝土等技术措施。

综合上述分析知，组合梁各方面稳定性具有关联性，应根据“协同耦合”承载的原理和思想，采取综合性技术措施，保证作为顶板初次承载结构的组合梁的稳定。

5.5.3 围岩稳定控制原则

基于上述分析，遵循“协同耦合”支护原则和思想，针对具体工程条件，提出顶板含软弱夹层千米深巷围岩稳定控制技术。

(1) 协同耦合承载原则

协同耦合承载的原则是,通过采取一定的技术措施,使各部分都能发挥其应有的承载能力,使支护、围岩成为有机整体共同承载,从而提高巷道围岩整体稳定性。协同耦合承载主要包括如下三方面的内容:

① 软弱夹层与硬岩层之间协同耦合承载。锚固体承载特性试验及含软弱夹层均质体力学特性理论分析表明,软弱夹层与硬岩层之间完全协同承载时锚固体承载能力(峰值强度)最大,锚固体峰值强度随软弱夹层强度增加而增加就说明了这一点。结合破坏模式分析及表 2-3 知,软弱夹层单轴抗压强度达到硬岩层的约 24.13%(1.74 MPa)时,两者协同承载能力较强;而当软弱夹层单轴抗压强度达到硬岩的 28.02% (2.02 MPa)时,两者协同耦合承载能力显著增强。为此,可通过注浆等方式提高软弱夹层强度,使其与硬岩层协同耦合承载。

② 支护与围岩之间协同耦合承载。围岩与支护共同作用是现代支护技术的重要思想,而支护与围岩之间协同耦合作用就是要支护与围岩均能发挥最大承载能力。如若把注浆后的软弱夹层看作支护体,则注浆的效果应能使其与硬岩层协同耦合承载;而对于锚杆索梁,则其承载能力应与围岩承载能力相耦合并保证巷道围岩安全。此外,对于强度较低的围岩,则应加强支护以保证巷道围岩稳定,这也是支护与围岩协同耦合承载的要求之一。

③ 各支护构件之间协同耦合承载。各支护构件之间协同耦合承载也是提高支护效果的重要方面之一,如锚杆、锚索和工字钢梁在承载能力、承载时机方面的耦合,帮部支护与顶板支护之间的耦合等。以锚杆与工字钢梁之间协同耦合承载为例,锚杆发挥支护作用的同时,工字钢梁也应发挥其应有的支护作用,而不应一个即将达到极限承载能力,而另一个尚未发挥承载能力。理论上最佳状态应是两者协同承载系数 $\zeta=1$。

(2) 积极主动支护

虽然围岩是巷道承载的主体,但是对于深部巷道而言,由于高应力及软弱夹层等软弱结构面的影响,必须施加支护。而第 2 章锚固体试验研究表明,增加锚杆预紧力能够显著提高含软弱夹层锚固体的峰值强度和弹性模量;因此,必须对锚杆索施加预紧力,实施积极主动的支护,提高围岩变形初期的围压,提高其承载能力。

注浆也是重要的积极主动支护措施之一。通过注浆可提高软弱夹层、硬岩层的强度、抗变形能力及协同耦合承载能力,进而提高整个围岩系统承载能力。

此外,锚固体试验研究表明,增加锚杆密度能够显著提高锚固体残余强度;因此,适度增加锚杆间排距,提高围岩峰后承载能力,也是积极主动支护的一种方式。

（3）薄弱部位加强支护

理论分析及试验结果均表明，软弱夹层是巷道围岩的薄弱部分。而对于该薄弱部位，可采取复合注浆及高强、高阻、高预紧力锚杆协同耦合支护。

5.6 本章小结

（1）采用均质化理论方法对含软弱夹层岩体进行了均质化处理，建立了等效均质体最大及任意剪切面上黏聚力、内摩擦角求解公式，揭示了软弱夹层厚度、黏聚力和内摩擦角对等效均质岩体黏聚力和内摩擦角的影响规律。

（2）建立了顶板含软弱夹层组合梁力学模型，探讨了组合梁剪切失稳和拉破坏失稳失稳机理并给出了相应破坏失稳模式下的稳定性判据；分析了软弱夹层厚度、黏聚力和内摩擦角对组合梁不同破坏模式下极限承载能力的影响。

（3）根据顶板围岩梁-拱承载结构转化的物理模拟试验结论，建立了巷道围岩三铰拱力学模型，给出了压力拱拱顶抗压、拱脚抗剪极限承载能力计算公式；分析了软弱夹层厚度对拱顶抗压极限承载能力的影响，发现随着软弱夹层厚度增加，拱顶抗压极限承载能力线性降低。

（4）提出了锚杆、工字钢梁及锚索对顶板支护作用的力学模型，给出了三者支护下组合梁内力计算公式，揭示了支护对顶板组合梁内力的影响规律；提出了含软弱夹层巷道围岩“协同耦合”支护原理和思想，在此基础上提出了顶板含软弱夹层千米深巷“高强恒阻让压锚杆索＋复合注浆”围岩稳定控制技术体系。

6 工程应用

6.1 工程概况

平煤集团四矿深部巷道的特点在于巷道承受显著动压作用。三水平巷道埋深为 860～1 050 m，己组煤下山处于丁组煤、戊组煤及己组煤的保护煤柱区域，受到显著的采空区集中应力影响。丁组煤、戊组煤、己组煤及各下山巷道的相对位置如图 6-1 所示。由该图可知，各组煤开采时，会对煤层上部或下部巷道产生显著动压影响，巷道维护较为困难。为此，针对顶板含软弱夹层的己 15-23130 巷道围岩稳定性控制难题进行研究。

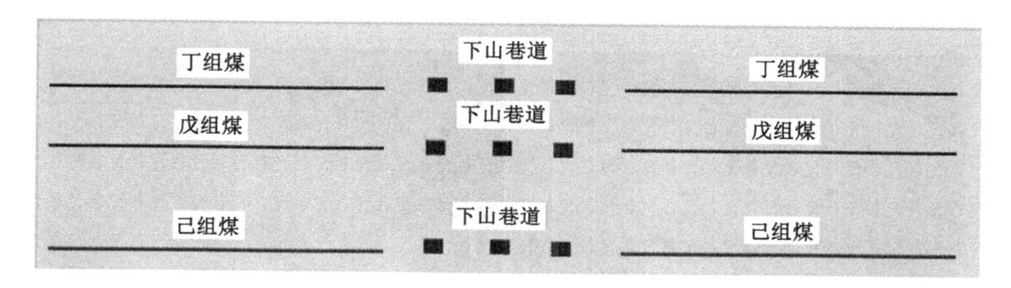

图 6-1　四矿采区巷道位置示意图

该矿己 15-23130 煤层顶底板地质柱状图如图 6-2 所示。

结合图 6-2 知，己 15 煤层顶板为细砂岩、灰岩等，强度较高，但顶板以上 1.0～1.6 m 之间有厚 0.1～0.6 m 的泥岩软弱夹层，其抗拉、压强度均较低，导致巷道顶板易出现离层现象。己 15 煤层直接底为砂质泥岩，成分以黏土矿物为主，遇水易泥化、膨胀，其也为己 16-17 煤层的直接顶。同时，巷道承受上部丁组煤和戊组煤采空区煤柱集中应力的影响，围岩压力较大，破坏较为严重(图 6-3)，出现顶板下沉、片帮等破坏现象，给煤矿安全生产带来严重威胁，急需进行支护技术研究。

岩石名称	厚度/m	埋深/m	柱状	岩性描述
煤	0.3	878.1		煤线，灰黑色光亮光泽，结构均一
砂质泥岩	2.8	878.4		成分以黏土矿物为主，强度低，遇水易泥化
细砂岩	1.4	881.2		灰白色细砂岩，夹条带砂泥岩，节理发育
灰岩	2.6	882.6		灰色，方解石脉发育，含动物化石 结核
软弱夹层	0.1～0.6	885.2		灰黑色泥岩，含植物化石碎片，强度低，遇水易泥化
细砂岩	1.0	885.8		灰白色细砂岩，夹条带砂泥岩，节理发育
己15煤	3.9	886.8		灰黑色光亮光泽，块末状，结构均一，层状及粒片状构造，性脆，断口参差状，属暗亮煤
砂质泥岩	1.1	890.7		成分以黏土矿物为主，强度低，遇水易泥化
己16-17煤	2.0	891.8		同己15煤，在部分区域与己15煤合并
砂质泥岩	5.2	893.8		强度低，遇水易泥化

图 6-2　地质柱状图

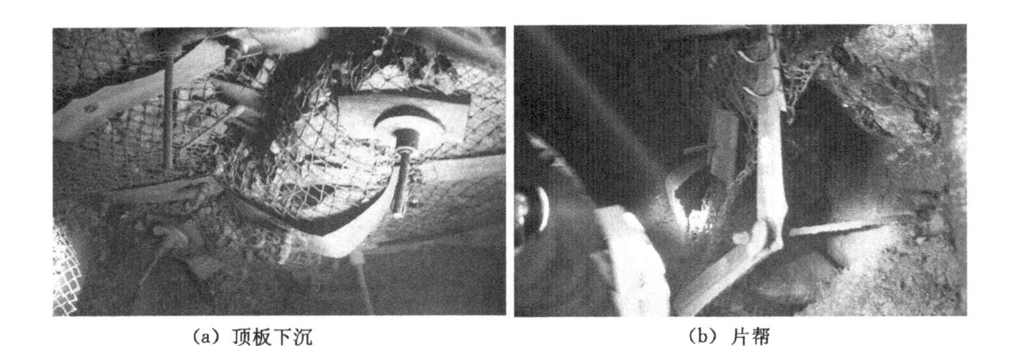

(a) 顶板下沉　　(b) 片帮

图 6-3　巷道变形破坏特征

6.2　巷道围岩变形破坏原因分析

通过现场工程地质条件、围岩变形破坏特点的调研与分析，发现软弱夹层影响、高应力和支护结构与参数不合理等是该巷道围岩变形破坏的主要原因。

(1) 软弱夹层的影响。己 15 煤层顶板虽然为细砂岩、灰岩等强度较高的岩层，但在距巷道顶板表面约 1.0～1.6 m 之间存在泥岩软弱夹层。该软弱夹层抗拉、压强度均较低，在采动及巷道掘进引起的叠加高应力作用下，首先产生变形破坏，在灰岩、细砂岩之间形成亚自由面，接着灰岩、细砂岩出现变形破坏，最终导致巷道围岩变形破坏严重。

（2）高应力的影响。丁组煤、己组煤和戊组煤距离较近，且各煤组下山垂直布置。这导致巷道不仅受本工作回采影响，还受上、下邻近工作面回采影响，多次采动影响下应力叠加，导致围岩应力较高，增加了围岩稳定控制的难度。

（3）支护结构与参数不合理。原支护锚杆长度为 2.5 m，锚固长度为 1.2 m，部分锚固在软弱夹层内，容易使软弱夹层受拉应力作用，对围岩稳定不利。新方案将锚杆长度加长到 3 m，使其完全锚固在硬岩层中。此外，原支护采用工字钢梁与围岩接触不够紧密，造成围岩对支架的荷载不均匀分布，使支架的实际承载能力未能充分发挥作用。而且，支架在承载过程中支架两帮承受的弯矩远高于拱部，当支架腿部承受的弯矩过大时，棚腿容易发生屈曲失稳破坏，并进而导致支架整体失稳，失去对巷道的支护作用。另外，支架为被动支护和护表支护，不仅不能对围岩施加预压力，更无法深入围岩内部，调动围岩承载能力。

在上述因素共同作用下，巷道围岩变形破坏严重，严重威胁着煤矿安全与生产。

6.3 支护参数确定

6.3.1 稳定控制依据

通过试验研究及理论分析知，只要保证作为顶板承载结构的组合梁不发生切落失稳、斜剪失稳和跨中拉破坏，即可保证巷道围岩的稳定。为此，提出以下围岩稳定控制依据。

（1）组合梁不发生切落失稳。切落失稳也是组合梁失稳模式之一，结合式(5-33)、式(5-15)知，组合梁切落失稳极限承载能力与软弱夹层厚度占组合梁总厚度的百分比及其黏聚力、内摩擦角均有关系，随着软弱夹层厚度占比增加和黏聚力、内摩擦角减小，组合梁整体切落失稳极限承载能力按指数函数规律或线性规律减小。在具体的工程地质条件下，可通过注浆提高软弱夹层黏聚力和内摩擦角。

（2）组合梁不发生斜剪破坏。结合试验知，组合梁斜剪破坏时剪切面主要位于硬岩层内。采用锚杆支护，一方面给围岩提供附加黏聚力，另一方面增加岩层之间压力，有利于围岩稳定；工字钢梁支护相当于减少了作用在组合梁上的荷载，而锚索支护可以起到减跨作用。此外，通过注浆提高软弱夹层强度进而提高硬岩层-软弱夹层之间的协调耦合承载能力,也可提高顶板组合梁整体稳定性。为保证组合梁不发生斜剪破坏,可采取上述综合措施。

(3) 组合梁不发生拉破坏。组合梁梁底抗拉强度主要由硬岩层提供,结合前述分析知,提高组合梁高度、减小其跨度可有效降低组合梁所承受的最大拉应力。此外,若能够降低组合梁荷载,则其整体稳定性显著增加。

因此,上述组合梁破坏失稳模式应成为组合梁稳定控制依据,即通过采用综合支护措施,保证组合梁不发生切落失稳、斜剪失稳和拉破坏失稳。

6.3.2 稳定控制对策

结合前述研究成果,根据“协同耦合”控制原理(各支护构件之间、支护与围岩之间、软弱夹层与硬岩层协同承载),提出以下稳定控制对策:

(1) 提高软弱夹层强度——研究结果表明,注浆后软弱夹层强度提高,与硬岩层协同耦合承载能力增强,压力拱内边界显著减小,如顶板压力拱内边界减小到 2.75 m,较无支护时减小约 52.6%,对围岩稳定非常有利;因此,应对作为围岩承载薄弱部位的软弱夹层进行注浆,提高其强度及其与硬岩层之间的协同承载能力。

(2) 释放高应力——围岩稳定控制机理及理论分析均表明,降低应力可以显著提高作为承载结构的组合梁的稳定性,因此可通过预留围岩变形量和采用高强恒阻让压锚杆索,适度释放高应力,提高顶板组合梁整体稳定性。

(3) 协同耦合支护——采用工字钢梁、预应力锚杆索和注浆协同耦合支护技术,提高巷道围岩稳定性,特别是通过注浆提高软弱夹层与硬岩层之间协同耦合承载能力;而研究结果表明,注浆后围岩压力拱内边界显著减小,巷道浅部围岩承载能力增加。

(4) 合理的支护结构与参数,提高围岩峰后承载能力——增加锚杆、锚索预紧力,实施更加积极的主动支护,增加锚杆长度并适度减小其间排距,增加锚索数量;顶板软弱夹层部位采用复合注浆,提高其承载能力。

6.3.3 承载能力确定

结合前述章节研究知,为保证巷道稳定,首先保证顶板直接顶硬岩层的稳定。为此,首先分析组合梁不发生斜剪破坏时所需要的支护强度。

(1) 斜剪破坏极限承载能力

结合物理试验知,组合梁发生斜剪破坏时裂隙主要位于软弱夹层下部的硬岩层内,也即硬岩层是主要的承载结构,因此首先应保证该部分岩层的稳定。当采用锚杆索梁支护方式时,将式(5-43)代入式(5-35),即可计算该部分围岩的稳定性所需的黏聚力计算公式，如式(6-1)所示。

$$
\begin{aligned}
c_{\text{mass}}^{\theta}= & -\sin\theta\cos\theta\left\{\left[\frac{(q-q_{\text{u}})}{2}\left(1+\frac{y}{h}\right)\left(1-\frac{2y}{h}\right)^{2}+q_{\text{b}}\right]+\right.\\
& \left.\left[\frac{6(q-q_{\text{u}})}{h^{3}}(l^{2}-x^{2})y+(q-q_{\text{u}})\frac{y}{h}\left(4\frac{y^{2}}{h^{2}}-\frac{3}{5}\right)-\lambda q\right]\right\}-\\
& \left\{\sin^{2}\theta\left[\frac{6(q-q_{\text{u}})}{h^{3}}(l^{2}-x^{2})y+(q-q_{\text{u}})\frac{y}{h}\left(4\frac{y^{2}}{h^{2}}-\frac{3}{5}\right)-\lambda q\right]-\right.\\
& \cos^{2}\theta\left[\frac{(q-q_{\text{u}})}{2}\left(1+\frac{y}{h}\right)\left(1-\frac{2y}{h}\right)^{2}+q_{\text{b}}\right]-\\
& \left.2\sin\theta\cos\theta\left[\frac{6(q-q_{\text{u}})}{h^{3}}x\left(\frac{h^{2}}{4}-y^{2}\right)\right]\right\}\tan\varphi_{\text{mass}}^{\theta}
\end{aligned}
\tag{6-1}
$$

由于上式同时涉及锚杆和工字钢梁，且锚杆支护对软弱夹层黏聚力有影响，因此采用试算法。初步确定采用 3 m 长锚杆，则梁高为 3 m，厚度取为单位厚度。

首先确定工字钢梁排距为 0.7 m，则其在巷道顶板产生的均布先荷载为 $q_{\text{u}}=0.25$ MN/m。结合图 3-16(b)取 $\theta=34^{\circ}\sim35^{\circ}$，硬岩层黏聚力和内摩擦角分别取 5.35 MPa 和 38.4°，取安全系数为 1.2，若软弱夹层下部硬岩层不发生剪切破坏，则锚杆支护需提供的黏聚力约为 0.15 MPa。根据前述第 3 章、第 4 章研究成果，确定锚杆间距、排距均为 700 mm。锚杆选取牌号为 BHRB、直径 22 mm 的高强左旋无纵筋螺纹钢锚杆，屈服强度为 500 MPa。取锚杆锚固力与其屈服力相等，则采用式(5-39)、式(5-40)计算得，锚杆提供给岩体的黏聚力为 0.20 MPa>0.15 MPa，能够确保直接顶不发生剪切面 $\theta\in(0^{\circ},90^{\circ})$ 的剪切破坏。

(2) 顶板抗拉极限承载能力

结合第 5 章分析知，组合梁最大拉应力位于底面跨中，因此仅对该处抗拉承载能力进行计算。为保证巷道顶板不发生拉破坏，采用锚索对顶板进行减跨和加固。锚索不仅能够起到减跨作用，也能够使顶板组合梁高度增加。假定施加锚索后组合梁高度为锚索自由段长度，取锚索锚固长度为 2 m，则组合梁高度达到 4 m。安全系数为 1.2 时，顶板跨中最大拉应力应小于 2.92 MPa($\sigma_{\text{t}}/1.2=3.5/1.2=2.92$ MPa)。初步确定锚索为 ϕ22 mm×6 000 mm 的 1×19 股钢绞线，屈服强度为 1 860 MPa。若每排布置 2 根锚索，结合式(5-43)、式(5-48)，计算得顶板跨中最大拉应力为 3.0 MPa；若每排布置 3 根锚索，按相同方法计算得到顶板跨中最大拉应力为 2.84 MPa，满足要求。而梁高达到 4 m 时，上述支护条件下组合梁依然不发生斜剪破坏和切落失稳。

(3) 切落失稳极限承载能力

由第 5 章计算知,组合梁切落失稳主要发生在支座处。采用上述支护后,由式(5-33)计算得,锚杆支护组合梁切落失稳极限承载能力为 29.59 MN/m,大于荷载集度 26.25 MN/m;因此,组合梁不会发生切落失稳。

由第 2 章研究结论知,提高软弱夹层强度、锚杆预紧力和密度可以显著提高含软弱夹层锚固体承载能力。为进一步提高巷道围岩稳定性,可通过注浆提高软弱夹层强度,并适度提高锚杆预紧力和密度。

6.3.4 支护参数设计

根据上述分析,确定的巷道支护参数为:

(1) 高强恒阻让压锚杆

帮部、顶板锚杆分别为 ϕ22 mm×2 500 mm、ϕ22 mm×3 000 mm 的左旋无纵筋螺纹高强恒阻让压锚杆,如图 6-4 所示,通过让压环让压。锚杆间排距为 700 mm×700 mm,每根锚杆采用 K2350 和 Z2350 树脂锚固剂各一卷,锚固长度不小于 1.2 m,锚固力不小于 190 kN,预紧力矩不低于 300 N·m。锚杆托盘采用 150 mm×150 mm×10 mm 的高强度球形托盘,铁丝网为 8# 冷拔铁丝网,钢筋梯采用 ϕ14 mm 的圆钢焊接。

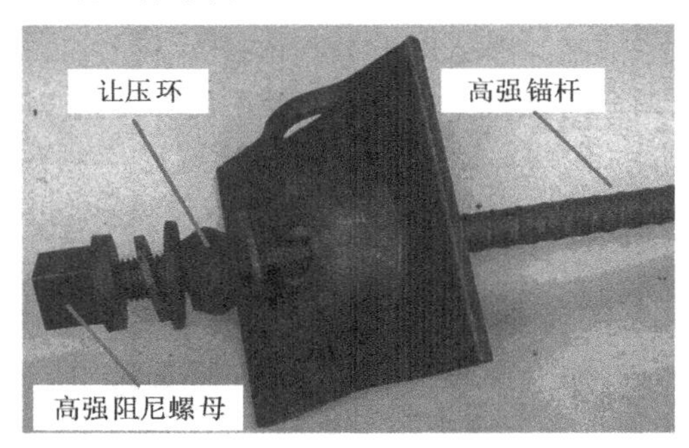

图 6-4 让压锚杆

(2) 锚索协同耦合支护

顶板锚索为 ϕ22 mm×6 000 mm 的 1×19 股耦合让压锚索,每两排锚杆打 3 根锚索,间距与排距均为 1 400 mm;树脂锚固剂锚固,一支 K2335,两支 Z2370,锚固长度不小于 2.0 mm,锚固力不小于 710 kN(锚索的屈服力);采用专用 JW 锚索托梁作为每排锚索的组合构件,每根钢梁长 4 500 mm。锚索通过让压管让压,并通过设置不同的让压力使锚杆、锚索协同耦合作用,发挥最大承载能力。

(3) 工字钢梁协同护表支护

矿用 12 号工字钢梁护表支护，排距为 700 mm。为防止工字钢梁棚腿屈曲失稳和增加其整体稳定性，在其腿部个增设一根 ϕ15.24 mm×6 000 mm 的锚索，锚固长度不小于 1 500 mm。同时，通过技术措施使工字钢梁与锚杆、锚索协同支护。

(4) 关键部位注浆补强支护

为进一步增加巷道围岩稳定性，对顶板软弱夹层部位及其他薄弱部位注浆补强，注浆浆液为水灰比 0.4～0.5 的 42.5 级水泥浆液并添加高效减水剂，其掺量约为 0.7%，注浆压力不高于 2 MPa。注浆锚杆采用 ϕ22 mm 的无缝钢管制作，间排距为 2 000 mm×2 000 mm，重点对软弱夹层部分进行注浆，提高软弱夹层与硬岩层协同承载能力。

通过支护参数设置，使各支护构件之间、支护与围岩之间、围岩各岩层之间实现协同耦合承载。在上述支护参数支护下，巷道支护断面如图 6-5 所示。

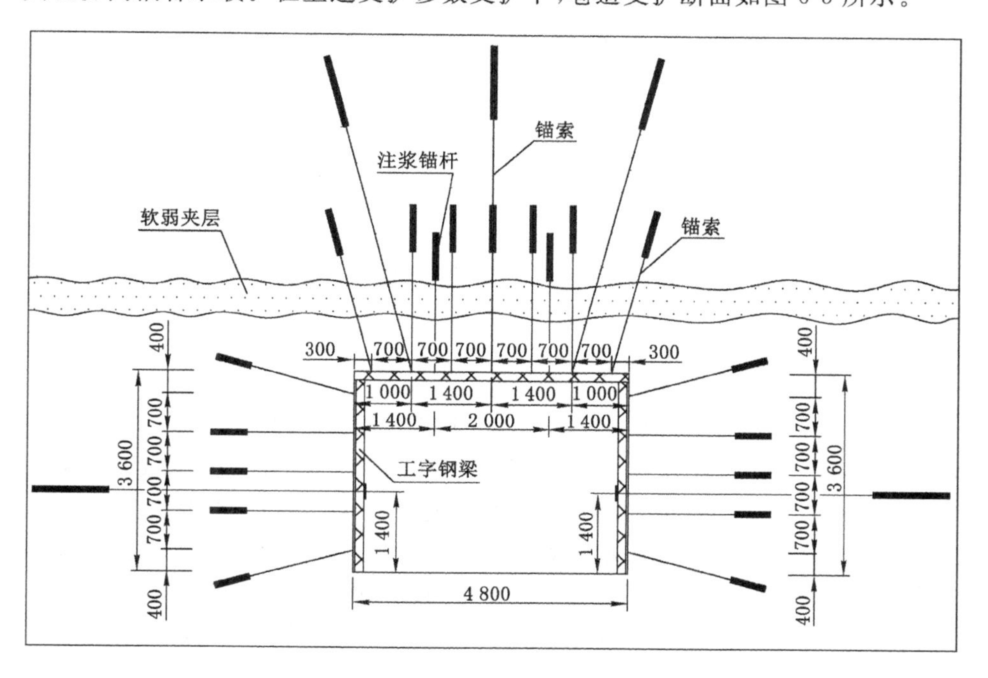

图 6-5 巷道支护断面示意图(单位:mm)

6.4 支护效果分析

为评估新支护方案的合理性,在其实施后设置了 3 个监测断面,分别对围岩表面收敛变形量、锚杆托锚力进行监测。测站位置如图 6-6 所示,测站Ⅰ、Ⅱ、Ⅲ距己 15-23130 机巷开口处的距离分别约为 1 300 m、1 400 m 和 1 500 m,相邻测站之间的距离约为 100 m。同时为方便监测和数据分析,将围岩位移测站及锚杆受力测站布置在同一个监测断面上。

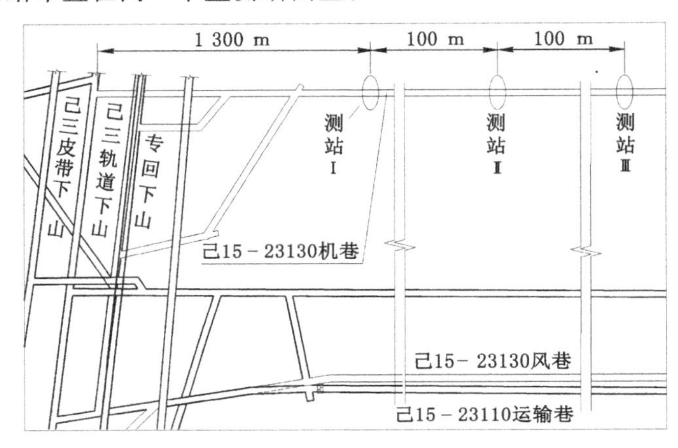

图 6-6　测站布置图

6.4.1 巷道表面位移监测结果

巷道表面位移采用常用的十字布点法监测。数据监测频率为第 1～10 天每天一次,第 11～20 天每 2～3 d 一次,第 21～30 天每 5～8 d 一次,监测时间超过 30 d 后每 8～15 d 一次,直到巷道围岩变形趋于稳定。此外,数据监测过程中,若出现巷道位移加速或突变现象,则加大监测密度,如每天测 2～3 次。通过 3 个月左右的监测,获得的巷道位移收敛变形曲线如图 6-7 所示。

由图 6-7 可知,测站Ⅰ顶板最大下沉量为 35 mm,两帮最大收敛变形量为 69 mm;测站Ⅱ顶板最大下沉量为 45 mm,两帮最大收敛变形量为 82 mm;测站Ⅲ顶板最大下沉量为 40 mm,两帮最大收敛变形量为 64 mm。此外,采用新方案支护 25～30 d 后巷道围岩变形量基本趋于稳定。由此可见,由于采用了锚杆索、工字钢梁和复合注浆协同耦合支护技术,巷道围岩变形破坏得到有效控制。这表明,新支护方案参数是合理可行的。

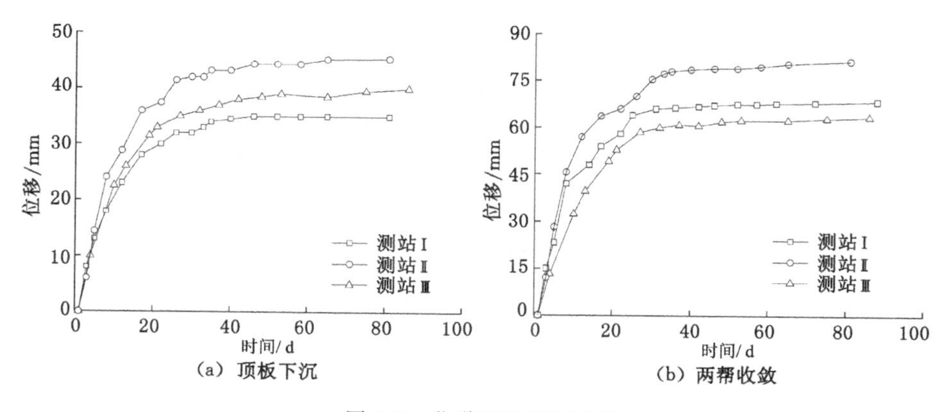

图 6-7 巷道围岩表面位移

6.4.2 锚杆受力监测结果

锚杆轴力通过锚杆测力计监测,如图 6-8 所示,锚杆轴力监测频率与围岩表面位移的相同,不再详述。部分锚杆外锚固端轴力监测结果如图 6-9 所示。

图 6-8 锚杆测力计及其安装

由图 6-9 可知,新支护方案实施 25～30 d 后,顶板、右帮锚杆外锚端轴力基本趋于稳定,左帮锚杆外锚端轴力约 45 d 后基本趋于稳定。此外,顶板、左帮、右帮锚杆外锚段最大轴力分别不超过 117 kN、103 kN 和 110 kN,小于锚杆设计锚固力 190 kN,表明锚杆处于安全状态。这表明,新支护方案参数是合理的。

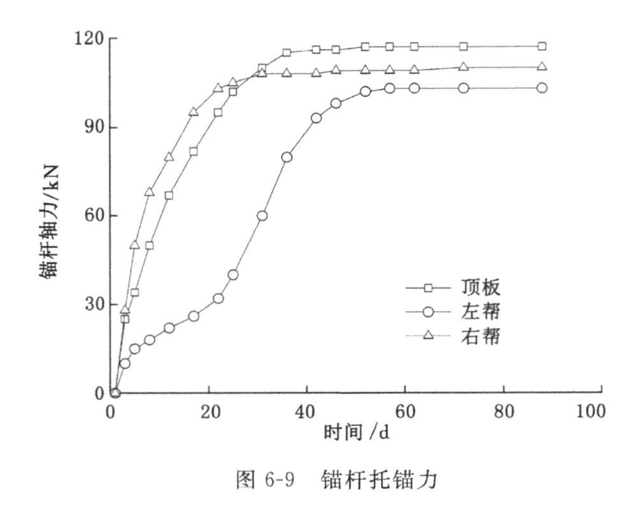

图 6-9 锚杆托锚力

6.5 本章小结

(1) 对平煤集团四矿己 15-23130 千米深巷围岩变形破坏情况进行了现场调研,发现多次采动高应力,顶板软弱夹层影响及原方案支护结构与参数不合理是巷道围岩变形破坏的主要原因。

(2) 基于前述研究成果并结合巷道围岩变形破坏特征及机理,提出了"协同耦合"控制原理,以控制顶板组合梁不发生切落失稳、斜剪失稳和跨中拉破坏为原则进行了支护方案设计,并成功进行了工业性试验。

(3) 巷道围岩变形及锚杆受力矿压监测结果表明,本书提出的支护方案合理可行,能够解决该巷道的稳定性控制问题,满足煤矿安全和生产需要,也证明了本书研究成果的合理性和实用性。

7 结论与展望

7.1 结　　论

深部含软弱夹层巷道围岩力学特性及其稳定性控制是岩石力学领域研究的难点,至今没有得到很好的解决,而工程围岩失稳同时涉及强度破坏和结构失稳的问题。本书从工程围岩强度破坏与结构失稳出发研究稳定问题,与单纯从强度视角分析的传统观点不同。研究表明,强度破坏不是围岩失稳的充要条件,围岩失稳的不同表现形式都可以统一归结为结构失稳问题。而从强度和结构的观点考虑含软弱夹层围岩稳定问题更容易直接应用于支护技术与参数的确定。为此,本书采用锚固立方体试验、地质力学模型试验、理论分析、数值计算和现场工业性试验验证相结合的方法,研究了含软弱夹层围岩的变形破坏特征及承载特性问题。

(1) 采用室内含软弱夹层锚固立方体试验方法,揭示了软弱夹层厚度、强度、倾角和锚杆密度、预紧力 5 个主控因素对含软弱夹层锚固体承载能力、弹性模量和变形破坏模式的影响,得出了如下主要结论:

① 软弱夹层厚度、强度、倾角及锚杆密度、预紧力变化对锚固体承载能力、弹性模量影响显著。随着软弱夹层厚度增加,锚固体承载能力、弹性模量均按指数函数规律减小;而随着软弱夹层强度增加,锚固体承载能力、弹性模量则分别按指数函数规律增加和线性增加;随着软弱夹层倾角变化,锚固体承载能力、弹性模量近似按抛物线规律变化;软弱夹层倾角为 45°时,锚固体承载能力和弹性模量均比其他倾角时的小;随着锚杆密度、预紧力增加,锚固体承载能力、弹性模量均按指数函数规律增加。

② 软弱夹层对锚固体裂隙分布和破坏模式影响显著。无软弱夹层时,锚固体以 1 条贯穿软弱夹层对应位置的主控宏观破裂面破坏为主,破坏模式为压剪型;软弱夹层单轴抗压强度小于 2.02 MPa 时,锚固体以位于硬岩层内的 2 个或 3 个主控宏观破裂面破坏为主,破坏模式以压剪型为主,兼具拉裂型;而当软弱夹层单轴抗压强度达到 2.02 MPa 时,主控宏观破裂面 F1 贯穿软弱夹层。

③ 软弱夹层对锚固体结构效应影响显著。无软弱夹层锚固体为完整岩体,

单独承载，而含软弱夹层锚固体为层状结构岩体，软弱夹层与硬岩层协同承载；锚杆轴力压缩作用下，锚固体内形成喇叭状压力拱。峰后，锚固体变形具有显著的结构性，自由面位移的约 70%～80% 由裂隙开裂、滑移等锚固体结构变形引起。

④ 引入协同承载系数，用于评估软弱夹层与硬岩层之间的协同承载程度，如式(7-1)所示。研究结果表明，软弱夹层厚度越厚、强度越低，与硬岩层之间协同承载能力越差；软弱夹层单轴抗压强度达到硬岩层的约 24.13%时，两者协同承载能力较强；软弱夹层单轴抗压强度达到硬岩层的约 28.01%时，两者协同承载能力显著增强。

$$\zeta = \frac{\sigma_{\mathrm{w}}^{1}/\sigma_{\mathrm{w}}^{\mathrm{p}}}{\sigma_{\mathrm{h}}^{1}/\sigma_{\mathrm{h}}^{\mathrm{p}}} \tag{7-1}$$

(2) 采用地质力学模型试验，探讨了含软弱夹层巷道围岩应力演化规律、承载结构演化特征及成拱特性，研究发现：

① 巷道开挖后，软弱夹层是巷道围岩切向应力的卸压区和承载的薄弱部位，成为巷道围岩失稳的重要诱因之一；软弱夹层与其下部围岩之间黏结力低，导致其下部围岩垮落严重和帮部围岩裂隙发育明显。

② 含软弱夹层巷道围岩具有结构效应和承载结构梁-拱转化特性。巷道开挖后，矩形巷道顶板首先形成组合梁作为其初次承载结构，随着围岩应力调整和顶板浅部围岩的破坏，顶板承载结构由组合梁逐渐演变为压力拱，形成二次承载结构。矩形巷道顶板组合梁稳定是巷道围岩稳定的保证。

③ 基于物理模拟试验实测数据分析了切向应力集中系数分布规律，发现软弱夹层影响下，顶板卸压区深度最大，其次为帮部，再次为肩部；分析了切向应力集中区范围，并据此探讨了巷道围岩成拱特性。

(3) 基于均质化理论方法，建立了含软弱夹层等效均质体黏聚力、内摩擦角计算公式，分析了软弱夹层厚度、黏聚力和内摩擦角对等效均质体黏聚力、内摩擦角的影响，揭示了其影响规律。建立了顶板含软弱夹层组合梁力学模型，给出了组合梁内力计算公式并据此分析了组合梁破坏失稳模式，提出了组合梁切落失稳、斜剪失稳和跨中拉破坏极限承载能力等计算公式，分别如式(7-2)～式(7-4)所示。

$$q = \frac{c_{\max}}{\dfrac{l}{h} - \left|\lambda - \dfrac{1}{5}\right| \tan \varphi_{\max}} \tag{7-2}$$

$$q = \frac{c_{\mathrm{mass}}^{\theta}}{(A_{\theta} - B_{\theta} \tan \varphi_{\mathrm{mass}}^{\theta})} \tag{7-3}$$

$$k_s\left(\frac{3ql^2}{h^2}+\frac{q}{5}-\lambda q\right)<[\sigma_t] \tag{7-4}$$

结合上述公式，分析了软弱夹层厚度、黏聚力和内摩擦角对组合梁整体切落失稳、跨中拉破坏极限承载能力等的影响。根据巷道顶板承载结构梁-拱转化特点，建立了顶板压力拱力学模型，分析了软弱夹层厚度对拱顶压破坏极限承载能力的影响，分析了锚杆、锚索等支护构件对顶板组合梁承载能力及内力的影响。

(4) 将基于物理模拟试验得出的成拱判据嵌入 FLAC^{3D} 中，数值模拟研究了软弱夹层位置、厚度和强度等参数及其与硬岩层之间接触面强度对围岩压力拱厚度、内边界的影响规律。研究发现，软弱夹层位置、厚度对围岩压力拱厚度、内边界和切向应力集中程度影响最显著，其次为软弱夹层弹性模量的影响，黏聚力和内摩擦角影响最弱；对于巷道不同部位，顶板压力拱受软弱夹层影响最显著，其次为帮部和肩部压力拱，底板压力拱受影响最弱；接触面摩擦角对围岩压力拱厚度、内边界的影响较黏聚力显著。软弱夹层距顶板表面的距离大于或等于 3 m 后影响趋于稳定。

(5) 在分析深部含软弱夹层围岩变形破坏特征、承载特性的基础上，提出了含软弱夹层巷道围岩“协同耦合”稳定性控制理念，建立了“高强恒阻让压锚杆索＋复合注浆”的协同耦合控制技术体系。针对平煤集团四矿顶板含软弱夹层千米深巷围岩稳定控制难题，进行了支护技术研究和现场工业性试验，成功解决了巷道难支护问题，验证了研究结论的合理性和实用性。

7.2 展　　望

本书以含软弱夹层锚固体及围岩为研究对象，对其力学特性、破坏模式、结构效应和承载特性与机理等进行了研究，但由于工程地质条件的复杂性，仍有许多问题有待进一步深入研究。

(1) 以软弱夹层厚度、强度、倾角、锚杆密度及预紧力 5 个主要因素为变量，对含软弱夹层锚固体、围岩的力学特性进行了研究，得出了一些有益的结论，但关于其他因素的影响还有待进一步深入研究。

(2) 研究了含软弱夹层矩形巷道围岩变形破坏特征及成拱特性，而关于软弱夹层对圆形、马蹄形及梯形巷道围岩变形破坏特征和成拱特性的影响还有待进一步研究。

(3) 本书主要研究了单层软弱夹层对锚固体承载能力、弹性模量的弱化作用及其对巷道围岩承载能力的影响，2 层及多层软弱夹层的影响还有待进一步研究。

参考文献

[1] 何满潮.深部的概念体系及工程评价指标[J].岩石力学与工程学报,2005,24(16):2854-2858.

[2] 康红普.我国煤矿巷道锚杆支护技术发展 60 年及展望[J].中国矿业大学学报,2016,45(6):1071-1081.

[3] 王军强.崟鑫金矿岩爆与发生机理初探[J].采矿与安全工程学报,2005,22(4):121-122.

[4] 吴世勇,周济芳,陈炳瑞,等.锦屏二级水电站引水隧洞 TBM 开挖方案对岩爆风险影响研究[J].岩石力学与工程学报,2015,34(4):728-734.

[5] 贺永年,韩立军,王衍森.岩石力学简明教程[M].徐州:中国矿业大学出版社,2010.

[6] 杨建辉,尚岳全,祝江鸿.层状结构顶板锚杆组合拱梁支护机制理论模型分析[J].岩石力学与工程学报,2007,26(增刊 2):4215-4220.

[7] 钱鸣高,缪协兴,何富连.采场"砌体梁"结构的关键块分析[J].煤炭学报,1994,19(6):557-563.

[8] 宋振骐.实用矿山压力控制[M].徐州:中国矿业大学出版社,1988.

[9] 孙广忠.岩体结构力学[M].北京:科学出版社,1988.

[10] ZUO J P, WANG Z F, ZHOU H W, et al. Failure behavior of a rock-coal-rock combined body with a weak coal interlayer[J]. International journal of mining science and technology,2013,23(6):907-912.

[11] 王勇.含软弱夹层隧道结构受力特征和稳定性研究[D].重庆:重庆大学,2011.

[12] HUANG F, ZHU H H, XU Q W, et al. The effect of weak interlayer on the failure pattern of rock mass around tunnel:scaled model tests and numerical analysis[J]. Tunnelling and underground space technology,2013,35:207-218.

[13] 李桂臣.软弱夹层顶板巷道围岩稳定与安全控制研究[D].徐州:中国矿业大学,2008.

[14] HUANG M S,WANG H R,SHENG D C, et al. Rotational-translational

mechanism for the upper bound stability analysis of slopes with weak interlayer[J]. Computers and geotechnics,2013,53:133-141.

[15] 杨建平,陈卫忠,郑希红.含软弱夹层深部软岩巷道稳定性研究[J].岩土力学,2008,29(10):2864-2870.

[16] QUESADA D, PICARD D, PUTOT C, et al. The role of the interbed thickness on the step-over fracture under overburden pressure[J]. International journal of rock mechanics and mining sciences, 2009, 46(2): 281-288.

[17] BRUNEAU G, TYLER D B, HADJIGEORGIOU J, et al. Influence of faulting on a mine shaft-a case study:part I-background and instrumentation[J]. International journal of rock mechanics and mining sciences, 2003,40(1):95-111.

[18] SUORINENI F T, TANNANT D D, KAISER P K. Determination of fault-related sloughage in open stopes[J]. International journal of rock mechanics and mining sciences,1999,36(7):891-906.

[19] 中华人民共和国水利部.水利水电工程地质勘察规范:GB 50487—2008[S].北京:中国计划出版社,2009.

[20] 雷平.软弱夹层对隧道围岩及支护结构的影响研究[D].西安:长安大学,2008.

[21] 李先炜.岩体力学性质[M].北京:煤炭工业出版社,1990.

[22] 赵然惠,周端光,孙广忠.软弱结构面的工程力学效应[J].工程勘察,1981(6):58-61.

[23] 沈明荣,陈建峰.岩体力学[M].上海:同济大学出版社,2006.

[24] 孙广忠,赵然惠.软弱夹层抗剪试验中的法向压力问题[J].水文地质工程地质,1980(4):36-38.

[25] 谷德振.岩体工程地质力学基础[M].北京:科学出版社,1979.

[26] 许宝田,阎长虹,陈汉永,等.边坡岩体软弱夹层力学特性试验研究[J].岩土力学,2008,29(11):3077-3081.

[27] 唐良琴,刘东燕,聂德新.软弱夹层力学参数取值规范分析[J].重庆大学学报(自然科学版),2011,34(12):35-41.

[28] XU D P, FENG X T, CUI Y J. A simple shear strength model for interlayer shear weakness zone[J]. Engineering geology,2012,147/148:114-123.

[29] XU D P, FENG X T, CUI Y J. Use of the equivalent continuum approach to model the behavior of a rock mass containing an interlayer shear weak-

ness zone in an underground cavern excavation[J]. Tunnelling and underground space technology,2015,47:35-51.

[30] 程强,周德培,封志军.典型红层软岩软弱夹层剪切蠕变性质研究[J].岩石力学与工程学报,2009,28(增刊1):3176-3180.

[31] 王祥秋,高文华,杨林德,等.边坡滑移面软弱夹层时间效应与相关特性的试验研究[J].湘潭矿业学院学报,2002,17(1):65-68.

[32] 丁多文,罗国煜.链子崖危岩体软弱夹层的力学特性[J].水文地质工程地质,1994,21(6):7-9.

[33] 王志俭,殷坤龙,简文星.万州区红层软弱夹层蠕变试验研究[J].岩土力学,2007,28(增刊1):40-44.

[34] 丁秀丽,付敬,刘建,等.软硬互层边坡岩体的蠕变特性研究及稳定性分析[J].岩石力学与工程学报,2005,24(19): 3410-3418.

[35] 朱珍德,李志敬,朱明礼,等.岩体结构面剪切流变试验及模型参数反演分析[J].岩土力学,2009,30(1): 99-104.

[36] 孙金山,李正川,刘贵应,等.间歇性动态剪切作用下泥质夹层剪切流变特性[J].煤炭学报,2017,42(7):1724-1731.

[37] LI Y P, LIU W, YANG C H, et al. Experimental investigation of mechanical behavior of bedded rock salt containing inclined interlayer[J]. International journal of rock mechanics and mining sciences, 2014, 69: 39-49.

[38] 姜德义,任涛,陈结,等.含软弱夹层盐岩型盐力学特性试验研究[J].岩石力学与工程学报,2012,31(9): 1797-1803.

[39] 徐素国,梁卫国,莫江,等.软弱泥岩夹层对层状盐岩体力学特性影响研究[J].地下空间与工程学报,2009,5(5): 878-883.

[40] 郭富利,张顶立,苏洁,等.软弱夹层引起围岩系统强度变化的试验研究[J].岩土工程学报,2009,31(5):720-726.

[41] 张晓平,吴顺川,张兵,等.软弱夹层几何参数对试样力学行为影响颗粒元模拟研究[J].工程地质学报,2008,16(4): 539-545.

[42] 张农,李桂臣,许兴亮.顶板软弱夹层渗水泥化对巷道稳定性的影响[J].中国矿业大学学报,2009,38(6):757-763.

[43] 张绪涛,张强勇,向文,等.深部层状节理岩体分区破裂模型试验研究[J].岩土力学,2014,35(8): 2247-2254.

[44] 黄锋,朱合华,徐前卫.含软弱夹层隧道围岩松动破坏模型试验与分析[J].岩石力学与工程学报,2016,35(增刊1):2915-2924.

[45] 李强强.巷道底板软弱夹层对底鼓的影响分析及控制[D].邯郸:河北工程大学,2017.
[46] 黄庆享,赵萌烨,张强峰,等.含软弱夹层厚煤层巷帮外错滑移机制与支护研究[J].岩土力学,2016,37(8):2353-2358.
[47] 王益壮,李晓昭,章杨松,等.含厚层软弱夹层硬质围岩的变形破坏特性[J].防灾减灾工程学报,2011,31(4):441-449.
[48] 崔旭芳.高应力软弱夹层顶板大断面巷道三维一体化控制技术研究[J].煤炭工程,2017,49(6):36-39.
[49] 石少帅,李术才,李利平,等.软弱夹层对隧道围岩稳定性影响规律研究[J].地下空间与工程学报,2013,9(4):836-842.
[50] 杨海锋.软弱夹层对隧道围岩稳定性的影响研究[D].北京:北京交通大学,2011.
[51] 丰正伟,刘新荣,傅晏,等.软弱结构面对隧道围岩稳定性的影响研究[J].地下空间与工程学报,2009,5(4):745-749.
[52] 李长权,戚文革.层状顶板破断机理数值研究[J].武汉理工大学学报,2008,30(3):95-98.
[53] 李连崇,唐春安,梁正召,等.软弱夹层对深部地下洞室围岩损伤模式的影响[J].地下空间与工程学报,2009,5(5):856-859.
[54] 李常文.近水平层状顶板冒落过程数值分析[J].煤矿安全,2011,42(5):144-146.
[55] 徐彬,闫娜,李宁.软弱夹层对交叉洞稳定性的影响分析[J].地下空间与工程学报,2009,5(5):946-951.
[56] 李新旺,孙利辉,杨本生,等.巷道底板软弱夹层厚度对底鼓影响的模拟分析[J].采矿与安全工程学报,2017,34(3):504-510.
[57] 聂卫平,徐卫亚,周先齐,等.向家坝水电站地下厂房围岩稳定的黏弹塑性有限元分析[J].岩土力学,2010,31(4):1276-1282.
[58] 张志强,李宁,陈方方,等.软弱夹层厚度模拟实用方法及其应用[J].岩石力学与工程学报,2010,29(增刊1):2637-2644.
[59] 伍国军,陈卫忠,杨建平,等.基于软弱夹层损伤破坏模型的软岩巷道支护优化研究[J].岩石力学与工程学报,2011,30(增刊2):4129-4135.
[60] 郭富利,张顶立,苏洁,等.含软弱夹层层状隧道围岩变形机理研究[J].岩土力学,2008,29(增刊1):251-256.
[61] 刘安秀,曹朋,陈斌.典型锚杆支护巷道软弱夹层顶板力学模型研究[J].煤,2011,20(6):8-10.

[62] 刘少伟,徐仁桂,张辉,等. 含软弱夹层煤巷层状顶板失稳机理与分类[J]. 河南理工大学学报(自然科学版),2010,29(1):23-27.

[63] 吴文平,冯夏庭,张传庆,等. 深埋硬岩隧洞系统砂浆锚杆的加固机制与加固效果模拟方法[J]. 岩石力学与工程学报,2012,31(增刊1):2711-2721.

[64] 侯朝炯,勾攀峰. 巷道锚杆支护围岩强度强化机理研究[J]. 岩石力学与工程学报,2000,19(3):342-345.

[65] 麦倜曾,张玉军. 锚固岩体力学性质的研究[J]. 工程力学,1987,4(1):106-116.

[66] 付宏渊,蒋中明,李怀玉,等. 锚固岩体力学特性试验研究[J]. 中南大学学报(自然科学版),2011,42(7):2095-2101.

[67] 曾国正,王斌,曾泽民,等. 类岩石锚固体单轴抗压强度与声波波速的相关性[J]. 矿业工程研究,2014,29(4):33-36.

[68] 王洋. 锚固体力学特性及影响因素的模拟研究[D]. 北京:煤炭科学研究总院,2014.

[69] 胡跃敏,刘国生,辛亚军,等. 松软煤体中锚杆支护锚固体形成机理分析[J]. 河南理工大学学报(自然科学版),2014,33(5):576-581.

[70] JING H W, YANG S Q, ZHANG M L, et al. An experimental study on anchorage strength and deformation behavior of large-scale jointed rock mass [J]. Tunnelling and underground space technology, 2014, 43: 184-197.

[71] 张茂林. 断续节理岩体破裂演化特征与锚固控制机理研究[D]. 徐州:中国矿业大学,2013.

[72] 刘泉声,雷广峰,彭星新,等. 锚杆锚固对节理岩体剪切性能影响试验研究及机制分析[J]. 岩土力学,2017,38(增刊1):27-35.

[73] SU H J,JING H W,ZHAO H H,et al. Strength degradation and anchoring behavior of rock mass in the fault fracture zone[J]. Environmental earth sciences,2017,76(4):179.

[74] MIRZAGHORBANALI A, RASEKH H, AZIZ N, et al. Shear strength properties of cable bolts using a new double shear instrument,experimental study, and numerical simulation [J]. Tunnelling and underground space technology,2017,70:240-253.

[75] CHONG Z H,LI X H,YAO Q L,et al. Anchorage behaviour of reinforced specimens containing a single fissure under uniaxial loading:a particle mechanics approach[J]. Arabian journal of geosciences,2016,9(12):592.

[76] LI Y, LI C, ZHANG L, et al. An experimental investigation on mechanical property and anchorage effect of bolted jointed rock mass[J]. Geosciences journal, 2017, 21(2): 253-265.

[77] WANG G, ZHANG Y Z, JIANG Y J, et al. Macro-micro failure mechanisms and damage modeling of a bolted rock joint[J]. Advances in materials science and engineering, 2017, 2017: 1-15.

[78] 秦昊. 断续节理岩体锚固效应数值模拟方法研究[D]. 济南：山东大学，2010.

[79] 陈卫忠，朱维申，王宝林，等. 节理岩体中洞室围岩大变形数值模拟及模型试验研究[J]. 岩石力学与工程学报，1998，17(3)：223-229.

[80] GRASSELLI G. 3D behaviour of bolted rock joints: experimental and numerical study[J]. International journal of rock mechanics and mining sciences, 2005, 42(1): 13-24.

[81] SPANG K, EGGER P. Action of fully-grouted bolts in jointed rock and factors of influence[J]. Rock mechanics and rock engineering, 1990, 23(3): 201-229.

[82] HOLMBERG M, STILLE H. The mechanical behaviour of a single grouted bolt[C]//International symposium on rock support in mining and underground construction, Sudbury, Canada, 1992: 473-481.

[83] BAHRANI N, HADJIGEORGIOU J. Explicit reinforcement models for fully-grouted rebar rock bolts[J]. Journal of rock mechanics and geotechnical engineering, 2017, 9(2): 267-280.

[84] 李术才，张宁，吕爱钟，等. 单轴拉伸条件下断续节理岩体锚固效应试验研究[J]. 岩石力学与工程学报，2011，30(8)：1579-1586.

[85] 李育宗，刘才华. 拉剪作用下节理岩体锚固力学分析模型[J]. 岩石力学与工程学报，2016，35(12)：2471-2478.

[86] 康天合，郑铜镖，李焕群. 循环荷载作用下层状节理岩体锚固效果的物理模拟研究[J]. 岩石力学与工程学报，2004，23(10)：1724-1729.

[87] 腾俊洋，张宇宁，唐建新，等. 单轴压缩下含层理加锚岩石力学特性研究[J]. 岩土力学，2017，38(7)：1974-1982.

[88] 孟波. 软岩巷道破裂围岩锚固体承载特性及工程应用研究[D]. 徐州：中国矿业大学，2013.

[89] 徐金海，石炳华，王云海. 锚固体强度与组合拱承载能力的研究与应用[J]. 中国矿业大学学报，1999，28(5)：482-485.

[90] 杨阳. 注浆锚固体强度强化特征及应用研究[D]. 焦作:河南理工大学,2009.
[91] 赵同彬. 深部岩石蠕变特性试验及锚固围岩变形机理研究[D]. 青岛:山东科技大学,2009.
[92] 韦四江,马建宏,孙光中. 软岩巷道锚固体蠕变特性研究[J]. 河南理工大学学报(自然科学版),2008,27(5): 524-528.
[93] 李新平,宋桂红,陈先仿,等. 锚固岩体复合材料力学性质的数值模拟研究[J]. 武汉理工大学学报,2006,28(4):79-82.
[94] 方祖烈. 拉压域特征及主次承载区的维护理论[C]//中国 CSRM 软岩工程专业委员会第二届学术大会论文集. 北京,1999:48-51.
[95] 何满潮,高尔新. 软岩巷道耦合支护力学原理及其应用[J]. 水文地质工程地质,1998,25(2):1-4.
[96] 柏建彪,侯朝炯. 深部巷道围岩控制原理与应用研究[J]. 中国矿业大学学报,2006,35(2): 145-148.
[97] 张农,侯朝炯,王培荣. 深井三软煤巷锚杆支护技术研究[J]. 岩石力学与工程学报,1999,18(4):437-440.
[98] 董方庭,宋宏伟,郭志宏,等. 巷道围岩松动圈支护理论[J]. 煤炭学报,1994,19(1):21-32.
[99] 杨为民. 锚杆对断续节理岩体的加固作用机理及应用研究[D]. 济南:山东大学,2009.
[100] SUN X Y. Grouted bolts used in underground engineering in soft surrounding rock or in highly stressed regions[M]//Rock bolting. London: Routledge,2021:345-351.
[101] 张季如,唐保付. 锚杆荷载传递机理分析的双曲函数模型[J]. 岩土工程学报,2002,24(2): 188-192.
[102] 伍佑伦,王元汉,许梦国. 拉剪条件下节理岩体中锚杆的力学作用分析[J]. 岩石力学与工程学报,2003,22(5): 769-772.
[103] 贾颖绚,宋宏伟,段艳燕. 非连续岩体锚杆导轨作用的物理模拟研究[J]. 中国矿业大学学报,2007,36(5): 614-617.
[104] 程良奎. 岩土锚固的现状与发展[J]. 土木工程学报,2001,34(3): 7-12.
[105] 张乐文,李术才. 岩土锚固的现状与发展[J]. 岩石力学与工程学报,2003,22(增刊 1):2214-2221.
[106] 葛修润,刘建武. 加锚节理面抗剪性能研究[J]. 岩土工程学报,1988,10(1):8-19.

[107] 陈文强,贾志欣,赵宇飞,等.剪切过程中锚杆的轴向和横向作用分析[J].岩土力学,2015,36(1):143-148.

[108] 王卫军,李树清,欧阳广斌.深井煤层巷道围岩控制技术及试验研究[J].岩石力学与工程学报,2006,25(10):2102-2107.

[109] 张强勇,朱维申.裂隙岩体弹塑性损伤本构模型及其加锚计算(英文)[J].岩土工程学报,1998,20(6):90-95.

[110] 王迎超,靖洪文,陈坤福,等.平顶山矿区地应力分布规律与空间区划研究[J].岩石力学与工程学报,2014,33(增刊1):2620-2627.

[111] 陈坤福.深部巷道围岩破裂演化过程及其控制机理研究与应用[D].徐州:中国矿业大学,2009.

[112] 武伯弢,朱合华,徐前卫,等.Ⅳ级软弱围岩相似材料的试验研究[J].岩土力学,2013,34(增刊1):109-116.

[113] 卢宏建,梁鹏,甘德清,等.硬岩相似材料单轴压缩变形与声发射特征[J].矿业研究与开发,2016,36(4):78-81.

[114] 牛双建.深部巷道围岩强度衰减规律研究[D].徐州:中国矿业大学,2011.

[115] 康红普,王金华.煤巷锚杆支护理论与成套技术[M].北京:煤炭工业出版社,2007.

[116] 向天兵,冯夏庭,江权,等.大型洞室群围岩破坏模式的动态识别与调控[J].岩石力学与工程学报,2011,30(5):871-883.

[117] YANG S Q, HUANG Y H, TIAN W L, et al. An experimental investigation on strength, deformation and crack evolution behavior of sandstone containing two oval flaws under uniaxial compression[J]. Engineering geology,2017,217:35-48.

[118] BRINK S, DORFLING C, ALDRICH C. An acoustic sensor for prediction of the structural stability of rock[J]. International journal of rock mechanics and mining sciences,2016,85:187-191.

[119] NOMIKOS P P, SOFIANOS A I, TSOUTRELIS C E. Structural response of vertically multi-jointed roof rock beams[J]. International journal of rock mechanics and mining sciences,2002,39(1):79-94.

[120] 李世平.锚杆应变的实测与分析[J].煤炭学报,1983,8(1):57-66.

[121] 张顶立,陈立平.隧道围岩的复合结构特性及其荷载效应[J].岩石力学与工程学报,2016,35(3):456-469.

[122] 樊克恭,翟德元.岩性弱结构巷道破坏失稳分析[J].矿山压力与顶板管理,2004,21(3):11-14.

[123] 周维垣. 岩体工程结构的稳定性[J]. 岩石力学与工程学报,2010,29(9):1729-1753.

[124] 王德超. 千米深井综放沿空掘巷围岩变形破坏演化机理及控制研究[D]. 济南:山东大学,2015.

[125] 吴家龙. 弹性力学[M]. 上海:同济大学出版社,1993.

[126] SONG H W,ZHAO J,WANG C. Study on concept and characteristics of stress rock arch around a cavern underground[C]//Proceddings of underground Singapore 2003 and workshop updating the engineering geology of Singapore, Singapore, 2003: 44-51.

[127] KOVARI K. Erroneous concepts behind the New Austrian tunnelling method[J]. International journal of rock mechanics and mining sciences & geomechanics abstracts,1995,32(4):A188.

[128] IME. Seventh progress report of investigation into causes of falls and accidents due to falls-improvement of working conditions by controlled transference of roof load[J]. Trans inst min eng, 1949, 108(11): 489-504.

[129] HUANG Z P. Stabilizing of rock cavern roofs by rockbolts[D]. Trondheim: Norwegian University of Science and Technology, 2001.

[130] HUANG Z P, BROCH E, LU M. Cavern roof stability—mechanism of arching and stabilization by rockbolting[J]. Tunnelling and underground space technology,2002,17(3):249-261.

[131] HE L,ZHANG Q B. Numerical investigation of arching mechanism to underground excavation in jointed rock mass[J]. Tunnelling and underground space technology,2015,50:54-67.

[132] LI C C. Rock support design based on the concept of pressure arch[J]. International journal of rock mechanics and mining sciences, 2006, 43(7):1083-1090.

[133] YANG J H,WANG S R,WANG Y G, et al. Analysis of arching mechanism and evolution characteristics of tunnel pressure arch[J]. Jordan journal of civil engineering,2015,9(1):125-132.

[134] 杜晓丽. 采矿岩石压力拱演化规律及其应用的研究[D]. 徐州:中国矿业大学,2011.

[135] 王迎超. 山岭隧道塌方机制及防灾方法[D]. 杭州:浙江大学,2010.

[136] WANG S R,LI C L,WANG Y G,et al. Evolution characteristics analysis

of pressure-arch in a double-arch tunnel[J]. Tehnicki vjesnik-technical gazette,2016,23(1):32-38.

[137] 梁晓丹,刘刚,赵坚.地下工程压力拱拱体的确定与成拱分析[J].河海大学学报(自然科学版),2005,33(3):314-317.

[138] 王闯.大跨度地下岩石工程压力拱的研究[D].徐州:中国矿业大学,2003.

[139] 台启民,张顶立,王剑晨,等.软弱破碎围岩高铁隧道压力拱演化规律分析[J].北京交通大学学报,2015,39(6):62-68.

[140] 宋宏伟,牟彬善.破裂岩石锚固组合拱承载能力及其合理厚度探讨[J].中国矿业大学学报,1997,26(2):33-36.

[141] 叶飞,毛家骅,刘燕鹏,等.软弱破碎隧道围岩动态压力拱效应模型试验[J].中国公路学报,2015,28(10):76-82.

[142] LEE C J,WU B R,CHEN H T,et al. Tunnel stability and arching effects during tunneling in soft clayey soil[J]. Tunnelling and underground space technology,2006,21(2):119-132.

[143] 陈育民,徐鼎平. FLAC/FLAC3D 基础与工程实例[M].北京:中国水利水电出版社,2009.

[144] 拉皮德斯,平德尔.科学和工程中的偏微分方程数值解法[M].孙讷正,陆样璇,李竞生,译.北京:煤炭工业出版社,1985.

[145] FREEMAN T. The behaviour of fully-bonded rock bolts in the kielder experimental tunnel[J]. Tunnels & tunnelling international,1978,10(5):37-40.

[146] 王洪涛,王琦,王富奇,等.不同锚固长度下巷道锚杆力学效应分析及应用[J].煤炭学报,2015,40(3):509-515.

[147] TALIERCIO A,LANDRIANI G S. A failure condition for layered rock[J]. International journal of rock mechanics and mining sciences & geomechanics abstracts,1988,25(5):299-305.

[148] ATTEWELL P B,SANDFORD M R. Intrinsic shear strength of a brittle,anisotropic rock—II[J]. International journal of rock mechanics and mining sciences & geomechanics abstracts,1974,11(11):431-438.

[149] LANDRIANI G S,TALIERCIO A. A note on failure conditions for layered materials[J]. Meccanica,1987,22(2):97-102.

[150] 尹光志,李星,鲁俊,等.真三轴应力条件下层状复合岩石破坏准则[J].岩石力学与工程学报,2017,36(2):261-269.

[151] HUANG B X,LIU J. The effect of loading rate on the behavior of samples composed of coal and rock[J]. International journal of rock mechan-

ics and mining sciences,2013,61:23-30.

[152] SHABANIMASHCOOL M,LI C C. Analytical approaches for studying the stability of laminated roof strata[J]. International journal of rock mechanics and mining sciences,2015,79:99-108.

[153] 徐恩虎.平顶巷道锚杆支护的组合深梁模型[J].山东科技大学学报(自然科学版),2002,21(2):72-75.

[154] SALAMON M D G. Elastic moduli of a stratified rock mass[J]. International journal of rock mechanics and mining sciences & geomechanics abstracts,1968,5(6):519-527.

[155] 张玉军,唐仪兴.考虑层状岩体强度异向性的地下洞室平面有限元分析[J].岩土工程学报,1999,21(3):307-310.

[156] 牛少卿,杨双锁,李义,等.大跨度巷道顶板层面剪切失稳机理及支护方法[J].煤炭学报,2014,39(增刊2):325-331.

[157] 苏学贵,宋选民,李浩春,等.特厚松软复合顶板巷道拱-梁耦合支护结构的构建及应用研究[J].岩石力学与工程学报,2014,33(9):1828-1836.

[158] 杨双锁,张百胜.锚杆对岩土体作用的力学本质[J].岩土力学,2003,24(增刊2):279-282.

[159] 勾攀峰,侯朝炯.锚固岩体强度强化的实验研究[J].重庆大学学报(自然科学版),2000,23(3):35-39.

[160] 郑康成,丁文其,金威.基于模型试验与FEM的TBM圆形隧道压力拱成拱规律[J].煤炭学报,2015,40(6):1270-1275.

[161] CHEN C N, HUANG W Y, TSENG C T. Stress redistribution and ground arch development during tunneling[J]. Tunnelling and underground space technology,2011,26(1):228-235.

[162] LI W T,YANG N,LI T C,et al. A new approach to simulate the supporting arch in a tunnel based on improvement of the beam element in $FLAC^{3D}$[J]. Journal of Zhejiang University-SCIENCE A,2017,18(3):179-193.

[163] HE L,ZHANG Q B. Numerical investigation of arching mechanism to underground excavation in jointed rock mass[J]. Tunnelling and underground space technology,2015,50:54-67.

[164] 李宁.采场压力拱演化特征及失稳机理分析[D].秦皇岛:燕山大学,2014.

[165] 徐前卫,程盼盼,朱合华,等.跨断层隧道围岩渐进性破坏模型试验及数值模拟[J].岩石力学与工程学报,2016,35(3):433-445.